"十四五"职业教育部委级规划教材

纺织品与服装检测技术

FANGZHIPIN YU FUZHUANG JIANCE JISHU

黄晓茵◎主　编

林风喜　王桂甲　陈素琴◎副主编

中国纺织出版社有限公司

内 容 提 要

本书主要介绍了纺织品与服装成衣的外观检验检测、物理性能检测、常规化学性能检测、色牢度检测、生态检测、功能性检测等项目的试验原理、操作步骤和结果评价，以及目前正在实施的国家标准或行业标准。通过本书的学习，读者可以了解标准的分类方式和使用方法，掌握纺织品常规性、生态性和功能性等检测项目的环境要求和检验检测方法，并对检验检测结果做出相应的评价。

本书既可作为高等职业院校纺织服装大类师生的教学用书，也可供从事纺织品检验检测工作的相关人员学习参考。

图书在版编目（CIP）数据

纺织品与服装检测技术／黄晓茵主编；林风喜，王桂甲，陈素琴副主编. --北京：中国纺织出版社有限公司，2025.8. --（"十四五"职业教育部委级规划教材）. --ISBN 978-7-5229-2945-3

Ⅰ. TS107；TS941. 4

中国国家版本馆 CIP 数据核字第 20258QM950 号

责任编辑：沈 靖 马如钦 责任校对：高 涵
责任印制：王艳丽

中国纺织出版社有限公司出版发行
地址：北京市朝阳区百子湾东里 A407 号楼 邮政编码：100124
销售电话：010—67004422 传真：010—87155801
http://www.c-textilep.com
中国纺织出版社天猫旗舰店
官方微博 http://weibo.com/2119887771
三河市宏盛印务有限公司印刷 各地新华书店经销
2025 年 8 月第 1 版第 1 次印刷
开本：787×1092 1/16 印张：17
字数：352 千字 定价：58.00 元

前　言

"纺织品与服装检测技术"是纺织、轻化、服装等相关专业的专业课程，主要介绍纺织品，尤其是服饰用纺织材料和服装，在贸易流通过程中执行的标准及涉及的检验检测项目。

本书围绕纺织品与服装检测展开，概述了相关国家标准、行业标准、基础标准、方法标准和产品标准，详细介绍了外观检测、物理性能检测、常规化学性能检测、色牢度检测、生态纺织品检测、功能性检测和服装检测等相关检验检测项目的试验原理、试验步骤、结果计算及表示等。

本书的编写组共有五位成员，第1、第2、第4、第5和第8章由泉州纺织服装职业学院黄晓茵编写；第3、第6章由泉州纺织服装职业学院王桂甲编写；第7章由泉州纺织服装职业学院王翠翠编写；第9章由泉州纺织服装职业学院陈素琴和单昊共同编写。本书配套视频的演示场所、相关标准、相关检验检测工作专业性指导由中联品检（福建）有限公司林风喜统筹安排。全书由黄晓茵负责统稿，与林风喜共同审阅，编写框架以"理论内容切实有用地支撑职业技能"和"独立完成项目任务单后能直接上岗"的两大教学目标为指导。

在编写内容的选择上，本书系统地介绍标准的分类和发展，强调标准文件对纺织品检验工作的指导性作用，以及突出标准文件的更替对纺织品检验工作的指导性意义；在项目训练上，以物性、化性、生态性等检测项目为基础，展开对学生的技能训练，并根据纺织品市场的发展趋势，增加功能性纺织品的项目介绍和训练，旨在帮助学生通过对本课程的学习和系统的技能训练，能初步掌握如何通过标准文件的指导顺利完成纺织品的检验检测工作。

本书在每个章节的编写上，设置信息导入、新知讲授、知识拓展三个模块。根据"三全育人"的职业教育宗旨，在"信息导入"模块中针对当前纺织品检验领域中的热点问题展开讨论，帮助读者树立正确的爱国观、职业观和价值观。本书受限于篇幅和教学课时，在"知识拓展"模块中引入专业词条，引导读者在课后通过信息搜索，独立了解和学习更多更新的专业知识。

在本书的编写过程中，特别感谢中联品检（福建）有限公司提供的专业咨询和场地、技术人员操作演示等服务；同时感谢泉州纺织服装职业学院纺织服装材料检测实验室的实验员林紫薇在第4、第8章视频剪辑上所提供的协助。

鉴于纺织科技发展速度较快，以及作者知识面与专业范围的局限，书中难免有错漏之处，在此热忱希望各位读者不吝赐教，以便再版修订，得以不断进步。

编 者

2025 年 3 月

目　录

【思维导图】

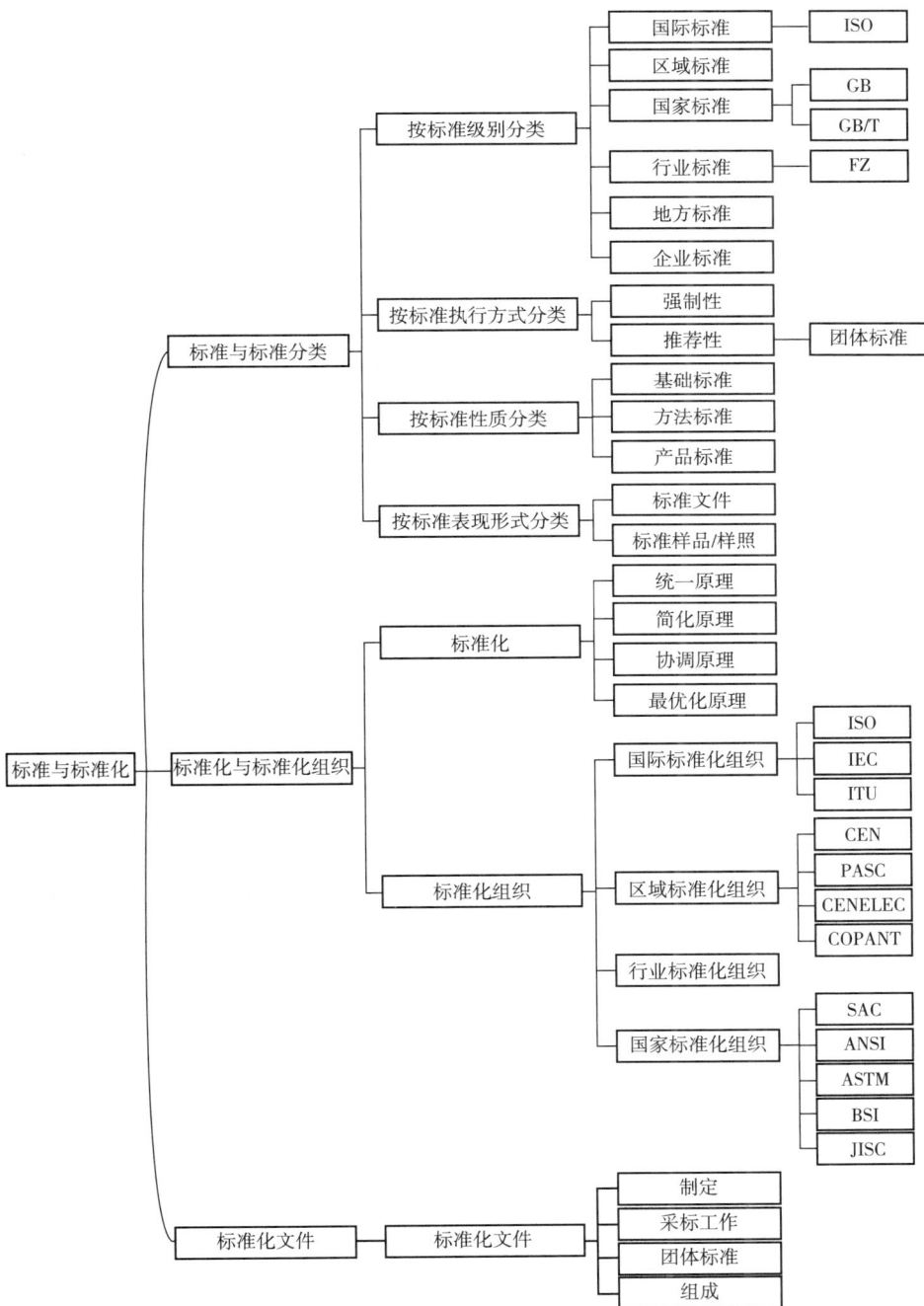

1.1　标准与标准分类

☞ **知识目标**

1. 掌握标准的定义

2. 掌握标准不同的分类方式

3. 理解标准的作用和意义

☞ **能力目标**

1. 能根据需求初步选择相应类别的标准

2. 能通过官方渠道获取及时准确的标准信息

☞ **素养目标**

1. 提高学生对标准的重视度

2. 培养学生通过线上渠道收集有效标准信息的能力

☞ **思政目标**

使学生树立建设法规标准体系、质量监管体系的理念

【信息导入】

新闻链接：中国制造，如何用好标准这根"指挥棒"

信息来源：《光明日报》　发布日期：2024 年 5 月 16 日

5 月 3 日 17 时 27 分，嫦娥六号探测器成功发射，之后顺利进入环月轨道飞行。我国自主研制的 300MW 级 F 级重型燃气轮机首台样机日前在上海总装下线，标志着我国大功率重型燃气轮机首次走完基于正向设计的制造全过程。匈塞铁路塞尔维亚段近日实现双线铺轨贯通。作为中国高铁的欧洲首单，匈塞铁路建设采用欧洲铁路标准，是中国铁路技术装备与欧盟铁路互联互通技术规范实现对接的首个项目……这是中国制造的高光时刻，也是大国重器硬核实力的真实写照。而这一切，都离不开标准与质量"双轮驱动"。

2024 年的《政府工作报告》指出，加强标准引领和质量支撑，打造更多有国际影响力的"中国制造"品牌。标准如同质量的"尺子"，标准是高质量发展的重要支撑，也是行业转型升级的战略牵引。当前，我国制造业领域标准实施水平如何？怎样加强支撑高质量发展的标准体系建设？记者就此进行了采访。

【新知讲授】

据统计，截至 2025 年 3 月，我国现行国家标准共 45629 项，即将实施的国家标准 1752 项，其中工业领域标准更加聚焦关键技术和新兴领域。在推动标准国际化方面，中外标准一致性水平持续提升。我国家用电器、纺织服装等主要消费品与国际标准的一致性程度为 96%，工程机械、化工、铁合金等装备制造领域和物联网、人工智能等新一代信息技术领域国际标准转化率超过 90%。

1.1.1　标准

标准指的是对重复性事物和概念所做的统一规定，它以科学技术和实践经验的结合成果为基础，经有关方面协商一致，由主管机构批准，以特定形式发布作为共同遵守的准则和依据。在《国家标准化发展纲要》中明确了"标准是经济活动和社会发展的技术支撑，是国家基础性制度的重要方面"。

2024 年 3 月 7 日，国务院印发了《推动大规模设备更新和消费品以旧换新行动方案》，其中标准提升是四大行动之一。原国家质检总局工程师、北京华夏产业经济研究院院长刘兆彬表示"伴随新一轮科技革命和产业变革加速演进，标准在全球创新版图和产业布局深度调整中成为关键要素"。坚持标准引领，有序提升，能更好地发挥能耗、排放、技术等标准的牵引作用。

纺织服装产业一直被认为是高库存、高能耗的传统产业，但随着产业转型升级，数智化、高端化、绿色化和融合化的发展，我国的纺织业也实现了从"跟跑、并跑"到"跟跑、并跑、领跑"并存的飞跃，产品的科技含金量和附加价值显著提高。实施纺织标准提升行动，强化纺织标准的供给和更新迭代，是势不可挡，顺势而为的。

1.1.2　标准分类

标准涉及领域十分宽广且细致。为了更好地掌握标准的影响领域，现对标准进行分类，便于学习。

1.1.2.1　按标准级别分类

按照标准制定和发布机构的级别、适用范围，可分为国际标准、区域标准、国家标准、行业标准、地方标准和企业标准等。

①国际标准是由国际标准化组织（ISO）、国际电工委员会（IEC）和国际电信联盟（ITU）制定的标准，以及由 ISO 确认并公布的其他国际组织制定的标准，在世界范围内统一使用。随着国际贸易的广泛开展，产品需要具有高质量、高性能，同时还应具有通用性和互换性。这就要求使用统一标准。如果标准不一致，则会使产品在国际贸易的过程中带来流通障碍。为了使产品在国际市场上具有竞争性，各国都积极采用国际标准，甚至有许多国家直接把国际标准作为自己国家的标准来使用。

②区域标准是世界某一区域标准化团体制定通过的标准，如欧洲标准委员会（CEN）、太平洋地区标准大会（PASC）等。区域标准化团体可以由同一地理范围内的国家组成，也可以因政治原因或经济原因而使一些国家组成区域标准化团体。但由于区域标准容易造成贸易壁垒，现在许多区域标准化团体倾向于不制定区域标准，因此区域标准有逐渐削弱和减少之势。

③国家标准是由国家标准化机构批准、发布的标准，在该国范围内适用。我国国家标准

全称为中华人民共和国国家标准，简称国标（GB）（图1-1），由国务院标准化行政主管部门负责发布。

④行业标准是国务院有关行政主管部门依据其行政管理职责，对没有推荐性国家标准而又需要在全国某个行业范围内统一的技术要求所制定的标准。行业标准由行业标准归口部门统一管理，标准制定由国务院有关行政主管部门提出申请报告，经国务院标准化行政主管部门审查确定后公布该行业的行业标准代号。行业标准重点围绕本行业领域重要产品、工程技术、服务和行业管理等需求制定，是推荐性标准。

图1-1 中国国家标准标识

行业标准不得与有关国家标准相抵触，其技术要求不得低于强制性国家标准的相关要求，有关行业标准之间应该保持协调、统一、不得重复。行业标准在相应的国家标准实施后，即行废止。截至2025年3月，收录在全国标准信息公共服务平台上的行业标准共有85305项。

2023年11月13日，市场监管总局第24次局务会议通过了《行业标准管理办法》，并于2024年6月1日起实施，原国家技术监督局令第11号公布的《行业标准管理办法》同时废止。

⑤地方标准是由地方（省、自治区、直辖市）标准化主管机构或专业主管部门批准、发布、在某一地区范围内统一的标准。为满足地方自然条件、风俗习惯等特殊技术要求，省级标准化行政主管部门和经其批准的设区的市级标准化行政主管部门可以在农业、工业、服务业以及社会事业等领域制定地方标准。制定地方标准一般有利于发挥地区优势，有利于提高地方产品的质量和竞争能力，同时也使标准更符合地方实际，有利于标准的贯彻执行。

与行业标准一样，地方标准的技术要求不得低于强制性国家标准的相关技术要求，并要做到与有关标准直接地协调配套。

⑥企业标准是在企业范围内需要协调、统一的技术要求、管理要求和工作要求所制定的标准，由企业制定，企业法人代表或法人代表授权的主管领导批准、发布。企业生产的产品没有国家标准和行业标准的，应当制定企业标准作为组织生产的依据。而已有国家标准或行业标准的，国家鼓励企业制定严于国家标准或行业标准的企业标准，并在企业内部适用。

企业标准的制定应当符合法律法规和强制性标准要求，要有利于提高经济效益、社会效益、质量效益和生态效益，做到技术上先进、经济上合理。在2023年8月4日市场监管总局第16次局务会议修订通过的《企业标准化促进办法》中鼓励企业整合产业链、供应链、创新链资源，联合制定企业标准。

1.1.2.2 按标准执行方式分类

标准制定出来后，应通过一系列措施将标准中所规定的各项要求，贯彻到生产实践中。

①强制性标准是国家通过法律的形式明确要求对于一些标准所规定的技术内容和要求必须执行，不允许以任何理由或方式加以违反、变更的标准。对保障人身健康和生命财产安全、国家安全、生态环境安全以及满足经济社会管理基本需要的技术要求，应当制定强制性国家标准。强制性国家标准的技术要求应当全部强制，并且可验证、可操作。

强制性国家标准应当有明确的标准实施监督管理部门，并能够依据法律、行政法规、部门规章的规定对违反强制性国家标准的行为予以处理。在国内销售的一切产品，凡不符合强制性标准要求者均不得生产和销售；专供出口的产品，若不符合强制性标准要求者，均不得在国外销售；不准进口不符合强制性标准要求的产品。对于违反强制性标准的，由法律、行政法规规定的行政主管部门或工商行政管理部门依法处理。

②推荐性标准是除强制性标准以外的其他标准，一般等同或等效于国际标准，国家鼓励企业自愿采用。对满足基础通用、与强制性国家标准配套、对各有关行业起引领作用等需要的技术要求，可以制定推荐性国家标准。与强制性标准具有法属性的特点不同，推荐性标准不具有法属性的特点，是属于技术文件，不具有强制执行的功能。但推荐性标准一经接受并采用，或各方商定同意纳入经济合同中，就成为各方必须共同遵守的技术依据，具有法律上的约束性。

1.1.2.3 按标准性质分类

①基础标准是具有广泛适用范围或包含一个特定领域的通用条款的标准，具有普遍的指导意义。它既存在于国家标准中，也存在于企业标准中，是某领域中覆盖面最大的标准，也是该领域中所有标准的共同基础。主要包括技术通则类、通用技术语言类、参数系列类、通用方法等。如 GB 18401—2010《国家纺织产品基本安全技术规范》等。

②方法标准是以试验、检查、分析、抽样、统计、计算、测定、作业等各种方法为对象制定的标准，如 GB/T 3922—2013《纺织品 色牢度试验 耐汗渍色牢度》、GB/T 2912.1—2009《纺织品 甲醛的测定 第1部分：游离和水解的甲醛（水萃取法）》等。方法标准是贯彻、实现产品标准和其他有关标准的重要手段，对于推广先进方法，提高工作效率，保证试验、检查、分析等工作结果的准确一致，具有重要的意义。

③产品标准是对产品结构、规格、质量和检验方法所做的技术规定，是一定时期和一定范围内具有约束力的产品技术准则，是产品生产、质量检验、选购验收、使用维护和洽谈贸易的技术依据。对于保证和提高产品质量，提高生产和使用的经济效益，具有重要意义。

1.1.2.4 按标准表现形式分类

标准的表现形式有两种，一种是以文字形式表达，即"标准文件"，这是最常使用的标准。另一种是以实物形式并附有文字说明共同表达,即"标准样品",简称"标样"。标样可以由指定机构按一定技术要求制作成实物样品或样照,如织物起毛起球样照(图1-2)、色牢度评定用的变色灰卡(图1-3)和沾色灰卡(图1-4)等。这些标样可供在检验外观、规格等进行对照判别。

图1-2 织物起毛起球样照

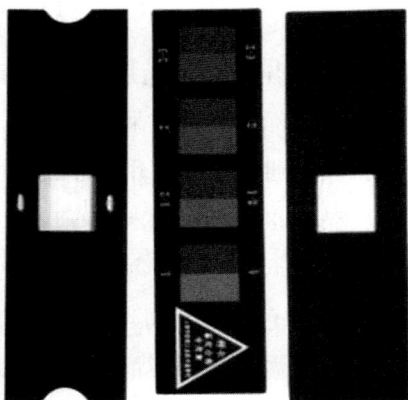

图1-3 变色灰卡

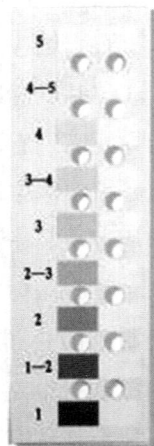

图1-4 沾色灰卡

GB/T 15000.1—1994《标准样品工作导则(1) 在技术标准中陈述标准样品的一般规定》中的规定:"在技术标准中规定的各项技术指标以及有关标准分析试验方法,凡需要标准样品配合才能确保这些技术标准应用效果在不同时间、空间的一致性时,都应规定研制和使用相应的标准样品"。由此可见标准样品是保证文字标准有效实施的实物标准,是文字标准的必要补充,是标准工作中一个不可分割的组成部分。

1990 年国务院发布的《中华人民共和国标准化法实施条例》第十一条规定："对需要在全国范围内统一的下列技术要求，应制定国家标准（含标准样品的制作）：

①互换配合、通用技术语言要求；

②保证人体健康和人身、财产安全的技术要求；

③基本原料、燃料、材料的技术要求；

④通用基础件的技术要求；

⑤通用的试验、检验方法；

⑥通用的管理技术要求；

⑦工程建设的中央技术要求；

⑧国家需要控制的其他重要产品的技术要求。"

以及在该实施条例的第十三条规定："对没有国家标准而又需要在全国某个行业范围内统一的技术要求，可以制定行业标准（含标准样品的制作）"。该法令为在我国生产、分发和应用的标准样品进行管理提供了基本法律依据。

1.1.3　标准的作用和意义

标准的作用非常重要，首先它是衡量产品好坏的准绳，生产上通过标准来淘汰不符合标准要求的产品；其次它是生产管理的标尺，加工过程中通过管理标准来保障生产秩序、保证生产水平；最后它是贸易交流的桥梁，尤其是国际贸易过程中，标准能让商品更好地流通到世界各地，也使生产技术更快地获得发展和提高。

标准既是科学、技术和实践经验的总结，也是所有相关生产管理、贸易活动参与者共同遵守的准则和依据。标准不仅是生产贸易发展的一个信息表，更是生产技术水平的一个风向标。谁把握好标准，谁就把握住产品的品质要求；谁把握住标准，谁就掌握了产品领域的主导权。

➢思考与练习题

一、思考题

1. 在纺织品检测中，应如何选择合适的标准？

2. 企业标准是否仅能在本企业内部使用？

码 1-2　参考答案 1.1 节

二、练习题

1. 我国负责强制性标准立项、审批、发布的是＿＿＿＿＿＿＿＿＿＿。

2. 根据级别分类，标准可以分为＿＿＿＿＿＿、＿＿＿＿＿＿、＿＿＿＿＿＿、＿＿＿＿＿＿、＿＿＿＿＿＿和＿＿＿＿＿＿。

3. ＿＿＿＿＿＿＿＿＿＿＿＿标准是具有法律效力。

三、拓展题

你还能列举出哪些与标准制定或与纺织品检测领域相关的组织呢？请将你搜集到的资讯跟你的同学分享。

1.2 标准化与标准化组织

☞ **知识目标**

1. 掌握标准化的定义

2. 认识常见的标准化组织

3. 理解标准化工作的基本原理

4. 理解标准化的目的和意义

☞ **能力目标**

能根据标准化机构初步把握该机构的作用

☞ **素养目标**

提高学生对标准化工作的认识

☞ **思政目标**

使学生树立纺织品加工制造坚持走以质取胜发展道路的理念

【信息导入】

新闻链接：中共中央国务院印发《国家标准化发展纲要》

信息来源：新华社　发布日期：2021 年 10 月 11 日

新华社北京 10 月 10 日电近日，中共中央、国务院印发了《国家标准化发展纲要》，并发出通知，要求各地区各部门结合实际认真贯彻落实。

标准是经济活动和社会发展的技术支撑，是国家基础性制度的重要方面。标准化在推进国家治理体系和治理能力现代化中发挥着基础性、引领性作用。新时代推动高质量发展、全面建设社会主义现代化国家，迫切需要进一步加强标准化工作。为统筹推进标准化发展，制定本纲要。

【新知讲授】

1.2.1 标准化

标准化是指在经济、技术、科学及管理等社会实践中，对重复性的事物和概念通过制定、发布和实施标准达到统一，以获得最佳秩序和社会效益的活动。标准化则是通过标准来实施的，而实行标准化是现代化生产和科学管理的重要手段之一。

标准化的工作任务是制定标准、组织实施标准和对标准的制定、实施进行监督，其基本原理是统一、简化、协调和最优化。

1.2.1.1　统一原理

统一是为了保证事物发展所必需的秩序和效率，对事物的形成、功能或其他特性，确定适合于一定时期和一定条件的一致规范，并使这种一致规范与被取代的对象在功能上达到等效。

统一原理包含以下要点：

①统一是为了确定对象的一致规范，从而保证事物的秩序和效率；

②统一是相对的，只适用于一定时期和一定条件，随着时间的推移和条件的改变，新的统一将会替代旧的统一；

③统一的原则是功能等效，即确定对象的一致规范，应能包含被取代对象所具备的必要功能。

1.2.1.2　简化原理

简化是为了经济有效地满足需求，对标准化对象的结构、形式、规格或其他性能进行筛选提炼，剔除其中多余的、低效能的、可替换的环节，精练并确定出满足全面需要所必要的高效能环节，保持整体构成精简合理，使之功能效率最高。

①简化的目的是使之更有效地满足需要；

②简化的原则是立足于全面满足需求，保持整体构成精简合理，使之功能效率最高；

③简化的方法，其实质是精练化。

1.2.1.3　协调原理

协调则是为了使标准的整体功能达到最佳，并产生实际效果，必须通过有效的方式协调好系统内外相关因素之间的关系，确定为建立和保持相互一致，适应或平衡关系所必须具备的条件。

协调原理包含以下要点：

①协调的目的是使标准系统的整体功能达到最佳并产生实际效果；

②协调对象是系统内相关因素的关系以及系统与外部相关因素的关系；相关因素之间需要建立相互一致关系、相互适应关系、相互平衡关系。为获得这样的协调关系，需确立条件；

③协调的有效方式包括有关各方面的协商一致、多因素的综合效果最优、多因素矛盾的综合平衡等。

1.2.1.4　最优化原理

按照特定目标，在一定限制条件下，对标准系统的构成因素及其关系进行选择、设计或调整，使之达到最理想的效果，这样的标准化原理称为最优化原理。

通过标准化以及相关技术政策的实施，可以整合和引导社会资源，激活科技要素，推动自主创新与开放创新，加速技术积累、科技进步、成果推广、创新扩散、产业升级以及经济、社会、环境的全面、协调和可持续发展。标准化的目的可以是一个或多个特定目的，这些目的可能包括但不限于品种控制、可用性、兼容性、互换性、健康、安全、环境保护、产品防护、相互理解、经济绩效、贸易等。当然，这些目的也可能是相互重叠的。

《国家标准化发展纲要》中明确指出，到 2025 年要实现全域标准深度发展，农业、工业、服务业和社会事业等领域标准全覆盖，推动高效发展的标准体系基本建成；要实现标准化水平大幅提升，国家标准平均制定周期缩短至 18 个月以内，标准数字化程度不断提高，标准化的经济效益、质量效益、生态效益充分显现；要实现标准化开放程度显著增强，国际标准转化率达到 85% 以上；要实现标准化发展基础更加牢固，标准化服务也基本适应经济社会发展需要。而到 2035 年，具有中国特色的标准化管理体制更加完善，市场驱动、政府引导、企业为主、社会参与、开放融合的标准化工作格局全面形成。

1.2.2 标准化组织

标准化组织根据级别划分，可以分为国际标准化组织、区域标准化组织、行业标准化组织和国家标准化组织。

1.2.2.1 国际标准化组织

目前世界上最大的国际标准化组织有 ISO、IEC 和 ITU。

①ISO（图 1-5）的全称是 International Organization for Standardization，即国际标准化组织，是一个由国家标准化机构组成的世界范围的联合会，现有 172 个成员国，是全球最大最权威的国际标准化组织之一。该组织是非营利性机构，它的宗旨是在世界范围内促进标准化及其有关活动的发展，以利于国际物资交流和服务，并发展在知识、科学、技术和经济领域中的合作；主要任务是制定国际标准，推动世界范围内的标准化和相关活动的发展，与其他国际性组织合作研究有关标准化问题。

图 1-5　ISO 标识

截至 2025 年 3 月 23 日，ISO 已制定了几乎涵盖技术、管理和制造所有方面的 25803 项国际标准，负责标准制定的技术委员会和小组委员会达 823 个。

②IEC（图 1-6）的全称是 International Electrotechnical Commission，即国际电工委员会，成立于 1906 年，是世界上成立最早的非政府性国际电工标准化机构。IEC 负责有关电工、电子领域的国际标准化工作，其他领域标准化工作则由 ISO 负责。IEC 的宗旨是促进电工标准的国际统一，推进电气、电子工程领域中标准化及有关方面的国际合作，增加国际的相互了解。

③ITU 是 International Telecommunication Union 的简称，即国际电信联盟。国际电信联盟制定标准来确保各类通信系统可与当今繁复的网络与业务实现无缝对接。

图 1-6　IEC 标识

1.2.2.2　区域标准化组织

区域标准化组织主要有欧洲标准化委员会、太平洋地区标准大会、欧洲电工标准化委员会（CENELEC）、欧洲电信标准学会（ETSI）、泛美技术标准委员会（COPANT）、非洲地区标准化组织（ARSO）等。

①CEN（图 1-7）的全称是 Comité Européen de Normalisation，即欧洲标准化委员会，是欧盟和欧洲自由贸易联盟（EFTA）正式承认的三个欧洲标准化组织之一。它是一个以西欧国家为主体、由国家标准化机构组成的非营利性国家标准化科学技术机构，目前共有包括法国、德国、意大利、挪威、土耳其等在内的 34 个成员国。其宗旨是促进成员国之间的标准化协作，制定本地区需要的欧洲标准和协调文件。

图 1-7　CEN 标识

CEN 与 ISO 签订了技术合作协议，通过专家参与技术委员会，欧洲和国家的专业知识得以发展并获得全球认可。

②PASC 的全称是 Pacific Area Standards Congress，即太平洋地区标准大会。太平洋沿岸国家和地区的 ISO、IEC 成员都可以成为 PASC 成员。PASC 一般不制定区域性标准，而是致力于在本地区的推广采用国际标准，主要是为太平洋沿岸国家和地区提供区域性论坛，推动区域标准工作的开展，加强和便利与相关国际标准化组织（特别是 ISO、IEC 等）之间的沟通和交流。

③欧洲电工标准化委员会（CENELEC）是由欧洲共同体 12 个成员国和欧洲自由贸易区 7 个成员国的国家委员会组成的机构。CENELEC 和 CEN 建立了一个联合机构，名为"共同的欧洲标准化组织"，它们主要编制欧洲标准和协调文件。

④泛美技术标准委员会（COPANT）是 1947 成立的中美洲和拉丁美洲区域性标准化机构，旨在制定美洲统一使用的标准，以促进中南美洲国家经济和贸易的发展、协调拉丁美洲国家标准化机构的活动。

1.2.2.3　行业标准化组织

行业标准化组织是指制定和公布适应于某个业务领域标准的专业标准团体，以及在业务领域开展标准化工作的行业机构、学术团体或国防机构。比如我国的工业和信息化部，美国的电气电子工程师学会等。

1.2.2.4　国家标准化组织

国家标准化组织是指建立在国家范围内的标准化机构以及政府确认（或承认）的标准化团体或接受政府标准化管理机构指导并具有权威性的民间标准团体，比如国家标准化管理委员会、美国国家标准学会、美国材料与试验学会、英国标准学会、日本工业标准调查会等。

①国家标准化管理委员会（SAC）是我国国务院授权履行行政管理职能、统一管理全国标准化工作的主管机构，成立于2001年10月。2018年3月，根据第十三届全国人民代表大会第一次会议批准的国务院机构改革方案，将其职责划入国家市场监督管理总局，但对外保留牌子。以国家标准化管理委员会名义，下达国家标准计划，批准发布国家标准，审议并发布标准化政策、管理制度、规划、公告等重要文件；开展强制性国家标准对外通报；协调、指导和监督行业、地方、团体、企业标准工作；代表国家参加国际标准化组织、国际电工委员会和其他国际或区域性标准化组织；承担有关国际合作协议签署工作；承担国务院标准化协调机制日常工作。

②美国国家标准学会（American National Standard Institute，ANSI）（图1-8），是美国非营利性民间标准化团体，但实际上已成为美国国家标准化中心，在国际和区域的论坛中代表着美国。其主要任务是协调并指导美国全国的标准化活动，给标准制定、研究和使用单位以帮助，提供美国国内外标准情报，起着美国标准化行政管理机关的作用。值得注意的是，美国国家标准学会本身很少制定标准，也不直接从事产品认证工作，而是通过评审标准制定组织的程序和批准特定的文件作为美国国家标准的方式促进美国的标准化体系。

图1-8　美国国家标准学会标识

③美国材料与试验学会（American Society for Testing and Materials，ASTM）（图1-9）。作为当今世界上最有影响的非营利性标准学术组织，是美国负责材料测试及标准制定的学术机构，也是美国从事制定和出版自愿性标准的民间标准团体之一。

④英国标准学会（British Standards Institution，BSI），是集标准研发、标准技术信息提供、产品测试、体系认

图1-9　美国材料与试验学会认证

证和商检服务于一体的国际标准服务机构，面向全球提供服务。它倡导制定了 ISO 9000 系列管理标准，制定和贯彻统一的英国标准（BS），并且积极参与国际标准化活动，争取更多更大的影响力。

⑤日本工业标准调查会（Japanese Industrial Standards Committee，JISC），是根据日本工业标准化法建立的全国性标准化管理机构。它审议和制定了日本国家级标准中最重要、最权威的日本工业标准（JIS），并管理使用 JIS 标志的产品和技术项目。

➤**思考与练习题**

码 1-3　参考答案 1.2 节

一、思考题

标准化的作用是什么？

二、练习题

1. 标准化工作的基本原理是_____、_____、_____和_____。

2. 美国国家标准学会是（　　）。

A. 国际标准化组织　　B. 国家标准化组织　　C. 行业标准化组织　　D. 区域标准化组织

3. ISO 的中文全称是_____。

4. 以下是缩写表示欧洲标准的是（　　）。

A. BS　　　　　　　B. EN　　　　　　　C. CEN　　　　　　D. JIS

5. 代表我国参加国际标准化组织的主管机构是_____。

三、拓展题

你知道《国家标准化发展纲要》的主要内容是什么吗？请你查阅学习相关文件。

1.3　标准化文件

☞ **知识目标**

1. 了解我国标准化文件制定的流程

2. 掌握我国各级各类标准化文件编号的编写规则

3. 了解我国标准化文件的结构和编写规定

4. 掌握团体标准的定义

5. 理解团体标准的作用和意义

☞ **能力目标**

能根据文件编号获取相关的信息

☞ **素养目标**

根据检测项目看懂标准，掌握标准中明确的检测要求和规范

☞ **思政目标**

1. 意识到我国在关键核心技术领域的国际标准贡献力不断增强
2. 意识到我国标准引领市场主体创新发展的作用更加凸显

【信息导入】

新闻链接：上半年我国新提出国际标准提案上百项新批准，发布国家标准上千项，新公开团体标准上万项

信息来源：国家标准委网站　发布日期：2024 年 7 月 17 日

2024 年上半年，全国团体标准信息平台新增 645 家社会团体，新公开团体标准 10468 项，其中涉及战略性新兴产业的团体标准共 5232 项，占比达到 50.0%。企业标准信息公共服务平台新增 38058 家企业，新公开执行标准 291465 项，其中涉及战略性新兴产业的标准共 116060 项，占比达到 39.8%。标准引领市场主体创新发展的作用进一步凸显。

【新知讲授】

1.3.1　国家标准化文件的制定

标准的制定，尤其是国家标准，是一个国家标准化工作的重要方面，反映了这个国家标准化工作的水平。以制定我国的国家标准为例，在制定相关标准之前，应对整体情况进行调研，根据调研结果形成立项报告，递交归口部门，由国家标准委员会审批后立项。组织专家、学者等相关人士拟出草案，再将草案发放给相关的企业、技术人员、学者等征求意见。之后，根据收集到的意见进行调整、修改后定稿，提交国家标准委员会。国家标准委员会审查无误后，为该标准制定标准编号再正式公布。

制定国家标准应当在科学技术研究和社会实践经验的基础上，通过调查、论证、验证等方式，保证国家标准的科学性、规范性、适用性、实效性。

1.3.2　我国标准化文件的采标工作

随着国际贸易活动的广泛开展，以及各国对产品性能、质量的高要求，各国在制定标准时，积极地采用国际标准，以达到其标准的广泛性、通用性和互换性。反过来，国际标准在制定时，也会采用一些先进国家制定的标准。

在 2001 年 12 月 4 日国家质量监督检验检疫总局令第 10 号的《采用国际标准管理办法》中规定采用 ISO、IEC 和 ITU 制定的标准，以及国际标准化组织确认并公布的其他国际组织制定的标准，应依据《中华人民共和国标准化法》及其实施条例，经过分析研究和试验验证，等同或修改转化为我国标准，并按我国标准审批发布程序审批发布。

采用国际标准应符合我国有关法律法规，遵循国际惯例，做到技术先进、经济合理、安全可靠。对于国际标准中通用的基础性标准、试验方法标准应当优先采用。

我国标准采用国际标准的程度，分为等同采用和修改采用。等同采用（IDT：identical）是指与国际标准在技术内容和文本结构上相同，或者与国际标准在技术内容上相同，只存在少量编辑性修改。修改采用（MOD：modified）是指与国际标准之间存在技术性差异，并清楚地标明这些差异以及解释其产生的原因，允许包含编辑性修改，但不包括只保留国家标准中少量或不重要的条款的情况。在修改采用时，我国标准与国际标准在文本结构上应当对应，只有在不影响国际标准的内容和文本结构进行比较的情况下才允许改变文本结构。

另外，我国标准与国际标准的对应关系除等同、修改外，还包括非等效（NEQ：not equivalent）。非等效是指与相应国际标准在技术内容和文本结构上不同，它们之间的差异没有被清楚地标明，且不属于采用国际标准，只表明我国标准与相应国际标准有对应关系。非等效还包括在我国标准中只保留了少量或者不重要的国际标准条款的情况。

为了做好国家标准采用国际标准（简称"采标"）工作，国家标准化管理委员会制定了《国家标准采用国际标准工作指南（2020 版）》，于 2021 年 1 月 4 日印发。

从标准制定的筹备到公布，国家标准的制定周期并不短，一般来说为 1～3 年。就传统的制造业来说，2 年左右的时间并不漫长。但近年来，科技日新月异，新生事物从出现到淘汰的过程加速，新技术从推出到升级，也一直在提速。很多产业甚至等不及标准周期就衰退了。从这个角度来看，目前国家标准的制定流程，已不能完全满足整个生产的发展和市场需求的节奏。

1.3.3　团体标准

2015 年 3 月，国务院印发的《深化标准化工作改革方案》[国发〔2015〕13 号] 中提到"我国国家标准制定周期平均为 3 年，远远落后于产业快速发展的需求"，以及"国家标准、行业标准、地方标准均由政府主导制定，且 70% 为一般性产品和服务标准，这些标准中许多应由市场主体遵循市场规律制定。而国际上通行的团体标准在我国没有法律地位，市场自主制定、快速反映需求的标准不能有效供给。即使是企业自己制定、内部适用的企业标准，也要到政府部门履行备案甚至审查性备案，企业能动性受到抑制，缺乏创新和竞争力"。以上内容充分说明我们已经意识到我国的产业发展受到标准制定流程的限制，也受到标准执行的约束，须解放思想，推进改革。

2017 年 11 月 4 日，《中华人民共和国标准化法》经第十二届全国人民代表大会常务委员会第三十次会议修订通过。依据新修订的《中华人民共和国标准化法》，国家市场监督管理总局、国家标准委、民政部制定了《团体标准管理规定（试行）》，并经过国务院标准化协调推进部际联席会议第四次全体会议审议通过，于 2017 年 12 月 15 日印发。

标准化工作必须改革。其中最突出的改革措施就包括"整合精简强制性标准"和"培育发展团体标准"。

①整合精简强制性标准是指在标准体系上，逐步将现行强制性国家标准、行业标准和地方标准整合为强制性国家标准。国务院各有关部门负责强制性国家标准项目提出、组织起草、征求意见、技术审查、组织实施和监督；国务院标准化主管部门负责强制性国家标准的统一立项和编号、对外通报，由国务院批准发布或授权发布。

②培育发展团体标准是在标准制定主体上，鼓励具备相应能力的学会、协会、商会、联合会等社会组织和产业技术联盟等协调相关市场主体共同制定满足市场和创新需要的团体标准，供市场自愿选用，增加标准的有效供给。在标准管理上，对团体标准不设行政许可，由社会组织和产业技术联盟自主制定发布，通过市场竞争优胜劣汰。国务院标准化主管部门会同国务院有关部门对团体标准进行必要的规范、引导和监督。

截至 2025 年 2 月 28 日，共有 8295 家社会团体在全国团体标准信息平台注册，在平台上共计发布 101812 项标准。其中广东省社会团体注册数最多，占注册总数的 14.60%；公布的团体标准涵盖了我国全部 20 个国民经济行业分类，其中数量最多的为制造业，占团体标准总数的 37.8%。

在此次深化改革工作中，坚持简政放权、放管结合的原则，不但释放了市场活力，也有效改善了我国标准制定周期长的问题。

1.3.4　标准化文件的组成

标准是一种由一个公认机构制定和批准的文件，是公开、透明的，是所有相关领域执行相关事务的准则和依据。制定高质量的标准化文件是标准化活动的重要内容之一。

我国 GB/T 1.1—2020《标准化工作导则　第 1 部分：标准化文件的结构和起草规则》中就确立了标准化文件的结构及起草的总体原则和要求。标准化文件通过规定清楚、准确和无歧义的条款，使其能够为未来技术发展提供框架，并被未参加文件编制的专业人员所理解且易于应用，从而促进贸易、交流以及技术合作。

标准化文件主要由封面、前言、正文和附录组成。正文是指从文件的范围到附录之前位于版中心的内容。起草一份标准化文件，必备的要素有封面、前言、范围、核心技术要素，其他如引言、规范性引用文件、术语和定义、符号和缩略语、总体原则、其他技术要素、参考文献和索引等都属于可选要素。

①标准化文件的封面是用来给出标准文件的信息。在封面中应标明文件名称、文件的层次或类别、文件代号、文件编号、国际标准分类号（ICS）、中国标准文献分类号（CCS）、发布日期、实施日期、发布机构等（图 1-10）。

我国标准化文件的文件编号由三部分组成，包括文件代号、顺序号和发布年份号。文件代号由大写拉丁字母和/或符号"/"组成，顺序号由阿拉伯数字组成，发布年份号由四位阿拉伯数字组成，顺序号和年份号之间使用一字线形式的连接号。例如"GB 18401—2010"。其中"GB"是标准代号，"18401"是顺序号，"2010"是年代号。

单位为毫米

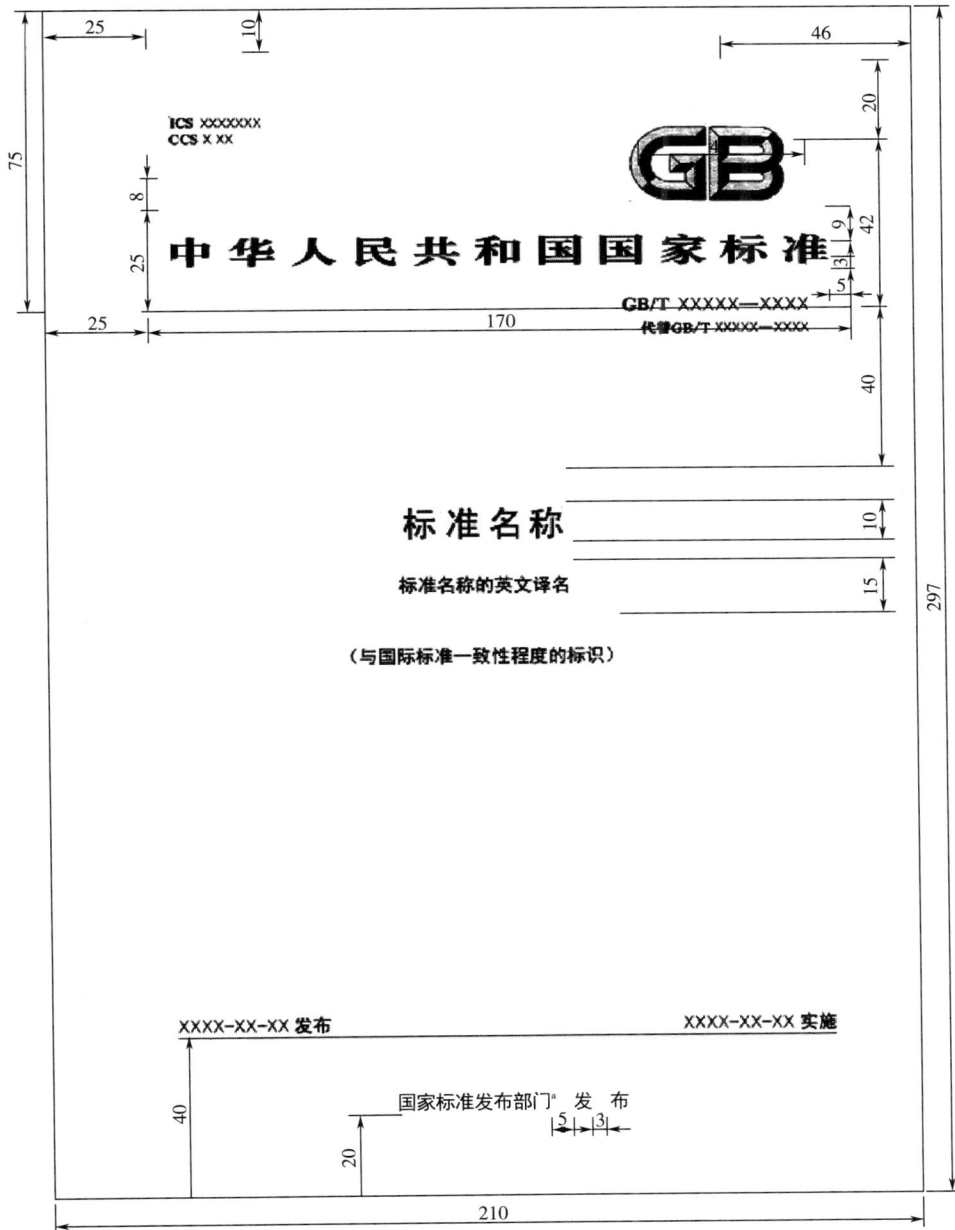

图 1-10　国家标准文件封面示意图

我国的文件代号包含两方面的信息，一是标准级别，另一个是执行方式，用"T"表示推荐性标准，中间以"/"隔开。标准级别以"GB"表示中华人民共和国国家标准；不同的行业有不同的代号（图 1-11、表 1-1），目前在全国标准信息公共服务平台上共收录了74 个行业的行业标准；地方标准的中省级代号则以"DB+省、自治区、直辖市行政区代码前两位数字"组成，如"DB11"是北京市地方标准、"DB35"是福建省地方标准等；而市级代号由"DB+省、自治区、直辖市行政区代码前四位数字"组成。团体标准和企业标准的代码与政府主导的标准略有不同，其代码分别用"T"和"Q"表示团体标准和企业标准，后用"/"连接团体或企业名称的拼音首位大写字母，有些企业标准也会用阿拉伯数字或拼音字母加阿拉伯数字的方式组成，如江苏省质量协会团体标准用"T/JSQA"表示，上海纺织协会团体标准用"T/SHFX"表示，大庆华科股份有限公司的企业标准用"Q/DQHK"表示，厦门润和生物科技有限公司的企业标准用"Q/350205XMRH"。

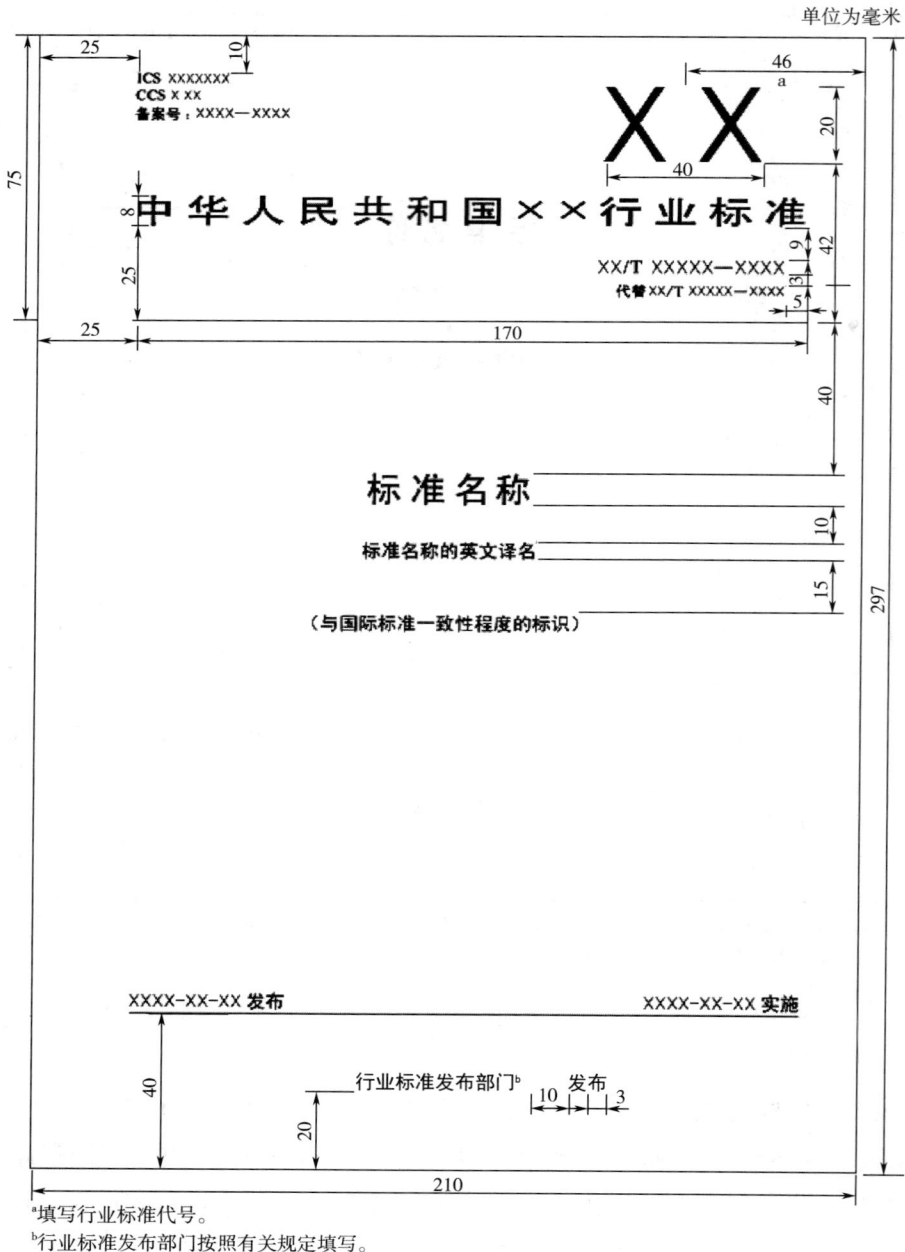

图 1-11 行业标准文件封面示意图

a填写行业标准代号。

b行业标准发布部门按照有关规定填写。

表 1-1 我国行业标准对应的代码表

行业	代码	行业	代码	行业	代码	行业	代码	行业	代码
安全生产	AQ	包装	BB	船舶	CB	测绘	CH	城镇建设	CJ
新闻出版	CY	档案	DA	地震	DB	电力	DL	电影	DY
地质矿产	DZ	核工业	EJ	纺织	FZ	公共安全	GA	国家物资储备	GC
供销合作	GH	国密	GM	广播电视和网络视听	GY	航空	HB	化工	HG
环境保护	HJ	海关	HS	海洋	HY	机械	JB	建材	JC
建筑工程	JG	金融	JR	机关事务	JS	交通	JT	教育	JY
矿山安全	KA	旅游	LB	劳动和劳动安全	LD	粮食	LS	林业	LY
民用航空	MH	市场监督	MR	煤炭	MT	民政	MZ	能源	NB
农业	NY	轻工	QB	汽车	QC	航天	QJ	气象	QX
认证认可	RB	国内贸易	SB	水产	SC	司法	SF	石油化工	SH
电子	SJ	水利	SL	出入境检验检疫	SN	税务	SW	是由天然气	SY
铁路运输	TB	土地管理	TD	体育	TY	物流管理	WB	文化	WH
兵工民品	WJ	外经贸	WM	卫生	WS	文物保护	WW	稀土	XB
消防救援	XF	黑色冶金	YB	烟草	YC	通信	YD	减灾救灾与综合性应急	YJ
有色金属	YS	医药	YY	邮政	YZ	中医药	ZY		

发布年份号一般为四位数，但较早标准的发布年份号，也有以两位数出现。

发布日期指的是标准以官方形式发布。实施日期指的是新标准执行的日期，同时，

旧标准即时废止。如果是强制性标准，则要求必须从实施日期开始执行新标准。此外，我们经常看到封面文件编号下有括号内的补充信息。一般来说，括号内都会写明替代信息，即新标准替代的旧标准。常见的是某项旧标准的更新，有时也会有几项旧标准整合为新标准，此时就应该注意，被替代的旧标准在新标准实施日期起自动废止。如果文件与国际文件有一致性对应关系，那么在封面中应标示一致性程度标识。对于国家标准、行业标准的封面还应标明文件名称的英文译名。另外，行业标准的封面应该标明备案号。

②前言这一要素用来给出诸如文件起草依据的其他文件，与其他文件的关系和编制、起草者的基本信息等文件自身内容之外的信息。

③引言通常是给出编制该文件的原因、编制目的、组成部分以及各部分之间关系等事项的说明。如果文件技术内容有特殊信息或说明，也可以在引言中给出。

④范围是用来界定文件的标准化对象和所覆盖的各个方面，并指明文件的适用界限。范围的陈述应简洁，能作为内容提要使用。在引言中给出的背景信息，在范围中就不应再陈述。另外，在范围中不应包含要求、指示、推荐和允许条款。

⑤规范性引用文件是用来列出文件中规范性引用的文件，由引导语和文件清单构成。

如果不存在规范性引用文件，应在该标题下给出"本文件没有规范性引用文件"。根据文件中引用文件的具体情况，文件清单中列出的引用文件排列顺序为国家标准化文件、行业标准化文件、本行政区域的地方标准化文件（仅适用于地方标准化文件的起草）、团体标准化文件、ISO、ISO/IEC 或 IEC 标准化文件，其他机构或组织的标准文件、其他文献。

⑥附录是用来承接和安置不便于在文件正文、前言或引言中表述的内容，是对正文、前言或引言的补充或附加。它的设置可以使文件的结构更加平衡。附录的内容源自正文、前言或引言中的内容。当正文规范性要素中的某些内容过长或属于附加条款，可以将一些细节或附加条款移出，形成规范性附录。当文件中的示例、信息说明或数据等过多，可以将其移出，形成资料性附录。规范性附录给出正文的补充或附加条款，资料性附录给出有助于理解或使用文件的附加信息。

➤**思考与练习题**

码 1-4　参考答案 1.3 节

一、思考题

1. 团体标准的意义是什么？

2. 我国国家标准的制定流程是什么？

3. 如何辨识一份标准化文件是什么级别的标准？

4. 新标准是否必须要在其实施日期开始后才能执行？

5. 团体标准是否可以直接采用？

二、练习题

1. "GB/T 3922—2013" 传达的信息是什么？

2. "FZ/T 24009—2021" 传达的信息是什么？

3. ICS 指的是_____，CCS 指的是_____。

4. 等同采用指的是_____。

三、拓展题

请你列举几项近一年来纺织领域新公布的团体标准。

➤**本章小结**

本章主要介绍标准与标准化的定义、作用和意义，并向读者说明标准的分类、我国国家标准制定的流程以及国家标准制定遵循的原则。通过本章的学习，帮助读者了解标准化文件的一般信息，帮助其在日常检测工作中更科学地使用相关标准。

【知识拓展】

1. 查阅并学习国务院印发的《深化标准化工作改革方案》［国发〔2015〕13 号］。

2. TC302：全国家用纺织品标准化技术委员会编号是 TC302，是由江苏省市场监督管理局筹建，中国纺织工业联合会进行业务指导，负责的专业范围为家用纺织品。在此，TC302 指代该委员会。

3. SC1：全国纺织品标准化技术委员会基础标准分技术委员会编号是 TC209/SC1，由中国纺织工业联合会筹集及进行业务指导。在此，SC1 指代该委员会。

4. AATCC：美国纺织化学师与印染师协会，简称 AATCC，是辨别与分析纺织品的色牢度、物理性能和生物性能的非官方机构。其职责是采用标准化办法普及纺织品染料和化学物质的深层知识。AATCC 在制定国际性纺织行业测试方法方面扮演重要角色。目前，ISO 标准中关于色牢度和物理性能的测试大部分与 AATCC 有关。

5. 了解可以通过哪些渠道获得最新且有效的纺织品产业相关的标准。

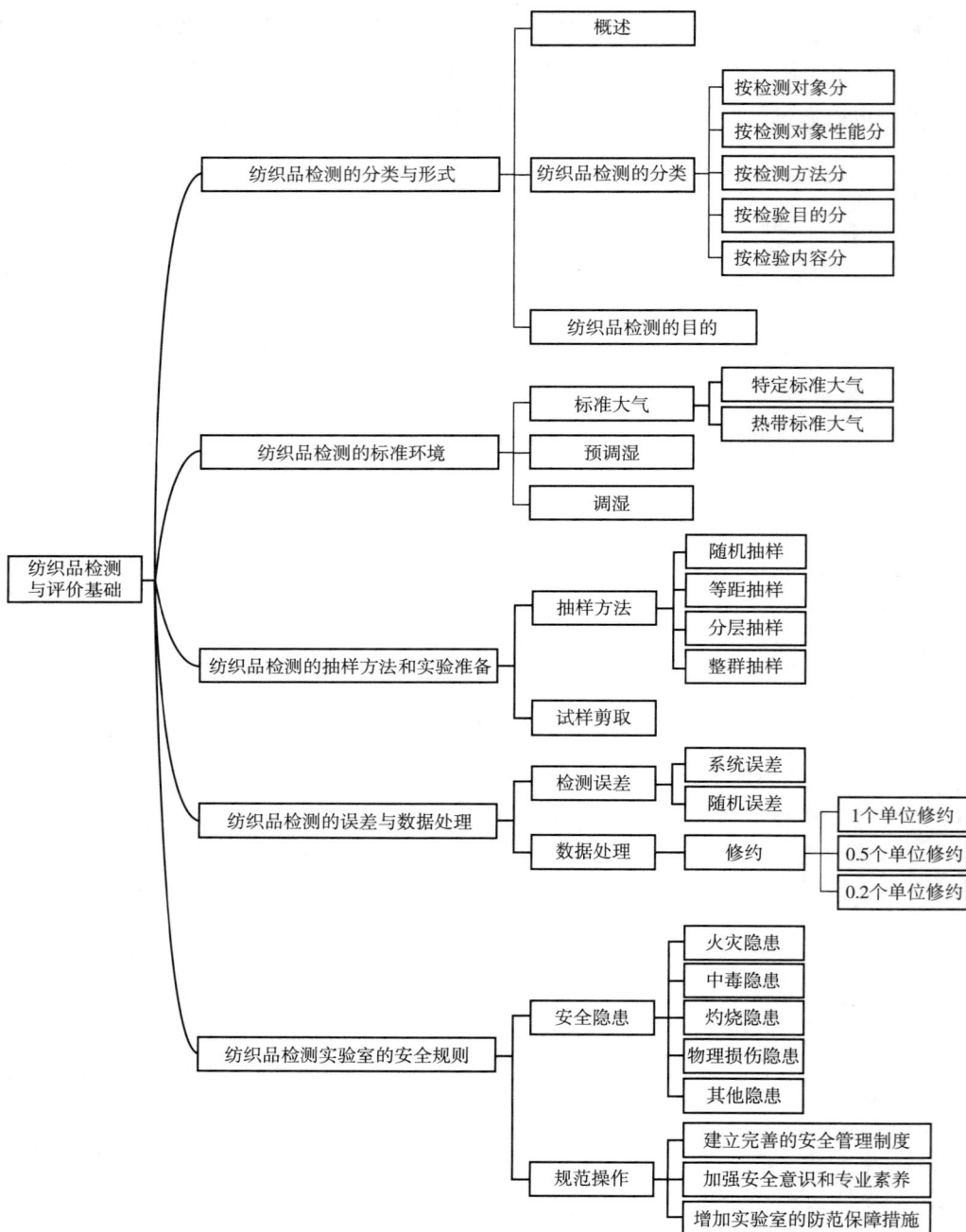

【思维导图】

```
纺织品检测                纺织品检测的分类与形式 ┬─ 概述
与评价基础 ┬                                  │
          │                                  ├─ 纺织品检测的分类 ┬─ 按检测对象分
          │                                  │                  ├─ 按检测对象性能分
          │                                  │                  ├─ 按检测方法分
          │                                  │                  ├─ 按检验目的分
          │                                  │                  └─ 按检验内容分
          │                                  └─ 纺织品检测的目的
          │
          ├ 纺织品检测的标准环境 ┬─ 标准大气 ┬─ 特定标准大气
          │                     │           └─ 热带标准大气
          │                     ├─ 预调湿
          │                     └─ 调湿
          │
          ├ 纺织品检测的抽样方法和实验准备 ┬─ 抽样方法 ┬─ 随机抽样
          │                              │          ├─ 等距抽样
          │                              │          ├─ 分层抽样
          │                              │          └─ 整群抽样
          │                              └─ 试样剪取
          │
          ├ 纺织品检测的误差与数据处理 ┬─ 检测误差 ┬─ 系统误差
          │                          │          └─ 随机误差
          │                          └─ 数据处理 ─ 修约 ┬─ 1个单位修约
          │                                            ├─ 0.5个单位修约
          │                                            └─ 0.2个单位修约
          │
          └ 纺织品检测实验室的安全规则 ┬─ 安全隐患 ┬─ 火灾隐患
                                      │          ├─ 中毒隐患
                                      │          ├─ 灼烧隐患
                                      │          ├─ 物理损伤隐患
                                      │          └─ 其他隐患
                                      └─ 规范操作 ┬─ 建立完善的安全管理制度
                                                  ├─ 加强安全意识和专业素养
                                                  └─ 增加实验室的防范保障措施
```

2.1　纺织品检测的分类与目的

☞ **知识目标**

1. 掌握纺织品检测的定义

2. 掌握纺织品检测的分类

3. 熟悉生产检验、出货检验、第三方检验的概念

4. 掌握品质检验的内容

5. 了解纺织品检测的目的与意义

☞ **能力目标**

能区分各种纺织品检测类别的目的

☞ **素养目标**

为学生树立正确的纺织品检验检测工作观念

☞ **思政目标**

1. 让学生了解我国坚持把质量作为建设制造强国生命线的基本方针

2. 培养学生树立立足群众、服务群众的工作理念

【信息导入】

新闻链接：规范检验检测行业　提升为民服务质量

信息来源：认可检测司　发布时间：2022 年 3 月 16 日

2021 年，认可检测司立足认可检测行业发展实际，扎实推进"我为群众办实事"实践活动。

倾听民声，畅通咨询、投诉、举报渠道。通过全国 12315 平台、检验检测机构资质认定咨询电话和咨询邮箱服务，为消费者咨询、投诉、举报提供多渠道，确保"件件有着落、事事有回音"。

维护民利，规范检验检测市场秩序。近 3 年来，全国累计检查检验检测机构 4.47 万家次，查处各类违法违规案件 6000 多起，撤销、注销 876 家检验检测机构资质，移送公安司法机关 21 起违法案件。

顺应民意，着力推进检验检测改革。截至 2020 年年底，全国共有检验检测机构近 4.9 万家，当年出具检验检测报告近 5.67 亿份，营业收入 3586 亿元，近 3 年年均增长率达 14.7%，成为全球增长最快、最具潜力的检验检测市场。

服务民生，强化检验检测技术支撑作用。以食品、纺织、电器等民生消费领域为重点，组织实施 19 项国家级检验检测机构能力验证和盲样考核，推动检验检测机构提升技术服务水平。出台《关于进一步加强国家质检中心管理的意见》，进一步严格国家质检中心建设标准。

惠及民众，广泛组织开展便民活动。免费公开全部认证认可检验检测行业标准 197 项，便利广大从业机构学习运用，降低机构经营负担。组织举办 2021 年"世界认可日""全国检验检测机构开放日"等主题活动，发起成立检验检测促进产业升级创新联盟，推动行业向专业化和价值链高端延伸。正式上线认证认可标准化、检验检测报告编号查询和合格评定服务企业"走出去"等 3 个信息服务平台。

【新知讲授】

纺织品作为流通市场的商品，要能满足人们某种需要，才具有一定的使用价值。在纺织品流入市场作为等价交换的劳动产品之前，需进行各种相关的检测项目，以评价其是否具有使用价值。

2.1.1　概述

纺织品检测是对纺织制品的质量与性能，用物理和化学的方法依照相关的标准进行定性或定量的检验测试，并给出检测报告。

纺织品从原料到织造、染整加工再到流入交易市场的全流程，都需要通过相关环节的检验检测，以确保其质量和安全，甚至是功能性等方面的指标符合要求。

2.1.2　纺织品检测的分类

纺织品检验检测贯穿了整个纺织品的生产加工过程。检测的方法方式多种多样。为更好地了解和学习，可以根据检测对象、检测对象的性能、检测方法、检验的目的和检测内容进行分类。

2.1.2.1　按检测对象分类

纺织品检测按检测对象可分为纺织纤维检测、纱线检测、面料检测、服装检测、家纺检测、装饰品检测、生态纺织品检测等。不同的检测对象，其检测的项目不同。同样的检测项目，根据检测对象的用途，有着不同的技术要求。比如检测纺织纤维时，测试其长度、细度的方法和仪器设备与检测纱线的长度、细度的就不一样。技术要求方面，比如同样是棉纱，普通纱线的技术要求和生态棉纱的技术要求也不完全相同。这就要求检测人员要明确检测对象的来源、用途，是出口产品还是进口产品，以此选择相应的检测标准进行检验检测。

2.1.2.2　按检测对象的性能分类

纺织品检测按检测对象的性能可分为物理性能检测、化学性能检测、生物性能检测和功能性能检测。物理性能检测是指对检测对象的物理性能如克重、纱支、密度、强力、耐磨性等，采用物理的方法如称重、测量、目测、对比等进行测试和评价。化学性能检测是指对检测对象的化学性能如 pH、游离甲醛含量、含铅量等，采用化学的方法如化学反应、显色反应、水解反应等进行测试。生物性能检测是指对检测对象的生物性能如抗菌性能、微生物指标、防螨性能等，采用生物的方法如菌种培养等进行测试。功能性能检测则是指对纺织品的功能性如吸湿速干性、阻燃性、抗紫外线、凉感等，采用模拟的形式，利用仪器设备等进行功能强弱的测试。

2.1.2.3 按检测方法分类

纺织品检测按检测方法可分为仪器设备检测法和感官检测法。仪器设备检测法主要是利用仪器设备如电子强力仪、耐摩擦色牢度仪、天平等对检测对象进行测试。只要仪器设备有定期校正，获取的测试数据则相对客观准确。而感官检测法主要是依靠检测人员的目视观察、气味嗅闻、身体感受等方法，对检测对象进行对比、感受，再将其转化为主观的认识作为评价依据。该方法因人而异，受个体的主观感受、操作经验和从事相关项目熟练程度等因素的限制，故检测结果的标准化不如仪器设备检测法高，具有主观性较强的特点。

2.1.2.4 按检测目的分类

纺织品检测按检验目的可分为生产检验、验收检验和第三方检验。生产检验指的是在加工生产过程中，通过检验检测及时发现问题、解决问题。在生产过程中，根据生产加工需求，还可以增加坯布检验、中检、成品检验、出货检验等。检验检测的对象包括纺织材料的原料、半成品和成品。验收检验指的是需方在验收供方提供的产品时所进行的检验。目的是保证验收产品的质量，同时降低使用方风险。第三方检验指的是由置于买卖双方利益之外的独立的第三方，以公正、公平、权威的非当事人身份，根据有关法律法规、标准、技术文件、合同等双方认可的依据进行的商品符合性检验。第三方检验通常也扮演仲裁角色，对有争议的产品进行客观的检验评价。

2.1.2.5 按检测内容分类

纺织品检测按检测内容可分为规格检验、品质检验、数量检验和包装检验。规格检验包括纺织品的外形、尺寸、花色、式样和标准量等属性的检验。品质检验包括外观质量检验和内在质量检验。数量检验则是指供、需方对纺织品数量的检验。包装检验是根据贸易合同、标准或其他有关规定对纺织品的内、外包装和包装标志等进行检验。

2.1.3 纺织品检测的目的

为什么要如此频繁地对纺织品进行检验检测呢？

对于供方而言，进行纺织品检验检测，首要的目的是确定产品的使用性能是否符合规定标准的要求。除此以外，按标准要求对纺织加工生产的半成品、成品进行检验检测，有助于及时发现问题，获得产品质量的信息，使加工者能及时纠正或改进加工生产工艺，提高产品质量。出货前的检验也能及时发现不合格产品，保证出货质量，维护企业信誉和形象。

需方对纺织品进行检验检测，可以更好地保障自己的权益，确保商品具有符合要求的使用价值，从而降低自身承担的风险。

　　如果供、需双方对商品的某项检测结果或检验检测报告存有异议，可以请第三方检验机构进行仲裁。通过公平公正的检验检测结果，有效地维护各方合法权益，协调矛盾，促使商品贸易活动的正常进行。

　　通过检验检测的产品，得到了质量保证；未通过的产品，应及时淘汰，且从中有效敦促企业主动吸收先进的生产技术和信息，改进生产加工方法和管理模式，跟上市场发展动态，以提高企业的竞争力。

　　提升纺织品检测的标准化水平，有利于提升纺织产品的品质，破解外向型经济的标准和法规障碍。在全球纺织服装行业这个变革与机遇交织的新起点上，在人工智能技术突飞猛进、地缘政治格局微妙变动以及我国日益增强的国际影响力的背景下，纺织品检测也为这一传统行业带来了前所未有的挑战与机遇。

➤思考与练习题

码 2-2　参考答案 2.1 节

一、思考题

　　1. 纺织品是不是只要有一份官方的检验检测报告就可以在贸易过程中流通了？

　　2. 为什么要了解不同类别的纺织品检测方法？

　　3. 纱线捻度属于哪类纺织品检测？

二、练习题

　　1. 按检测方法可分为_____和感官检验法，由于感官检验法是受个人主观因素影响较大，故其准确度不如前者。

　　2. 一般来说，当买卖双方对检测结果有异议时，都会选择_____来进行仲裁。

　　3. 以下属于品质检验的项目有（　　　）。

A. pH　　　　B. 缩水率　　　　C. 疵点　　　　D. 号型　　　　E. 尺寸　　　　F. 色牢度

2.2　纺织品检测的标准环境

☞ **知识目标**

1. 掌握标准大气条件

2. 理解采用标准大气环境进行测试的目的

3. 理解预调湿的作用和目的

4. 理解调湿的作用和目的

☞ 能力目标

1. 能准确设置标准大气的测试环境

2. 能对纺织品进行预调湿操作

3. 能对纺织品进行调湿操作

4. 能根据检测项目选择是否需要进行预调湿或调湿操作

☞ 素养目标

培养学生严谨求实、精益求精的检测精神和工作态度

【新知讲授】

纺织品检测工作是一项专业、严谨、科学的技术工作，要求工作人员能够按照标准对纺织品进行外观质量和内在质量两方面的检验检测，并根据检验检测的结果对纺织品进行客观、公正的评价。

纺织品检验检测的结果直接影响到产品的经济价值，对加工方、订购方，甚至消费者都有极大的影响。产品是否合格，决定产品是否能进入市场流通；产品的等级则表征其附加价值，影响商家的经济利益和品牌效益。产品以次充好不仅损害消费者的利益，甚至有可能危害消费者的身体健康和人身安全。由此可见，检验检测是维护各方权益的重要保障。

2.2.1　标准大气

纺织材料大多具有一定的吸湿性。吸湿量大小取决于纤维的内部结构，同时也受气候条件影响。尤其是相对湿度，对纺织品的物理机械性能有较大的影响。为了使纺织品在不同时间、不同地点测得的结果具有可比性，应在统一规定的测试大气条件下进行检测。

GB/T 6529—2008《纺织品　调湿和试验用标准大气》中定义了标准大气，指的是相对湿度和温度受到控制的环境，纺织品在此环境温度和湿度下进行调湿和试验。标准大气规定温度为 20.0℃，相对湿度为 65.0%。另外，在有关各方同意的情况下可选的标准大气有特定标准大气和热带标准大气两种。特定标准大气规定的温度为 23.0℃，相对湿度为 50.0%。热带标准大气主要适用于热带地区，温度为 27.0℃，相对湿度为 65.0%。

考虑到温湿度的波动，标准规定了容差范围。温度的容差为 ±2.0℃，相对湿度的容差 ±4.0%。

2.2.2　预调湿

有时会遇到样品在调湿前比较潮湿的情况。为了使同一样品达到相同的平衡回潮率，避免因纺织材料的吸湿滞后现象影响其检测结果，则需进行预调湿，来降低样品的实际回潮率，确保测试时样品是通过吸湿达到平衡回潮率。预调湿应在温度不超过 50.0℃，相对

湿度为 10.0%～25.0% 的大气条件下进行，一般预调湿 4h 便可达到要求。

2.2.3　调湿

纺织品具有吸湿和放湿性。湿度高时，纺织品的水分含量会增大，纺织品的质量会随之增加，其尺寸也会收缩或变厚，有的材质会发硬，相应的，其强伸度也会发生较大的变化。因此，在检测纺织品的相关性能前，就需要将其置于标准大气下进行调湿，放置一定时间后，让其通过吸湿达到平衡回潮率，以此来消除这种因吸湿滞后现象而带来的测试误差。

在调湿时，应使空气通畅地通过需调湿的纺织品，且调湿过程不能间断。若被迫间断须重新按规定调湿。如果每隔 2h 连续称重，质量递变率不大于 0.25%，可视为调湿达到平衡；或者连续调湿 24h 以上，也可以视为调湿平衡。合成纤维只需调湿 4h 以上即可。

➤**思考与练习题**

码 2-3　参考答案 2.2 节

一、思考题

1. 什么情况下纺织品检测前需要调湿？

2. 纺织品检测前需要调湿的也都需要预调湿吗？

3. 为什么预调湿、调湿的过程不能间断？

4. 为什么有的纺织品检测项目不需要在标准大气环境下进行测试？

二、练习题

1. 标准大气的温度是_____，容差是_____；相对湿度是_____，容差是_____。

2. 以下需要在标准大气环境中进行测试的项目有（　　　）。

A. pH　　　　　B. 纤维定性分析　　　C. 耐摩擦色牢度　　　D. 织物透气性测试

3. 以下项目需要进行调湿的有（　　　）。

A. pH　　　　　B. 缩水率　　　　　　C. 织物拉伸断裂强力　　D. 耐摩擦色牢度

2.3　纺织品检测的抽样方法和实验准备

☞ **知识目标**

1. 认识全面检验和抽样检验

2. 了解全面检验和抽样检验的优劣势

3. 掌握随机抽样、等距抽样、分层抽样和整群抽样的方法

4. 掌握随机抽样、等距抽样、分层抽样和整群抽样的优缺点

5. 掌握批、批量、样本、样本量的概念

6. 掌握试样的概念

7. 掌握取样的原则

☞ **能力目标**

1. 能运用等距抽样进行抽样

2. 能运用分层抽样进行抽样

3. 能运用整群抽样进行抽样

4. 能在样本上取得具有代表性的试样

☞ **素养目标**

培养学生选择适当的方法进行抽样以提高检测结果的准确度

【信息导入】

新闻链接：实验室违规典型案例通报

信息来源：中国合格评定国家认可委员会、《质量与认证》杂志社转载

转载日期：2022 年 5 月 18 日

2014 年以来 CNAS 连续发布了 8 期专项监督和投诉调查发现实验室存在问题的典型案例通报，对认可实验室产生了较好的警示效果。

问题概况：2018 年 12 月，对某纺织品检测实验室专项监督，发现其标准容易和关键试剂配制、稀释的量的记录与实际检测工作用量不匹配（工作用量多于配制量）。

整改措施：实验室分析了原因，采取了以下纠正和预防措施。

①对实验员进行专题培训，树立严谨工作作风。

②确保技术文件和记录模板有效。

③充分发挥各部门监督员的作用。

④建立报告监督抽查制度。

【新知讲授】

纺织品检测的项目有很大一部分属于破坏性的测试，不适合进行全面检验（下称"全检"），此为其一；另一原因是在商品数量较大时，全检需要耗费高昂的人力、物力以及工时，不符合生产效率和生产成本的要求。就算不惜高成本地采用全检，在人工方面也会因为工时长或人为因素不可避免地出现错检、漏检等问题。即使是采用自动测试仪器，仍然会存在稳定性的问题，不可能百分之百不出错漏。综合考虑，在纺织品检测中，绝大多数情况下采用抽样检验的方法是符合生产要求和经济效益的。

2.3.1　检验检测方法

检验检测有两种方法，一种是全面检验，另一种是抽样检验。

全面检验是指对整批产品逐个进行检验，把其中不合格的挑拣出来。采用这种检验方法能保证整批次产品的质量，但缺点是不能进行破坏性检测项目，而且耗时耗力。在纺织品中，像坯布的外观检验是采用全面检验方法。

抽样检验，简称"抽检"，指的是从一批产品中随机抽取少量产品（样本）进行检验，根据检验结果进行批次合格的判定。抽样检验相对于全面检验较省时省力，且能用于破坏性的检测项目。虽然采用这样的检验方法可能存在产品的品质参差不齐的现象，但对因抽检可能造成的错误，可以通过数理统计的方法控制在一定范围内，所以抽检是纺织品检验检测的主要形式。

2.3.1.1 抽样方法

如果要进行抽检，那么抽取的产品应该具有代表性。这就要保证抽样的方法合理，常用的抽样方法主要有以下几种。

（1）随机抽样

随机抽样是抽样方法的基本形式，指的是从总体中抽取若干个样品（子样），使总体中每个单位样品被抽到的机会相等。从理论上来说，该方法符合随机的原则，但实际上却有很大的偶然性。尤其是当总体的变异较大时，纯随机抽样方法就不具有优势。

（2）等距抽样

等距抽样也可称为系统抽样，是先把总体按一定标准进行排列，再按相等的距离进行抽样。比如有 1000 包原棉待抽样检验，拟取 10 包，采用等距抽样法，可以将这 1000 包原棉进行编号，以第 36 号棉包作为起点，每间隔 100 号的棉包作为样本抽出，即第 36 号、第 136 号、第 236 号……第 836 号、第 936 号，共 10 包棉包作为抽取的子样。这就是等距抽样方法。

等距抽样相对于随机抽样，可使子样较均匀地分配在总体之中，使子样具有较好的代表性。但如果产品质量有规律地波动，并与等距抽样重合，则会产生系统误差。

（3）分层抽样

分层抽样也称代表性抽样，是将总体划分成若干个代表性类型组，然后分别在各组内用纯随机抽样或等距抽样获得各组试样，再把各组试样合并成一个样本。比如，某服装厂有三条生产线进行同款衬衫加工，其中 1 号生产线加工的衬衫为 1020 件，2 号生产线加工的衬衫为 1100 件，3 号生产线加工的衬衫为 1080 件。现要求抽取 160 件衬衫做检验，则：

从 1 号生产线抽取衬衫数：$160 \times \dfrac{1020}{(1020+1100+1080)} = 51$（件）

从 2 号生产线抽取衬衫数：$160 \times \dfrac{1100}{(1020+1100+1080)} = 55$（件）

从 3 号生产线抽取衬衫数：$160 \times \dfrac{1080}{(1020+1100+1080)} = 54$（件）

分层抽样可以按各部分占总体的比例来确定各组应取的试样数来进行子样的抽取。也可以根据各组的变异程度确定子样的抽取，变异大的组多取一些，变异小的组少取一些，不需按统一的比例。

（4）整群抽样

整群抽样适用于在由若干个有着自然界限和区分的子群所组成，不同子群相互之间差异不明显，但群间个体有较大差异的总体中。该方法实施方便、节省经费，但总体容量不大时，该方法的代表性则较差。

2.3.1.2　抽样检验中的相关术语

抽样时从要检验的整批产品中抽取一定数量的包数，称为批样。再从批样中用适当方法选取检测过程中的样品，可称为样本。最后，根据检测项目的需求，按一定方法制作成大小适合化学性能检验或各项物理机械设备操作的试样。

以下是几个在抽样检验中常用的相关术语。

①批：指的是汇集在一起的一定数量的某种产品、材料或服务，特指由提交检验的那部分产品或材料所汇集的。它可以是由某生产批的一部分组成，也可以是由几个生产批组成。

②批量：指的是批中包含的单位产品的个数。

③样本：指的是取自一个批并且能提供该批信息的一个或一组产品。

④样本量：样本中所包含的单位产品的个数。

在抽取样本时，应该按照简单随机的抽样方法从批中抽取作为样本的单位产品。但是，当批由子批或层（按某种特性分类）组成时，应使用按比例配置的分层抽样方法。在这样的情形下，各子批或各层的样本量应与其大小成比例。

2.3.2　试样剪取

在介绍了抽样检验中的几个常用术语后，我们需要了解何为"试样"。在纺织品检测中，所谓的试样指的是从样本上剪取下来，大小、尺寸等适用于项目检测中的试验，或适用于仪器设备检测的使用的部分。

但也不是所有的纺织品检测项目都需要剪取试样。比如在进行服装商品外观检验时，直接以该批产品中抽取的某件服装商品作为样本进行检验，这时候就不需要剪取试样。但如果检验完该件服装商品的外观后，测试项目中有例如缝口拉伸强力测试，那么则需要在样本上根据测试标准的要求进行取样，即选择并剪取具有代表性的试样。

2.3.2.1　试样的准备

在取样之前，一般要先根据测试项目的需求决定是否需要进行预调湿和调湿。如有此要求，应先将样品按上文要求进行预调湿或调湿。

2.3.2.2 取样的原则

取样时，应确保所取的试样平整、无皱褶、无明显疵点，且所取试样的长度和花型具有合理性和代表性。

以测试织物的拉伸断裂强力为例，根据测试标准要求，需要测试织物经向的 5 组试样和纬向的 5 组试样。根据测试需要，剪取的试样有效宽度为（50±2）mm，拉伸定长为（200±2）mm。为适配电子强力仪的测试，在试样剪取时，一般会沿着试样的拉伸方向将长度增加至 30~35cm，以便于设备测试。为了在有限的样本上取得尽可能多的信息，我们在做此类项目测试时，试样剪取一般会采用阶梯状取样，示意图如图 2-1 所示。这样的取样方式，可以保证经向或纬向的各个试样均不含有相同的经纬纱线。但如果样本的尺寸有限，也应至少保证其试验方向不含有相同经纬纱线。

从实验室样品上剪取试样示例

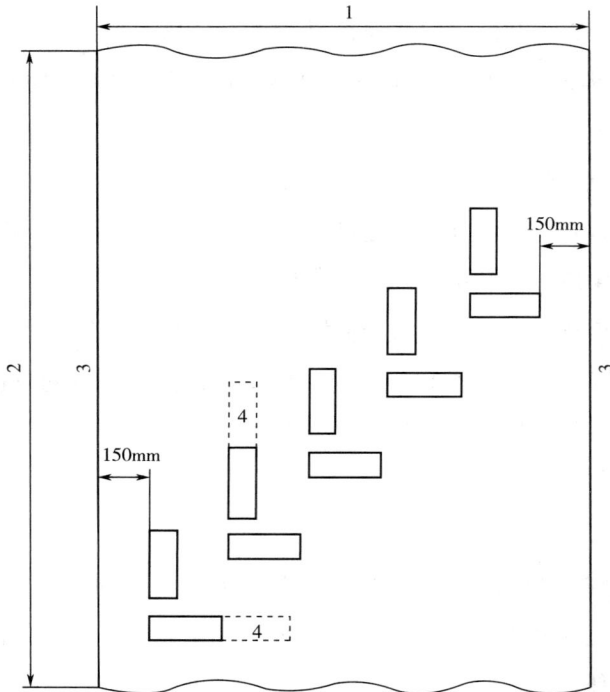

图 2-1 阶梯状取样

1—织物宽度 2—织物长度 3—边缘 4—如果有要求，用于润湿试验的附加长度

剪取的样本，则是从批样中的布匹中随机剪取至少 1m 的全幅宽织物。在剪取试样时应注意避开布端，一般要求在距布端 2m 以上的部位进行取样。此外要注意避开布边，一般离布边 10cm 以上即可；如果幅宽超过 100cm 时，试样距布边应在幅宽的 1/10以上。

> **思考与练习题**

码 2-4　参考答案 2.3 节

一、思考题

1. 在试样剪取时，为什么要避开布边？

2. 取样时应遵循哪些原则？

3. 抽样检验和全面检验各有什么优劣？

二、练习题

1. 某染厂接到一批订单，生产加工四面弹，荧光绿 200 批，橘红 120 批，粉蓝 150 批，高级灰 130 批，现抽 30 批做检测，应该如何抽取子样？正确的取样方式是（　　　）。

 A. 随机抽取 30 批　　　　　　B. 整群抽取 30 批

 C. 等距抽取 30 批　　　　　　D. 分层抽取 30 批

2. 现有一块印花布，若进行色牢度测试，应如何取样？正确的取样方式是（　　　）。

 A. 进行测试的试样应包含印花布上所有花型

 B. 进行测试的试样应包含印花布上所有颜色

 C. 进行测试的试样只需满足尺寸要求

 D. 进行测试时可以根据花色剪取多块试样

3. 现有一块印花布，若进行条样法的拉伸性能测试，应如何取样？正确的取样方式是（　　　）。

 A. 进行测试的试样应包含印花布上所有颜色

 B. 进行测试的试样应包含样本上的所有纱线

 C. 进行测试的试样阶梯状取样

 D. 进行测试的试样尽量不包含相同的经纬纱

2.4　纺织品检测的误差与数据处理

☞ **知识目标**

1. 了解检测过程中误差产生的来源

2. 掌握误差消减的方法

3. 了解数据处理的必要性

4. 了解修约间隔的概念

5. 熟记修约的规则

6. 掌握修约的方法

☞ **能力目标**

1. 能采用合适的方法消减检测过程中产生的误差

2. 能根据不同的修约间隔准确地对数值进行修约

3. 能准确地对检测结果进行数据处理

☞ **素养目标**

1. 培养学生严密的逻辑思维

2. 提高学生对检测工作准确度的认识和理解

☞ **思政目标**

提倡对检测结果实事求是、对检测结果准确度精益求精的工匠精神

【信息导入】

文章链接：有效提高产品质检结果准确度

信息来源：《中国质量技术监督》2013 年 6 月刊、中国质量新闻网转载

转载日期：2013 年 8 月 1 日

产品质量检验工作是一项科学性强、涉及面很广的技术工作，要求检验结果具有相当的准确度，否则导致不合格产品进入市场销售，就会损害消费者的切身利益。本文就如何提高产品质量检验结果准确度，谈谈自己的几点看法。

一是提高检验队伍的综合素质。

二是掌握正确的抽样方法和制样方法。

三是选择合适的检验方法。

四是减少实验室误差是提高检测结果准确度的保证。

五是认真记录和正确处理检验数据。

【新知讲授】

2.4.1 误差

在检验检测的过程中，因主观或客观的因素导致判定或测试结果与真实情况存在一定的出入，我们将其称为误差。如果是操作错误，是不允许存在于原始测试数据之中的。因为这会对最终结果带来错误的评定。而误差虽然会影响结果的准确度，但其是符合事实规律的，是被允许的。

误差根据产生的原因可分为系统误差和随机误差。

系统误差是指检测过程中产生的一些恒定的或遵循某种规律变化的误差，存在一定的规律性和偏向性。即在相同的条件下重复测定时，会重复出现。其测得的结果会出现系统偏高或系统偏低的情况。只要能找出产生误差的原因，并设法测定出其大小，则可通过校正的方法进行消减。根据这个现象，在检测过程中，如果对同一被测项目的多次测量过程中，出现某种恒定或按确定的方法变化的误差，就可以确定是系统误差。

根据引起系统误差的原因，又可以分为仪器误差、方法误差、试剂误差和操作误差。仪器误差是由仪器设备本身的缺陷或没有按规定条件使用仪器而造成的，如仪器的零点不准，砝码被腐蚀等情况。方法误差是由于测量所依据的理论公式本身的局限性，或实验条件不能达到理论公式所规定的要求，或实验方法本身不完善所产生的，例如伏安法测电阻时没有考虑电表内阻对实验结果的影响等。试剂误差是由于所用蒸馏水含有杂质或所使用的试剂不纯所引起的测定结果与实际结果之间的偏差。操作误差则是由于检测人员个人感官和运动器官的反应或习惯不同而产生的误差，并且也与检测人员当时的精神状态有关，如目测评价法等情况。

系统误差越小，检测结果的准确度就越高。

随机误差也称偶然误差，是随机产生的。它是同一产品在检测过程中，由于检测外界条件的变动、检测仪器的不完善、检测对象本身的状态发生变化等偶然因素而引起的误差，如测量过程中仪器零部件摩擦或测试环境的温度、湿度波动变化等情况引起测量结果出现的偏差。因为它的出现和产生是无法预测的、不可控的，且毫无规律可言，所以随机误差是无法消除的，但是可以通过多次重复检测来减小。

随机误差越小，检测结果的精密度越高。

2.4.2　数据处理

在检测的过程中，通常进行多次测量来获得平均值，以此使测量结果接近客观存在的真实值。对于同一实验室内由同一检测人员，在相同试验条件和较短时间间隔内，用同一台仪器，采用相同的试验方法，对同一试样进行试验结果的一致性被称为重复性。如果保持重复性试验中的试样不变，而其他条件发生一项或几项改变，则为重现性。重复性和重现性可以反映仪器设备、检测技术和检测方法的精密度。

在一组检测数据中，有时会出现某个数据比其他数据大很多或小很多的情况，即离群较远的值，被称为异常值，或可疑值。一般来说，异常值与该组测定数据平均值的偏差超过两倍标准差。如果它与平均值的偏差超过三倍标准差，可以认为是高度异常的异常值。异常值如果是被检测总体固有随机变异性的极端表现，是属于总体的一部分，应该被保留在结果中。但如果是由于试验条件和试验方法的偏离所产生的结果，或是由于观测、计算、记录中的失误而造成的，则不属于总体，应该被舍弃。

异常值的处理应按 GB/T 4883《数据的统计处理和解释　正态样本异常值的判断和处理》、GB/T 6379.2《测量方法与结果的准确度（正确度与精密度）　第 2 部分：确定标准测量方法重复性与再现性的基本方法》来进行，一般有以下几种处理方式：

①异常值保留在样本中，参加其后的数据分析。

②剔除异常值，即把异常值从样本中排除。

③剔除异常值，并追加适宜的测试值计入。

④找到实际原因后修正异常值。

判断异常值应先从技术上寻找原因。一般来说，高度异常的测量值应舍弃，一般检出的异常值可根据问题的性质决定取舍。

2.4.3 数字修约

在测量中，我们把能够反映被测量对象大小的带有一位存疑数字的全部数字叫有效数字。具体来说，有效数字是指在分析工作中实际能够测量到的数字，包括最后一位估计的、不确定的数字。从这个角度来看，测量数值小数点后数字的位数可以表征仪器设备的精密度，是不能随意更改、舍弃的。

有效数字位数的确定方法是从左往右数，从第一个非零数字开始，直到末尾数字止的数字的位数。例如 0.032 的有效数字位数为 2 位；10.01 的有效数字位数为 4 位。由此可见，数字中间的"0"和末尾的"0"都是有效数字，而数字前面所有的"0"只起定值作用，对于以"0"结尾的正整数，有效数字的位数则不确定。例如 10000，就无法确定其有效数字的位数。这种情况，应以科学记数法表示，1×10^4 有 1 位有效数字；1.0×10^4 有 2 位有效数字；10.0×10^3 有 3 位有效数字。

修约间隔又称修约区间，是修约值的最小数值单位，是确定修约保留位数的一种方式。修约间隔的量值一经确定，修约数只能是该修约间隔的整数倍。GB/T 8170—2008《数值修约规则与极限数值的表示和判定》中指出数值修约是通过省略原数值的最后若干位数字，调整所保留的末位数字，使最后所得到的值最接近原数值的过程。如 0.1 修约间隔，修约值应在 0.1 的整数倍中选取，相当于将数值修约到一位小数；修约间隔如为 100，修约值则应在 100 的整数倍中选取，相当于将数值修约到"百"数位。

下面，根据 GB/T 8170—2008 的规定，简要介绍修约规则。

①拟舍弃数字的最左一位数字小于 5，则舍弃，保留其余各位数字不变。如 12.042 要保留三位有效数字，拟舍弃的数字"42"最左一位是 4，小于 5，则舍弃修约为 12.0。

②拟舍弃数字的最左一位数字大于 5，则进 1，保留数字的末位数加 1。如 12.063 要保留三位有效数字，拟舍弃的数字"63"最左一位是 6，大于 5，则进 1 修约为 12.1。

③拟舍弃数字的最左一位数字是 5，如果后面有非"0"数字，也进 1，即保留数字的末位数字加 1。如 12.051 要保留三位有效数字，拟舍弃的数字"51"最左一位是 5 且后面有非零数字 1，则进 1 修约为 12.1。若后面没有其他数字或者都是"0"，此时应该看保留数字的最右一位数字，当其是奇数（1，3，5，7，9）时，进 1 变偶；当其是偶数（0，2，4，6，8）时，舍弃不变。如 12.0500 要保留三位有效数字，拟舍弃的数字"500"最左一位是 5 且后面的数字均为"0"，保留数字的最右一位是偶数，则舍弃修约为 12.0；如 12.1500 要保留三位有效数字，拟舍弃的数字"500"最左一位是 5 且后面的数字均为"0"，保留数字的最右一位是奇数，则进 1 修约为 12.2。

④不允许连续修约。我们可以将以上的进舍规则简化成"四舍六入五成双"的简单口诀，方便记忆。

在对数值进行修约时，若有必要，也可采用 0.5 单位修约或 0.2 单位修约。

修约间隔是确定修约保留位数的一种方式，也称为修约区间。修约间隔的量值一经确定，修约数只能是该修约间隔的整倍数。修约间隔一般以"$k \times 10^n$"的形式。其中"k"被称为间隔修约，并由"n"确定修约到哪一位。当 n 为负整数时，表明将数值修约到 $|n|$ 位小数，如 $n = -1$，相当于将数值修约到小数点后一位数；当 n 为正整数时，表明将数值修约到 10^n 数位，如 $n = 2$，相当于将数值修约到百数位。大多数情况是以"1"为间隔进行修约，在某些特殊领域或特殊情况下，也有采用"2"为间隔或者"5"为间隔进行修约。上述所说的 0.5 单位修约，其修约间隔为"5×10^{-1}"，表示将数值修约到小数点后一位且间隔修约为 5，即相当于半个单位修约。修约时，将拟修约数值 X 乘以 2，按指定修约间隔对 $2X$ 按照以上 GB/T 8170—2008 的规定进行修约，所得修约数值再除以 2。

例如将 12.063 修约到整数位的 0.5 单位，先将 12.063 乘以 2，得 24.126；根据题意要求，"126"为拟舍弃的部分。根据修约规则，拟舍弃部分的最左一位数字为"1"，小于 4，故直接舍弃。24.126 修约为 24。最后将 24 除以 2，因要求修约到整数位的 0.5 单位，即小数点后一位，故结果为 12.5。

修约间隔为 0.2 则相当于 0.2 个单位修约，即按指定修约间隔对拟修约的数值 0.2 单位进行的修约。修约时，将拟修约数值 X 乘以 5，按指定修约间隔对 $5X$ 按照以上 GB/T 8170—2008 的规定进行修约，所得修约数值再除以 5。

例如将 12.063 修约到整数位的 0.2 单位，先将 12.063 乘以 5，得 60.315；根据题意要求，则"315"为拟舍弃的部分。根据修约规则，拟舍弃部分的最左一位数字为"3"，小于 4，故直接舍弃。60.315 则修约为 60。最后将 60 除以 5，因要求修约到整数位的 0.2 单位，故结果为 12.0。

由此可见，同样是将 12.063 修约到小数点后一位，不同的修约间隔，得到的修约结果各不相同。

➤思考与练习题

一、思考题

1. 将数值修约到千数位的修约间隔怎么表示？

2. 请问系统误差是否可以通过多次重复测量来进行消减？原因是什么？

3. 128 和 128.00 数值大小一样，能否将 128.00 写成 128 或 128.0？请说明原因。

码 2-5　参考答案 2.4 节

二、练习题

1. 对 34.11 进行 0.5 个单位的修约，结果为＿＿＿＿＿＿；

对 13590 按 2×10^2 的修约间隔进行修约，结果为＿＿＿＿＿＿；

对 13590 按 2×10^2 的修约间隔进行修约，并保留 3 位有效数字，结果为＿＿＿＿＿＿。

2. 下列说法正确的是（　　　）。

A. 误差是不可避免且无法消减的

B. 异常值必须剔除再重新测量

C. 偶然误差是随机的，无法预测的

D. 系统误差越小，测量结果的精密度就越高

2.5　纺织品检测实验室的安全规则

☞ **知识目标**

1. 掌握纺织品检测实验室常见的安全隐患

2. 了解消除纺织品检测实验室安全隐患的方法

3. 掌握纺织品检测实验室的安全规则

☞ **能力目标**

1. 能发现纺织品检测实验室的安全隐患

2. 能针对纺织品检测实验室里不同的安全隐患进行有效整改

☞ **素养目标**

1. 提高检测人员的作业水平

2. 增强检测人员的安全意识

3. 从安全层面加强学生对标准化作业重要性的认识

☞ **思政目标**

使学生意识到我国对劳动者的人身安全和健康保障的重视

【信息导入】

新闻链接：关于 CNAS-CL01-A010《检测和校准实验室能力认可准则在纺织检测领域的应用说明》文件修订网上征求意见的通知

信息来源：中国合格评定国家认可委员会　发布日期：2022 年 12 月 6 日

各相关机构及人员：

为了持续满足纺织检测领域的认可要求，中国合格评定国家认可中心（CNAS）组织对 CNAS-CL01-A010：2018《检测和校准实验室能力认可准则在纺织检测领域的应用说明》进行了修订，对原文件进行了部分增加、修改相关条款。

现将文件征求意见稿网上公示征求意见。如对该文件有任何修改建议或意见，请填写

附件中意见征询表，并于 2022 年 12 月 19 日前反馈 CNAS 秘书处。

【新知讲授】

纺织品检测实验室主要可以分为物性检测实验室、化性检测实验室、生态检测实验室和功能性检测实验室等，物性检测实验室是检测纺织品的色牢度、拉伸强力、接缝强力、抗起毛起球性能、服装外观、羽绒制品含绒量与蓬松度等，化性检测实验室主要对纺织品进行纤维定性和定量分析、甲醛含量分析、偶氮染料和重金属含量分析，生态检测实验室主要检测杀虫剂、可萃取重金属、五氯苯酚等含量，功能性检测实验室主要检测功能性产品的吸湿速干性、防水性、凉感、阻燃性。在不同检测项目，或者说不同类别的纺织品检测实验室中，需要注意的安全操作事项有所不同，但总的前提都是一致的，即首先保证试样不被污染，其次保证检测操作规范，此外还应确定检测过程中使用到的设备、仪器的校准周期。但最重要的还是保证人身安全，不出现意外事故。

2.5.1　纺织品检测实验室中的安全隐患

要杜绝发生实验室安全事故，就要"防患于未然"，定期对纺织品检测实验室的安全隐患进行排查。常见的纺织品检测实验室安全隐患有以下几类。

2.5.1.1　火灾隐患

纺织品检测实验室进行检测的样品不仅包括棉花、纱线、布料等原材料，还有羽绒制品、服装、床上用品等成品。这些纺织制品属于易燃物品，如果实验室样品间长期堆放大量纺织样品，必然存在火灾安全隐患。另外，采用燃烧法进行纺织品定性分析，或是纺织品燃烧性能测试项目，都需要安全使用明火。纺织品化学性能测试用到的化学试剂相互反应则有发生燃爆的风险，个别纺织品检测项目中需要使用到乙炔等易燃气体，如果发生泄漏也会引发火灾或爆炸事故。

2.5.1.2　中毒隐患

纺织品化学性能检测过程中常会用到化学试剂。其中有些是有毒有害试剂。如果在使用这些试剂时存在不当或违规操作，会增加检测人员中毒的风险。如果在检测过程中需要接触到有毒有害试剂，必须对检测人员进行专业的培训，要求检测人员在接触到有毒有害试剂时要从试剂的储存、使用，到完成后废液的回收和处理都严格按照操作规范，以免造成药品试剂中毒的事故。

2.5.1.3　灼烧隐患

纺织品检测实验室中的灼烧隐患也是比较常见且重要的安全隐患。在纺织品检测项目中，如纤维定性分析中使用的强酸强碱、燃烧性能测试中产生的明火以及纺织品重金属试验中用到的硝酸等，如果检测人员操作不当或安全意识不强，都存在引发灼烧的安全隐患。

2.5.1.4　物理损伤隐患

物理损伤主要是指在进行纺织品物理机械性能检测或其他项目过程中，因操作不当而引起的人身伤害。比如在操作织物拉伸断裂强力测试过程中因仪器设备操作不熟练或不规范导致被夹钳夹到手的机械性伤害，或是实验室中玻璃器皿因磕碰碎裂或受热不均导致爆裂使检测人员被玻璃碎片割伤，还有样品制备过程接触高温烘箱以及配制试剂时反应散发出的热量导致的烫伤等。

2.5.1.5　其他隐患

除了上述隐患，在纺织品检测过程中，还有其他需要注意防护而避免出现的隐患，比如在纺织品纤维含量分析中拆样品吸入纤维，化学废液及废气回收处置不当对环境造成的污染，化学试剂取用存放管理不够严谨导致丢失的风险等。

2.5.2　纺织品检测实验室的规范操作

既然我们已经了解了常见纺织品检测过程中存在的安全隐患，那怎样才能在避免安全事故发生且不降低检测结果准确度的基础上，保证安全、准确、高效地完成纺织品检测工作呢？答案是采用规范化、标准化的操作规程。

2.5.2.1　建立完善的安全管理制度

纺织品检测的安全规则不仅涵盖检测过程中用水用电的安全、仪器设备操作的安全、化学药品存取配用的安全、三废回收处理的安全，还包括检测样品接收、流转、存样的安全且不受污染，检测环境不受污染以及检测人员的高度专业，并能严格按照安全操作规定去开展纺织品检测项目。要做到以上的要求，需要建立完善的安全管理制度，对每一个检验检测环节进行规范化要求，对每一位检测人员进行标准化培训，才能加强风险管控，降低意外发生的概率。

2.5.2.2　加强安全意识和专业素养

首先，检测人员在进入检测实验室前应接受安全技能培训和安全知识教育，经考核合格后方能上岗，这是保证检测实验室安全的基础。其次，应该多开展或定期开展有效的实验室安全技能强化训练和安全防范措施提升演练，增强检测人员的安全意识，规范检测人员的操作，养成良好的工作习惯。最后，检测人员要熟知纺织品检测实验室存在的安全隐患，掌握相应的防范措施和急救措施。有条件的还应该组织检测人员每年定期参加培训，使其掌握实验室技术规范、操作规程、安全防护知识和实际操作技能，严格遵循标准操作程序。只有做到以上几点，才能使检测实验室的安全风险降到最低。

2.5.2.3　增加实验室的防范保障措施

一般来说，在进行某些特殊的化学反应或实验操作时，为确保个人安全，必须采取必要的防护措施。这些措施包括佩戴防护眼镜、口罩和面罩，以及在取用强酸强碱等腐蚀性物质时戴上橡胶手套，以防止皮肤受到伤害。在检测实验室中，地面的整洁与卫生同样至关重要。实验室地面应保持干净整洁，对于地面上可能残留的试剂或水渍，必须及时清理，以防止滑倒事故的发生，同时也有助于维护实验环境的整洁与安全。实验室设备的布局和器材的存放应遵循安全、科学、规范、有序的原则。这不仅有助于实验的顺利进行，还能确保人员和设备的安全。同时，对实验室的水、电、气等基础设施要进行定期检查和维护，确保其正常运行，从而保障实验的安全与效率。实验结束后，必须做好实验场所及相关器具的清洁和归位工作。这不仅有助于保持实验室的整洁与卫生，还能为下一次实验提供良好的工作环境和条件。

对于一些特殊的纺织品检测实验室，除了上述统一要注意的安全规则以外，在恒温恒湿室内，应避免过长时间的停留，且要穿着厚度适宜、干净整洁的衣物，尤其要注意对关节部位的保护。此外要关注恒温恒湿室的温湿度状态，如出现异常应及时处理。若是使用有毒药剂，则应佩戴防毒面具并在通风橱内进行操作。在色牢度评级室里，尤其是使用紫外灯评级时，应该注意工作时长。

对于样品存放室或堆放检测样品的空间，一定要禁止使用明火。如果实验室存放压力气瓶，必须配备固定装置进行固定。在存放压力气瓶时，要远离热源，避免被夏季的烈日暴晒。禁止敲击和碰撞压力气瓶，且气瓶外表漆色标志要保持完好。在纺织品化学实验室内要设置紧急喷淋区，安装喷淋设施，以备不时之需。如果不慎被有毒有害试剂碰到皮肤，第一时间要尽快地进行冲洗，避免伤害扩大，之后及时送医。此外，实验室应配备相关的医药箱，可以及时地对一些小的割伤、划伤、灼烧伤等物理损失进行简单的处理。

> **思考与练习题**

思考题

如何保证检测来样不受污染？

码 2-6　参考答案 2.5 节

> **本章小结**

本章主要介绍如何让纺织品检测的结果更准确有效。从纺织品检验检测前的抽样、试样处理、检测环境设置等工作到检测过程中的安全操作规则以及检测结果的数据处理都进行了介绍。通过学习，我们了解到不同的抽样方案对抽样结果存在一定的影响，只有科学的抽样方案才能获得客观的检测结果；不同的取样也会影响检验检测结果；不同的数据处理方式得到的检测结果也不一样。如果要获取合规且准确的检测结果，标准规范的检测环境，高素质且受过规范化、标准化培训的检测人员是重要的条件保障。本章重点强调了纺织品检测中对检测结果的影响因素，这些因素构成了检测评价的基础。本章的难点是预调湿和调湿的目的，以及修约间隔。

【知识拓展】

1. CNAS 是中国合格评定国家认可委员会的英文缩写，是根据《中华人民共和国认证认可条例》的规定，由国家认证认可监督管理委员会批准设立并授权的国家认可机构，统一负责认证机构、实验室和检验机构等相关机构的认可工作。通过评价、监督合格评定机构（如认证机构、实验室、检查机构）的管理和活动，确认其是否有能力开展相应的合格评定活动（如认证、检测和校准、检查等），确认其合格评定活动的权威性，发挥认可约束作用。中国合格评定国家认可制度已融入国际认可互认体系，并在国际认可互认体系中有着重要的地位，发挥着重要的作用。

2. 准确度指的是测得值与真实值之间的符合程度，用误差来表征准确度的高低。误差越大，准确度越低；误差越小，准确度越高。

3. 精密度是用来表征测量结果的离散程度，即在相同的条件下，多次平行分析结果相互接近的程度，离散程度越高，精密度越低。常用标准偏差来表征精密度的高低。准确度和精密度是两个不同的概念，二者之间却存在着一定的关系。虽说精密度是保证准确度的先决条件，但高的精密度不一定能保证高的准确度。主要是因为系统误差并不影响精密度，却影响准确度。

【思维导图】

```
                                                                    ┌─── 纺织品正反面的鉴别
                                                                    │
                                                                    │                  ┌─── 机织物经纬向分析
                                                                    ├─── 纺织品经纬向的鉴别 ├─── 针织物横纵向分析
                                                                    │                  └─── 纺织品的倒顺毛鉴别
                                                                    │
                                                                    │                                  ┌─── 织物分析镜法
                                  ┌─── 纺织品规格分析 ──────────────────┤                  ┌─── 机织物密度的检测分析方法 ├─── 移动式密度镜法
                                  │                                 │                  │                  └─── 织物分解法
                                  │                                 ├─── 纺织品密度的检测 ┤
                                  │                                 │                  │                  ┌─── 密度分析镜分析法
                                  │                                 │                  └─── 针织物密度的检测分析方法 ├─── 实拆法
        外观检验检测 ──────────────┤                                 └─── 纺织品长度和幅宽的检测
                                  │
                                  │                                 ┌─── 疵点检验 ──── 四分制检验法
                                  │                                 │
                                  │                                 │                  ┌─── 圆轨迹起球法
                                  │                                 │                  ├─── 改型马丁代尔起球法
                                  └─── 纺织品外观检测 ─────────────────┤─── 起毛起球检测 ├─── 起球箱法
                                                                    │                  └─── 随机翻滚法
                                                                    │
                                                                    │                  ┌─── 钉锤法
                                                                    ├─── 勾丝性能检测 ┤
                                                                    │                  └─── 滚箱法
                                                                    └─── 尺寸稳定性能检测
```

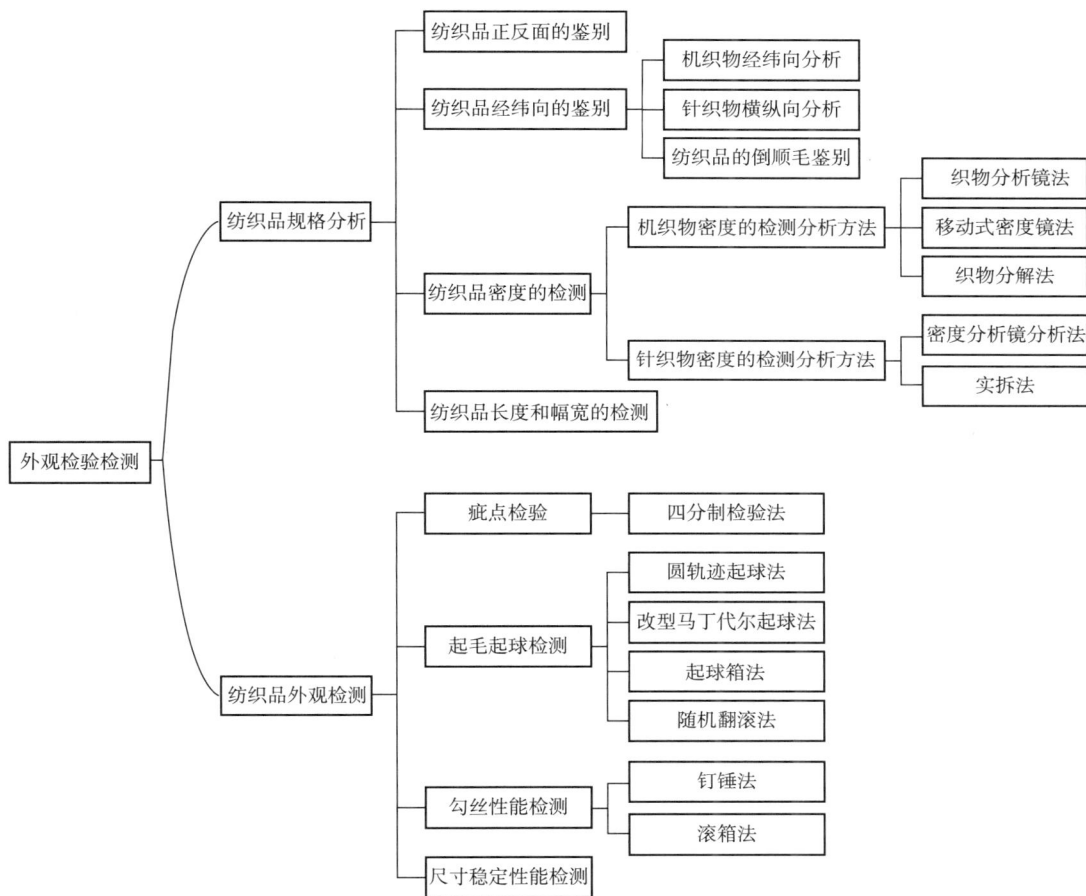

3.1　纺织品规格分析

☞ **知识目标**

1. 掌握纺织品的规格分析

2. 辨别各种纺织面料的经纬向、正反面等

3. 理解各种计量单位之间的换算关系

码 3-2　实训单 3.1 节

☞ **能力目标**

1. 能正确分析各种纺织面料的正反面和经纬向

2. 能正确地测量与计算面料的密度

3. 能准确测量织物的长度与幅宽

☞ **素养目标**

1. 提高学生与客户沟通的能力与技巧

2. 培养学生应用知识、分析面料的能力

【信息导入】

新闻链接：河北石家庄，女子买布定做衣服，前后花了 900 元，店家却把正反面做反了

信息来源：搜狐　发布日期：2023 年 3 月 1 日

河北石家庄，一女子买了块双面提花布，到专业服装定制店支付费用定制服装。店家按照多数人的习惯，将粗糙提花面作为正面，柔顺的提花面作为反面。店家表示，自己专门这样做的，没有做反；粗糙面本来就应该是在外边，因为贴近皮肤的肯定要舒服，穿衣服还是以舒服为主；况且这件双面提花，不管哪一面当正面都可以，因此店家觉得自己没错。该女子则喜欢将柔顺有光泽的一面当作衣服的正面，双方在定制衣服时未能提前确定好衣服面料的正反面，而引起了一场官司。

【新知讲授】

纺织品外观是消费者、经销商以及服装设计师接触纺织品的第一感官，包含纺织品的色彩、织物组织、织物规格等。纺织面料一般经过纺纱、织造、染整三大加工过程，形成各种规格的面料，因此，纺织面料的外观取决于纱线的原料、线密度、捻度，织物的组织，密度以及各种不同的染整加工工艺。对于织物的检查和选择，通常是以直观的织物外观为基础的，包括织物的色彩、光泽、手感、悬垂、外观疵点等。除了这些视觉外观特征外，织物在使用过程中还会表现出表面形态的变化，例如折皱回复性能、起毛起球性、抗勾丝性、收缩性等。

3.1.1　纺织品正反面的鉴别

纺织品正反面的识别对于纺织检测、贸易等各方面的应用是非常重要的，正反面的识别原则如下：

①一般织物正面的花纹、色泽均比反面清晰美观。

②具有条格外观的织物和配色花纹织物，其正面花纹必然是清晰悦目的。

③凸条及凹凸织物，正面紧密而细腻，具有条状或图案凸纹；而反面较粗糙，有较长的浮长线。

④起毛面料：单面起毛的面料，起毛绒的一面为正面。双面起毛的面料，则绒毛光洁、整齐的一面为织物的正面。

⑤观察纺织品的布边，布边光洁、整齐的一面为纺织品的正面。

⑥双层、多层织物：如正反面的经纬密度不同时，则一般正面的密度较大或正面的原料较佳。

⑦纱罗织物：纹路清晰、绞经突出的一面为正面。

⑧毛巾织物：毛圈密度大的一面为正面。

⑨印花织物：花型清晰、色泽较鲜艳的一面为正面。

⑩整片的织物：除出口产品以外，织物上凡粘贴有说明书（商标）和盖有出厂检验章的一般为反面。多数织物，其正反面有明显的区别，但也有不少织物的正反面极为相似，两面均可应用，因此对这类织物可不强求区别其正反面。

3.1.2　纺织品经纬向的鉴别

3.1.2.1　机织物经纬向分析

机织物是相互垂直排列的两个系统的纱线，按一定规律交织而成的制品。其中，沿着织物长度方向的纱线称为经纱，沿着织物宽度方向的纱线为纬纱。机织物的经纬向分析就是要确定织物的经向和纬向，这是准确分析织物密度、经纬纱线密度和织物组织等的必要前提条件。区别织物经纬向的主要方法如下：

①如被鉴别的面料是有布边的，则与布边平行的纱线方向便是经向，另一方向是纬向。

②上浆的是经纱的方向，不上浆的是纬纱的方向。

③一般织物密度大的一方是经向，密度小的一方是纬向。

④筘痕明显的布料，则筘痕方向为经向。

⑤对半线织物，通常股线方向为经向，单纱方向为纬向。

⑥若单纱织物的成纱捻向不同时，则 Z 捻向为经向，S 捻向为纬向。

⑦若织物的经纬纱特数、捻向、捻度都差异不大时，则纱线条干均匀、光泽较好的为经向。

⑧若织物的成纱捻度不同时，则捻度大的多数为经向，捻度小的为纬向。

⑨毛巾类织物，其起毛圈的纱线方向为经向，不起毛圈者为纬向。

⑩条子织物，其条子方向通常为经向。

⑪若织物有一个系统的纱线具有多种不同的特数时，该纱线的方向则为经向。

⑫纱罗织物，有扭绞的纱的方向为经向，无扭绞的纱的方向为纬向。

⑬在不同原料的交织物中，一般棉毛或棉麻交织的织物，棉为经纱；毛丝交织物中，丝为经纱；毛丝棉交织物中，则丝、棉为经纱；天然丝与绢丝交织物中，天然丝为经纱；天然丝与人造丝交织物中，则天然丝为经纱。由于织物用途极广，品种也很多，对织物原料和组织结构的要求也是多种多样，因此在判断时，还要根据织物的具体情况来定。

3.1.2.2　针织物横纵向分析

针织物是由线圈串套连接而成的。在针织物中，线圈沿织物横向组成的一行称为线圈横列，线圈沿纵向相互串套而成的一列称为线圈纵行，如图3-1所示。根据生产针织机的不同，针织物可分为纬编针织物与经编针织物两大类。

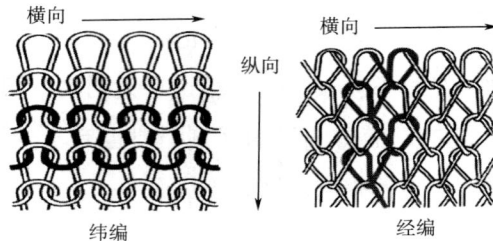

图 3-1　针织物的横纵向示意图

纬编针织物由纬编针织机编织而成，即将纱线横向喂入针织机的工作针上，使纱线顺序地弯曲成圈并相互串套而形成的织物。它可以是平幅形的，如横机针织物；也可以是圆筒形的，如圆机针织物。纬编针织物的横向延伸性较大，有一定的弹性，但脱散性大。

经编针织物由经编针织机编织而成，即纵向一组或几组平行排列的纱线在经编机的所有工作针上同时弯曲成圈并相互串套而形成的平幅形针织物。经编针织物延伸性小，弹性好，脱散性小，宜作外衣、蚊帐、渔网、头巾、花边等。

3.1.2.3　纺织品的倒顺毛鉴别

灯芯绒、平绒、丝绒、长毛绒及各种呢绒等纺织品，具有绒面结构，其绒面有倒顺之分。这些面料正、反面的毛头都有明显差别，一般用手抚摸，毛头撑起的为倒毛，毛头顺服的为顺毛，颜色也有明显差异。区分绒面的正反面显而易见，如灯芯绒的绒面是正面。正确判断面料绒毛走向，采用倒毛或顺毛裁剪，用有倒顺毛的面料裁剪时，均需采用单片裁剪法，以便主副件绒毛倒顺一致，否则成衣效果会不一致。具有闪光效应的面料，也必须注意倒顺，否则闪光颜色会不一致，影响其效果。不对称格子的面料，也要注意倒顺之分，其处理方法与有倒顺的毛呢料、灯芯绒的处理方法一样。

3.1.3　纺织品密度的检测

织物密度和紧度是织物的重要规格参数，根据客户提供的织物面料来样，在判断面料正反面、经纬向和分析织物组织后，要准确地检测和分析织物的密度和紧度，以便仿样设计和生产。

3.1.3.1　机织物密度的检测分析方法

机织物密度分为经向（纱）密度和纬向（纱）密度，分别指织物在无褶皱和无张力下单位长度内所排列的经纱根数和纬纱根数。机织物密度有公制密度和英制密度两种：公制密度是以织物 10cm 长度内纱线的根数表示，英制密度则以织物每英寸长度内的纱线根数表示。织物密度可采用"经密×纬密"表示，例如 523×284，即织物经向密度为 523 根/10cm，纬向密度为 284 根/10cm。机织物密度的大小配置，不仅影响到织物的外观、手感、厚度、强力、抗皱性、透气性、耐磨性和保暖性等物理机械指标，同时它也关系到织物产品的成本和织造的生产效率，一般为提高织造的生产效率，绝大多数织物的密度配置都是经密大于纬密。

机织物常用的密度检测方法（参照国家标准 GB/T 4668—1995）主要有以下 3 种，测量时应在经纬向均不少于 5 个不同部位进行测定，部位的选择尽可能有代表性。

（1）织物分析镜法

织物分析镜，俗称照布镜（图 3-2），检测时，将织物摊平，把织物分析镜放在织物上面，选择一根纱线并使其平行于分析镜窗口的一边，由此逐一计数窗口内的纱线根数。也可计数窗口（一般为 1 平方英寸❶）内的完全组织个数，通过织物组织分析或分解该织物，确定一个完全组织中的纱线根数。因此，测量距离内的纱线根数=完全组织个数×一个完全组织中纱线根数+剩余纱线根数。这一方法应用灵活，适用于每厘米内纱线根数大于 50 根的织物，但对较密及组织结构稍复杂的织物不宜采用。

图 3-2　照布镜

（2）移动式密度镜法

移动式密度镜法是利用移动式密度镜（图 3-3）的标尺和可往复移动的带标线的放大镜，测量一定长度内纱线根数，再折算出织物的密度的方法。这一方法测定简便，可普遍用于一般机织物，但对结构紧密复杂的织物不易精确测定。具体测量时将织物摊平，把织物密度镜放置在织物上面，哪一系统纱线被计数，密度镜的刻度尺就平行于另一系统纱线，转动螺杆，在规定的测量距离内计数纱线根数。若起点位于两根纱线中间。终点位于最后一根纱线上，不足 0.25 根的忽略不计，0.25~0.75 根的作 0.5 根计，0.75 根以上的作 1 根计。最后将测得的一定长度内的纱线根数折算至 10cm 长度内所含纱线的根数（即织物密度）。按此方法分别计算出经、纬密的平均数，结果精确至 0.1 根/10cm。

（3）织物分解法

织物分解法适用于所有机织物，特别是高支高密织物、复杂组织织物和经缩绒涂层等整理的织物。对其他方法的检验结果有异议时常以此法仲裁。在调湿后样品的适当部位剪取略大于最小测量距离（表 3-1）的试样。在试样的边部拆去部分纱线，用钢尺测量，使试样达到规定的最小测量距离 2cm，允许 0.5 根。将准备好的试样，从边缘起逐根拆起，

---

❶　1 英寸=2.54cm。

为便于计数，可以把纱线排列成 10 根一组，即可得到织物一定长度内经（纬）向的纱线根数。如同时测量经纬密度时，可剪取一矩形试样，使经纬向的长度均满足于最小测量距离，拆解试样，即可得到一定长度内的经纱根数和纬纱根数。织物分解法的具体操作过程视频见码 3-3。

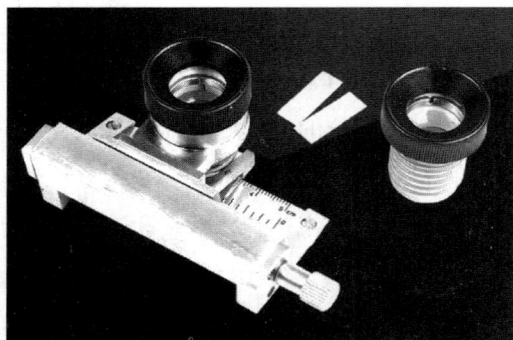

图 3-3　移动式密度镜

码 3-3　织物密度测试——织物分解法

表 3-1　最小测量距离

每厘米纱线数/根	最小测量距离/cm	被测量的纱线数/根	精确度百分率（计数到 0.5 根纱线以内）/%
10	10	100	>0.5
10~25	5	50~125	1.0~4.0
25~40	3	75~120	0.4~0.7
>40	2	>80	<0.6

在织物密度检测时，必须注意以下两点：

①对宽度只有 10cm 或更小的窄幅织物，计数包括边经纱在内的所有经纱，并用全幅经纱根数表示结果。

②当织物由纱线间隔稀密不同的大面积图案组成时，测定长度应为完全组织的整数倍，或分别测定各区域的密度值。

3.1.3.2　针织物密度的检测分析方法

针织物密度的表示方法包含纵密、横密和总密三个指标。纵密（P_B）表示沿线圈纵行方向，以单位长度（一般为 10cm 或 5cm）内的线圈横列数来表示。横密（P_A）表示沿线圈横列方向，以单位长度（一般为 10cm 或 5cm）内的线圈纵行数来表示。总密（P）表示单位面积内总的线圈数，即 $P = P_A \times P_B$。

针织物密度的检测标准是 FZ/T 01152—2019《纺织品　纬编针织物线圈长度和纱线线密度的测定》，主要包括以下几种方法：

第一种方法是密度分析镜分析法。当针织物密度较大时，可以使用密度分析镜来检测。

在密度分析镜下数指定长度内的纵、横向线圈数,然后算出纵密和横密。

第二种方法是实拆法。对于密度较小的针织物,可以直接测量织物的纵横向长度,然后数出线圈横列数和纵行数,最后计算单位长度内的线圈个数。

3.1.4　纺织品长度和幅宽的检测

纺织品长度是指沿纺织品纵向,从起始端至终端的距离。纺织品全幅宽是指与纺织品长度方向垂直最靠外两边间的距离。纺织品长度和幅宽是贸易过程产品规格的重要指标,标准单位采用米,但在贸易过程中也经常用码数来表示。通常在纺织面料生产中的最后产品打包之前都要进行相关的长度和幅宽的检测。在工厂生产中,纺织品长度在验布机上完成,自动计算长度,通称为匹长。

匹长主要根据织物的种类和用途而定,同时还要考虑织物的单位重量、厚度、卷装容量、搬运以及印染后整理和排料裁剪等因素。匹长通常在验布机上测量。一般来说,棉织物的匹长为 30～60m,精纺毛织物的匹长为 50～70m,粗纺毛织物的匹长为 30～40m,长毛绒和驼绒的匹长为 25～35m,丝织物的匹长为 20～50m。

织物长度和幅宽的测定采用标准 GB/T 4666—2009 进行,规定了一种在无张力的状态下测定织物的长度和幅宽,适用于长度不大于 100m 的全幅织物、对折织物和管状织物的测定。

(1)试验原理

将松弛状态下的试样在标准大气条件下置于光滑平面上,使用钢尺测定织物的长度和幅宽,对于织物长度的测定,必要时织物长度可分段测定,各长度之间的总和为试样总长度。

(2)试验器具

测试需要用到的器具有钢尺、测定桌。

钢尺,选择符合标准 GB/T 19022 中规定的尺寸,钢尺的长度大于织物宽度或大于 1m,分度值为 mm。

测定桌,具有平滑的表面,其长度与宽度应大于放置好的织物被测部分。测定桌长度应至少达到 3m,以满足 2m 以上长度试样的测定。沿着测定桌两长边,每隔 1m±1mm 长度连续标记刻度线。第一条刻度线应距离测定桌边缘 0.5m,为试样提供恰当的铺放位置。对于较长的织物,可分段测定长度。在测定每段长度时,整段织物均应放置在测定桌上。

(3)试验步骤

①试样的调湿与松弛。为了在调湿时去除织物上施加的张力,并使织物充分暴露在标准大气中,将长段织物以适当尺寸的波幅松式叠放在桌面上(图 3-4)。

②试样的放置方法。织物在做标记和测量时,做标记和测量部位宜去除张力。采取的方法是把布段放置在测定桌上,将超出被测长度部分的布段两头折叠起来,在被测量部分

的两端形成布堆（图3-5）。如果测定桌长度太短，则不能采用这种方法，可在测定桌的两端，另加与测定桌高度和宽度相同的桌子，同测定桌一起形成连续的长方形桌面。

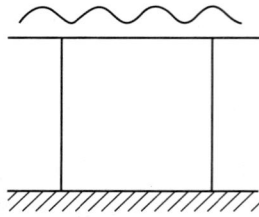

图 3-4　松式叠放　　　　　图 3-5　两端折叠

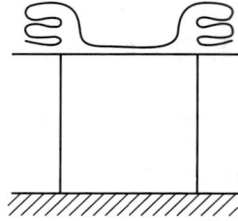

测试过程中，试样应平铺于测定桌上。被测试样可以是全幅织物、对折织物或管状织物，在该平面内避免织物的扭变。

③试样长度的测试方法。试样长度的测定的测试方法主要分两种情况，第一种情况，对于短于1m的试样，应使用钢尺平行其纵向边缘测定，精确至0.001m。在织物幅宽方向的不同位置重复测定试样全长，共3次。第二种情况，对于长于1m的试样，在织物边缘处做标记，用测定桌上的刻度，每隔1m距离处做标记，连续标记整段试样，用钢尺测定最终剩余的不足1m的长度。试样总长度是各段织物长度的和。如果有必要，可在试样上做新标记重复测定，共3次。

④试样幅宽的测试方法。织物全幅宽为织物最靠外两边间的垂直距离。对折织物幅宽为对折线至双层外端垂直距离的2倍。如果织物的双层外端不齐，应从折叠线测量到与其距离最短的一端，并在报告中注明。当管状织物是规则的且边缘平齐，其幅宽是两端间的垂直距离。

在试样的全长上均匀分布测定以下次数：试样长度≤5m，测定5次；试样长度≤20m，测定10次；试样长度>20m，测定至少10次，每次测定间距为2m。

如果织物幅宽不是测定从一边到另一边的全幅宽，有关双方应协商定义有效幅宽，并在报告中注明。测定试样有效幅宽时，应按测定全幅宽的方法测定，但需排除布边等。有效幅宽可能因织造结构变化或服装及其他制品的特殊加工要求而定义不同。

（4）计算结果与表达

织物长度测试结果用测试值的平均数表示，单位为米（m），精确至0.01m。如果需要，计算其变异系数（精确至1%）和95%置信区间（精确至0.01m），或者给出单个测试数据，单位为米（m），精确至0.01m。

织物幅宽的测试结果用测试值的平均数表示，单位为米（m），精确至0.01m。如果需要，计算其变异系数（精确至1%）和95%置信区间（精确至0.01m）。

纺织品的规格是贯穿生产、交易及消费全流程的核心要素。纺织品的规格能保障生产质量与工艺的标准化，促进贸易的公平性及市场透明化，满足多元化市场的需求等。纺织品的规格不仅是技术参数的集合，更是连接产业链各环节的纽带。其标准化与精细化程度直接影响产品质量、市场秩序及消费者权益，是纺织行业高效运转的基石。

➤**思考与练习题**

一、思考题

简述 5 种机织物经纬向识别的方法。

码 3-4　参考答案 3.1 节

二、判断题

1. 一般而言，机织物经向的密度高于纬向的密度。（　　　）

2. 测量织物长度和幅宽是无须调湿、松弛。（　　　）

3. 在纺织品贸易过程中，需注意产品规格的单位。（　　　）

三、拓展题

描述产品规格：涤/棉 65/35 半线卡其 14tex×2×28　511.8×275.6　92 其中各个参数分别表示什么含义，单位是什么？

3.2　纺织品外观检测

☞ **知识目标**

1. 掌握织物的外观四分法评定方法

2. 了解织物外观的检测标准与方法

3. 熟悉检测结果的计算或评级方法

☞ **能力目标**

1. 能进行面料外观疵点的检验与识别，并进行评分

2. 能分析检测结果不合格产生的原因

☞ **素养目标**

1. 提高学生的问题分析能力

2. 培养查阅资料，按照方法标准进行实验的能力

☞ **思政目标**

1. 使学生具有严谨的科学态度

2. 培养学生具有纺织标准意识和大国工匠精神

【信息导入】

新闻链接：聚焦丨东龙针纺经编花边面料 AI 在线检测系统填补国内空白，智能"火眼金睛"让繁花更美

信息来源：纺织导报　发布日期：2024 年 6 月 24 日

2024 年 6 月，福建东龙针纺联合中国移动、华为推出"5G+经编花边瑕疵 AI 视觉识别检测系统"，通过高精度线阵相机和机器学习算法实现布面瑕疵实时检测，适配复杂花型面料，瑕疵识别准确率超 95%。东龙针纺瑕疵 AI 视觉识别检测项目的稳步落地，打造了纺织品瑕疵 AI 检测的项目标杆，既填补了国内空白，也为全球纺织行业信息化和数字化融合转型发展提供了"中国案例"。

【新知讲授】

3.2.1　概述

本小节的外观质量检验采用 GB/T 22846《针织布（四分制）外观检验》，在一定光线下，目测并计量疵点，按预定计分标准计分，评定针织布外观质量。四分制检验法指的是无论疵点大小和数量多少，直向 1m 全幅宽范围内最多计 4 分。

3.2.2　验布机检验

采用验布机检验，检验光线以照明灯为准。光线的入射角与布面成直角射入验布面中部，照度不低于 750lx（勒克斯，单位面积的光照强度），以能够看清布面疵点为准。验布台面应为带倾斜式的平面板，台面倾斜角度以 75° 为宜。平面板的全部或部分透光，安装底灯备用。台板颜色要求以灰色为主。验布机速度验布速度不超过 25m/min。特殊产品速度设置应以检验到所有疵点为准。正常是一位外观检验人员位于验布机台面中间，眼光距离布面垂直距离 75cm 左右。对于全幅在 150cm 以上的产品，应配置两人并列查验，防止漏验。

3.2.3　人工台面检验

采用人工台面检验，检验光线以照明灯为准。被查验布面在台板的中部处照度不低于 750lx，台板颜色要求为灰色。幅宽 114cm 及以下的产品由一人检验，幅宽 114cm 以上的产品由两人检验，进行外观检查时，眼光离布面最中间距离 75cm 左右。

3.2.4　AI 智能验布机检验

AI 智能验布机是纺织行业中融合人工智能（AI）、机器视觉与自动化技术的智能检测设备，旨在通过数字化手段替代传统人工验布流程，实现布料质量的高效、精准控制。相比人工验布可提升 2~3 倍的检测效率，降低人力成本，提高质量保障；在企业能与 AGV 搬运机器人等设备联动，构建数字化生产线，打造智能生产车间。

3.2.5　外观疵点检验评分方法

在外观检验中，应先能识别常见的疵点。针织物的疵点可以参见 GB/T 24117—2009

《针织物　疵点的描述　术语》。检验时，以织物使用面为准，目光距布面 70~90cm，让织物直向移动通过目测区域，确保在 1m 长的可视范围进行检验、评定疵点。疵点指的是织物上出现的削弱织物性能及影响织物外观质量的缺陷。在 GB/T 22846 中将针织物的疵点分为六类，分别是线状疵点、条块状疵点、破损性疵点、局部性疵点、散布性疵点和明显散布性疵点。

采用四分制检验时，根据疵点的类别计分。局部性疵点和现状疵点按疵点的长度计量；条块状疵点按疵点的最大长度或疵点的最大宽度计量，具体计分规则按 GB/T 22846 中的疵点计分规定。破损性疵点，1m 内无论疵点大小均计 4 分。明显散布性疵点，每米计 4 分。但应注意，距布头 30cm 以内的疵点不计分。

除了疵点外，还应检验纹路歪斜和织物规格、色差的情况。纹路歪斜按 GB/T 14801 测量，直向以 1m 为限，横向以幅宽为限，超过 5.0%，每米计 4 分。有洗后扭曲测量要求的，纹路歪斜可由供需双方协商解决。有效幅宽按 GB/T 4666 测量，偏差超过 ±2.0%，每米计 4 分。每个接缝计 4 分。与标样色差，用 GB/T 250 评定，低于 4 级，每米计 4 分；同匹色差，用 GB/T 250 评定，低于 4~5 级，全匹每米计 4 分；同批色差，用 GB/T 250 评定，低于 4 级，两个对照匹每米计 4 分。

总则评分方法分为 A、B、C、D 四种。比如方法 A（国标四分制），对于经纬（横竖向）及其他方向上的疵点按表 3-2 评定疵点分数。

表 3-2　评定疵分数表

疵点长度/cm	计分标准/分
<7.5	1
7.5（含）~15	2
15（含）~22.5	3
>22.5（含）	4

注　按长度计分疵点包括：粗纱、污渍、勾纱、结头等。所有破损类疵点，一律按 4 分计。

评分原则，每米最多扣 4 分，面积性疵点，双方协商使用。百方米平均分计算方法按式（3-1）计算。

$$R = \frac{P \times 10000}{W \times L} \tag{3-1}$$

式中：R——每匹（批）面料每百平方米的平均值；

$\quad\quad P$——每匹（批）面料总分；

$\quad\quad W$——实测有效幅宽，cm；

$\quad\quad L$——实测长度，m。

根据四分制检验法的得分，按 GB/T 22848—2022 外观质量允许疵点评分表进行分等。同时根据本部标准要求，如散布性疵点、接缝合长度大于 60cm 的局部性疵点，每匹超过 3 个 4 分者，顺降一等。外观质量分品种、规格按式（3-2）计算不符品等率，超过不符品等率>5%，则判定该批产品外观质量不合格。

$$F = \frac{A}{B} \times 100\% \tag{3-2}$$

式中：F——不符品等率；

　　　A——不合格量，m；

　　　B——样本量，m。

➤**思考与练习题**

一、思考题

1. 简述针织物的疵点类型。

2. 如何评定疵点的分数？

二、判断题

1. 不符品等率度>5%，则判该批产品外观质量不合格。（　　　）

2. 验布机上检验产品外观采用四分制检测法。（　　　）

3. AI 验布机已经完全去掉人工验布。（　　　）

三、拓展题

查找资料，描述 AI 验布机目前在企业的应用情况与前景。

码 3-5　参考答案 3.2 节

3.3　纺织品起毛起球检测

☞ **知识目标**

1. 了解织物起毛起球的原理

2. 熟悉织物起毛起球的测试仪器

3. 掌握织物的起毛起球的测试标准与测试方法

码 3-6　实训单 3.3 节

☞ **能力目标**

1. 能根据圆轨迹法的测试标准，进行面料的起毛起球的性能测试

2. 能根据改型马丁代尔法的测试标准，进行面料的起毛起球性能测试

3. 能根据起球箱法的测试标准，进行面料的起毛起球性能测试

☞ **素养目标**

1. 提高学生的问题分析能力

2. 培养查阅资料，按照方法标准进行测试的能力

【**信息导入**】

新闻链接：女子花 4.5 万元买了一件羽绒服，穿 4 天多处起毛。不必嘲笑消费者愿当

冤大头

信息来源：半岛晨报　发布日期：2025 年 1 月 12 日

洪女士 2024 年 11 月从杭州某服装专卖店，花了 4 万多元买了一件羽绒服，12 月天冷拿出穿着。让她没想到的是，这种价位的羽绒服，居然穿了 4 天就起毛了。袖口起毛了，下摆也起毛了。这一事件在社交媒体上引起了广泛关注，并引发了关于高端品牌商品质量问题的讨论。

【新知讲授】

3.3.1　概述

织物在实际穿用与洗涤过程中，不断经受摩擦，使织物表面的纤维端露出于织物，在织物表面呈现许多令人讨厌的毛绒，即为"起毛"。若这些毛绒在继续穿用中不能及时脱落，就互相纠缠在一起，被揉成许多球形小粒，通常称为"起球"。纺织品具有抵抗起毛起球的能力称为"抗起球性"。

织物起球的过程大致可分成三个阶段：第一阶段，织物在穿用、洗涤过程中不断受到揉搓、摩擦作用，纤维端从织物中抽出产生毛绒或丝环；第二阶段，未脱落的纤维继续受到摩擦，毛绒或丝环相互缠绕集合，且越缠越紧，最终在织物表面形成由松散到紧实的纤维球；第三阶段，随着揉搓、摩擦作用的不断延续，成球纤维因疲劳或磨损等，致使纤维球有不同程度的脱落。很快地因摩擦断裂或滑出纱体而掉落，或织物内纤维被束缚得很紧，纤维毛绒伸出织物表面较短，织物表面并不能形成小球。纤维毛绒纠缠成球后，在织物表面会继续受摩擦作用，达到一定时间后，毛球会因纤维断裂而从织物表面脱落。因此，评定织物起毛起球性的优劣，不仅看织物起毛起球的快慢、多少，还应视其脱落的速度而定。

起毛起球的测试采用模拟使用时的情况进行，是先将试样在起球仪上用一缓和的摩擦方法，作用一定次数使之起球，然后加以评定。根据织物的不同，主要有以下四种检测方法：圆轨迹起球法、改型马丁代尔起球法、起球箱法和随机翻滚法。

3.3.2　纺织品起毛起球的检测

3.3.2.1　圆轨迹起球法

圆轨迹起球法是国内使用最广泛的起毛起球检测方法，采用的标准为 GB/T 4802.1—2008《纺织品　织物起毛起球性能的测定　第 1 部分：圆轨迹法》，适用于梭织类面料（如夹克衫、衬衫、连衣裙等）、毛纺类面料（如大衣、西服、西裤等）以及部分针织类面料（如校服、运动服、T 恤、内衣等）。该法主要在我国应用，国外很少用此方法。圆轨迹起球法测试方法见码 3-7。

码 3-7　织物起毛起球测试——圆轨迹起球法

（1）试验原理

按规定方法和试验参数，采用尼龙刷和织物磨料或仅用织物磨料，使试样摩擦起毛起球。然后在规定光照条件下，对起毛起球性能进行视觉描述评定。

（2）试验步骤

圆轨迹起球仪（图3-6）的试样夹具与磨台作相对垂直运动。其动程为（40±1）mm，试样夹头与磨台相对运动的轨迹为直径（40±1）mm的圆，相对运动速度为（60±1）r/min，试样夹内径（90±0.5）mm，夹头能对试样施加规定的压力。

图3-6　圆轨迹起球仪

①取样。样品调湿和试验用大气采用温度（20±2）℃，相对湿度（65±4）%的标准大气，调湿至少16h。然后从样品上剪取5个直径为（113±0.5）mm的圆形试样，在每个试样的反面做好标记，另剪取1块评级所需的对比样。

②装样。试验前需要检查仪器、尼龙刷，分别将泡沫塑料垫片、试样和织物磨料安装在试验夹头和磨料台上，试样正面朝外，并且注意试样表面保持平整，不能有折痕。

③测试。织物类型选取试验参数根据表3-3进行测试。

表3-3　实验参数及使用织物类型

参数类别	压力/cN	起毛次数	起球次数	适用织物类型示例
A	590	150	150	工作服面料、运动服装面料、紧密厚重织物等
B	590	50	50	合成纤维长丝外衣织物等
C	490	30	50	军需服（精梳混纺）面料等
D	490	10	50	化纤混纺、交织织物等
E	780	0	600	精梳毛织物、轻起绒织物、短纤维纬编针织物、内衣面料等
F	490	0	50	精梳毛织物、绒类织物、松结构织物等

注　（1）表中未列的其他织物可以参照表1中所列类似织物或按有关各方定选择参数类别。

　　（2）根据需要或有关各方协商同意，可以适当选择单数类别，但应在报告中说明。

　　（3）考虑所有类型织物测试或穿着时的起球情况是不可能的，因此有关各方可以采用取得一致意见的实验参数，并在报告中说明。

（3）评级

评级时采用白色荧光管照明，保证试样的整个宽度上均匀照明，光源与试样平面保持 5~15°，观察方向与试样平面保持（90±10）°，眼睛与试样的距离在 30~50cm，示意图如图 3-7 所示。

在暗室里评级，沿织物经（纵）向将一块已测样和未测样并排放置在评级箱试样板中间，已测样放置在左边，未测试样放置在右边（图 3-8）。

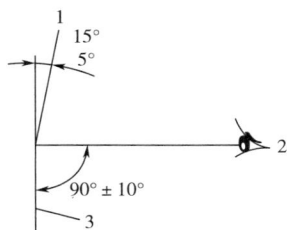

图 3-7　评级示意图

1—光源　2—观察者　3—试样

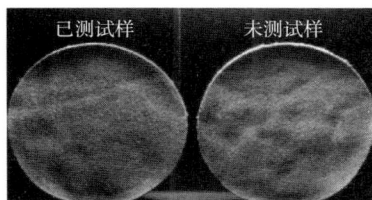

图 3-8　起毛起球试样

至少 2 人根据表 3-4 中视觉描述对每一块试样进行评级，如果介于两级之间，记录半级，如 3-5 级。

表 3-4　视觉描述评级

级数	状态描述
5	无变化
4	表面轻微起毛和（或）轻微起球
3	表面中度起毛和（或）中度起球，不同大小和密度的球覆盖试样的部分表面
2	表面明显起毛和（或）起球，不同大小和密度的球覆盖试样的大部分表面
1	表面严重起毛和（或）起球，不同大小和密度的球覆盖试样的整个表面

样品试验结果为全部人员评级的平均值，如果平均值不是整数，修约至最近的 0.5 级，并用"-"，如"3-4"，如单个测试结果与平均值之差超过半级，则应同时报告每一块试样的级数。

3.3.2.2　改型马丁代尔起球法

该方法采用的测试标准为 GB/T 4802.2—2008《纺织品　织物起毛起球性能的测定　第 2 部分：改型马丁代尔法》。本部标准是模拟织物受到自身摩擦后起球的情况，适用于毛织物及其他易起球的机织物。改型马丁代尔起球法具体的操作过程见码 3-8。

（1）试验原理

试验原理是在规定压力下，圆形试样以特定轨迹与织物磨料摩

码 3-8　织物起毛
起球测试——
改型马丁代尔起球法

擦，采用视觉描述方式评定试样的起毛或起球等级。

试验时，试样装在马丁代尔起毛起球仪（图3-9）的夹头上，磨料（试样织物本身）装在磨台上，使各试样夹上的试样张力相同，各个磨台上的磨料张力一致，在规定压力下，试样与磨料做相对运动，经规定摩擦次数后，将试样与标准样照对比，评定起球级别。

改型马丁代尔起球法的原理与圆轨迹法相似，但测试方法不同。该方法是目前国际羊毛局规定的用来评定精纺或粗纺毛织物起球的标准方法。不同之处在于摩擦体可以是本身织物或标准磨料，摩擦轨迹呈李莎茹（Lissajous）曲线（图3-10），一次性可完成多块试样的测试。适用于大多数织物，对毛织物更为适宜。但不适用厚度超过3mm的织物。

图3-9 马丁代尔起毛起球仪

图3-10 李莎茹曲线

（2）仪器设备

马丁代尔耐磨试验仪由承载起球台的基盘和传动装置组成。传动装置由两个外轮和一个内轮组成，可使试样夹具导板按李莎茹图形进行运动。试样夹具导板在传动装置的驱动下做平面运动，导板的每一点描绘相同的李莎茹图形。仪器配有可预置的计数装置，以记录每个外轮的转数，记录起球次数，精确至1次。一个旋转为一次摩擦，16次摩擦形成一个完整的李莎茹图形。

试样夹具导板是一个平板，其上有约束传动装置的3个导轨。这3个导轨互相配合，保证试样夹具导板进行匀速、平稳和较小振动的运动。其装配有轴承座和低摩擦轴承，带动试样夹具销轴运动。每个试样夹具销轴的最下端插入其对应的试样夹具接套，试样夹具由主体、试样夹具环和可选择的加载块组成。试样夹具销轴插入固定在导板上的轴套内，并对准每个起球台。

起球台装置上含有起球台、夹持环和固定夹持环的夹持装置。每一个起球台，试样夹具组件包括试样夹具，试样夹具环和试样夹具导向轴。试样夹具组件的总质量应为（155±1）g。每一个起球台配备一个不锈钢的盘状加载块，其质量为（260±1）g。试样夹具与加载块的总质量为（415±2）g。配有质量为（2.5±0.5）kg、直径为（120±10）mm的带手柄的加压重锤，以确保安装在起球台上的试样或磨料没有折叠或不起皱褶。

（3）试验步骤

①试样的准备。依据标准进行调湿，如需预处理，可采用双方协议的方法水洗或干洗样品。试样分成两种类型，一是试样夹具中的试样为直径 140_0^{+5}mm 的圆形试样。二是起球台上的试样可以裁剪成直径为 140_0^{+5}mm 的圆形或边长为（150±2）mm 的方形试样。在取样和试样准备的整个过程中的拉伸应力尽可能小，以防止织物被不适当地拉伸。

试验至少取 3 组试样，每组含 2 块试样，1 块安装在试样夹具中，另 1 块作为磨料安装在起球台上。如果起球台上选用羊毛织物磨料，则至少需要 3 块试样进行测试。如果试验 3 块以上的试样，应取奇数块试样。另多取 1 块试样用于评级时的比对样。取样前在需评级的每块试样背面的同一点作标记，确保评级时沿同一个纱线方向评定试样。标记应不影响试验的进行。取样时，试样之间不应包括相同的经纱和纬纱。

②试样的安装。对于轻薄的针织织物，应特别小心，以保证试样没有明显地伸长。

从试样夹具上移开试样夹具环和导向轴。将试样安装辅助装置小头朝下放置在平台上。将试样夹具环套在辅助装置上。翻转试样夹具，在试样夹具内部中央放入直径为（90±1）mm 的毡垫。将直径为 140_0^{+5}mm 的试样，正面朝上放在毡垫上，允许多余的试样从试样夹具边上延伸出来，以保证试样完全覆盖住试样夹具的凹槽部分。

小心地将带有毡垫和试样的试样夹具放置在辅助装置的大头端的凹槽处，保证试样夹具与辅助装置紧密贴合在一起，拧紧试样夹具环到试样夹具上，保证试样和毡垫不移动，不变形。根据产品检测标准，如有需要，试样夹具的凹槽上放置加载块。

在起球台上放置直径为 140~145mm 的一块毛毡，其上放置试样或羊毛织物磨料，试样或羊毛织物磨料的摩擦面向上。放上加压重锤，并用固定环固定。

③测试。在每次试验后检查试验所用辅助材料，并替换沾污或磨损的材料。在安装好试样后，根据产品方法要求设定测试参数，然后开始测试（表 3-5）。测试直到第一个摩擦阶段，根据评定方法进行第一次评定。评定时，不取出试样，不清除试样表面。评定完成后，将试样夹具按取下的位置重新放置在起球台上，继续进行测试。在每一个摩擦阶段都要进行评估，直到达到测试规定的试验终点。评价方法同圆轨迹起球法。

表 3-5　起球试验分类

类别	纺织品种类	磨料	负荷质量/g	评定阶段	摩擦次数
1	装饰织物	羊毛织物磨料	415±2	1	500
				2	1000
				3	2000
				4	5000
2	机织物（除装饰织物以外）	机织物本身（面/面）或羊毛织物磨料	415±2	1	125
				2	500

类别	纺织品种类	磨料	负荷质量/g	评定阶段	摩擦次数
2	机织物 （除装饰织物以外）	机织物本身（面/面） 或羊毛织物磨料	415±2	3	1000
				4	2000
				5	5000
				6	7000
3	针织物 （除装饰织物以外）	针织物本身（面/面） 或羊毛织物磨料	155±1	1	125
				2	500
				3	1000
				4	2000
				5	5000
				6	7000

注 试验表明，通过7000次的连续摩擦后，试验和穿着之间有较好的相关性。因为，2000次摩擦后还存在的毛球，经过7000次摩擦后，毛球可能已经被磨掉了。

ᵃ 对于2、3类中的织物，起球摩擦次数不低于2000次。在协议的评定阶段观察到的起球级数即使为4~5级或以上，也可在7000次之前终止试验（达到规定摩擦次数后，无论起球好坏均可终止试验）。

3.3.2.3 起球箱法

该方法采用的测试标准为GB/T 4802.3—2008《纺织品 织物起毛起球性能的测定 第3部分：起球箱法》。该标准模拟织物受到自身或外界摩擦后的起毛起球状况，适用于毛织物。测试原理是将试样安装在聚氨酯管上，在具有恒定转速的木箱内翻转，经过规定次数后进行视觉描述评定。起球箱法的具体测试步骤见码3-9。

码3-9 织物起毛
起球测试——
起球箱法

（1）试验原理

把一定规格的织物试样缝成筒状，套在聚氨酯塑料管上，放进能转动的内衬橡胶软木垫的方形起球箱（图3-11）内，按规定的参数进行滚动。然后转动规定的转数后，取下试样，在评级箱内对比标准样照，评定起球等级。它适用于评定纺织品在不受压力情况下的起球程度，多用于毛针织物。

（2）仪器设备

起球试验箱是立方体箱，未衬软木前内壁每边长为235mm。箱体的所有内表面应衬有厚度为3.2mm的软木。箱子应绕穿过箱子两对面中心的水平轴转动，转速为（60±2）r/min。箱的一面应是可打开的，用于试样取放。软木衬垫应定期检查，当出现可见的损伤或影响其摩擦性能的污染时应更换软木衬垫。每个起球试验箱需要4根聚氨酯载样管，每根管长为（140±1）mm，外径为（31.5±1）mm，管壁厚度为（3.2±0.5）mm，质量为（52.25±1）g。

图3-11 方形起球箱

（3）试验步骤

①取样。从样品上剪取 4 个试样，每个试样的尺寸为 125mm×125mm。在每个试样上标记织物反面和织物纵向。当织物没有明显的正反面时，两面都要进行测试。另剪取 1 块尺寸为 125mm×125mm 的试样作为评级所需的对比样。取 2 个试样，如可以辨别，每个试样正面向内折叠，距边 12mm 缝合，其针迹密度应使接缝均衡，形成试样管，折的方向与织物的纵向一致。取另 2 个试样，分别向内折叠，缝合成试样管，折的方向应与织物的横向方向一致。

②试样的安装。将缝合试样管内部翻出，使织物正面在试样管的外面。在试样管的两端各剪 6mm 端口，以去掉缝纫变形。将准备好的试样管装在聚氨酯载样管上，使试样两端距聚氨酯管边缘的距离相等，保证接缝部位尽可能平整。用 PVC 胶带缠绕每个试样的两端，使试样固定在聚氨酯管上，且聚氨酯管的两端各有 6mm 裸露。固定试样的每条胶带长度应不超过聚氨酯管周长的 1.5 倍。

③测试。测试前，清理起球箱，保证起球箱内干净无绒毛。再把 4 个安装好的试样放入同一起球箱内，关紧盖子。按照客户要求或者产品标准设定参数。启动仪器，以 60r/min 的速度转动箱子至协议规定的次数。对于特殊结构的织物，有关方有必要对翻转次数取得一致意见。在没有协议或规定的情况下，建议粗纺织物翻转 7200r，精纺织物翻 14400r。测试结束后，从起球试验箱中取出试样并拆除缝合线，然后同圆轨迹法一样，进行起毛起球评级。

3.3.2.4　随机翻滚法

本方法采用测试标准是 GB/T 4802.4—2020《纺织品　织物起毛起球性能的测定　第 4 部分：随机翻滚法》。测试原理是在规定条件下，试样在铺有内衬材料的圆筒状试验仓中随机翻滚，经过规定的测试时间后，对织物的起毛起球和毡化性能进行视觉评定。

随机翻滚测试仪（图 3-12）包含 1 个或多个水平放置的圆筒状试验舱，试验舱内部深度为（152.4±1.0）mm，直径为（146±1）mm。每个试验舱的中间有一根带有叶轮的水平轴，能以 1200r/min 的速度旋转。测试时需要采用聚氯丁二烯的内衬材料，内衬的长度和宽度应满足其在试验舱内牢固安装的要求，不会产生间隙和褶皱。

图 3-12　随机翻滚测试仪

根据标准，在与织物经向（纵向）或纬向（横向）呈约 45°方向上剪取 40 块 100mm×100mm 的正方形试样，经相关方同意，可使用面积为 100cm^2 的圆形试样。为防止试样边缘在测试过程中磨损或脱散，使用胶黏剂将试样的边缘封住，涂封的宽度不超过 3mm，待完全干燥（至少 2h）后进行测试。

测试时，首先将聚氯丁二烯内衬准确平整地安装在试验舱内，保证内衬在测试时与试验舱紧密贴合，不产生错位。接着取自同一个样品的 3 块试样放在一个试验舱中进行试验。然后关闭舱门，启动仪器，按总测试时间运行（每个阶段测试完成后继续进行下个阶段，直到完成总测试时间），保证测试过程中试样没有卷绕在叶轮上或附着在试验舱内壁上。阶段 1 的总测试时间是 5min；阶段 2 的总测试时间是 15min（阶段 1 后再设置 10min）；阶段 3 的总测试时间 30min（阶段 2 后再设置 15min）。每个测试阶段完成后，取出试样，用气流除去试样表面没有缠结成球的多余纤维和试验舱内残留的毛絮。

当完成 30min 的总测试后，取出试样，进行织物表面的起球、起毛和毡化现象的评级，如果结果在两级之间，记录半级，如 3-4 级。

➤ **思考与练习题**

一、思考题

国家检测标准中，起毛起球的测试的方法主要有哪些？

码 3-10　参考答案 3.3 节

二、练习题

1. 圆轨迹测试方法中，样品数量是（　　　）块。

A. 1　　　　　　B. 3　　　　　　C. 4　　　　　　D. 5

2. 起毛起球测试方法中的改型马丁代尔法中，仪器可以同时测试 3 块试样。（　　　）

3. 起球箱法需要测试两经两纬向。（　　　）

4. 起毛起球评级不需要在标准光源下进行。（　　　）

三、拓展题

影响起毛起球的因素有哪些？如何改善面料的抗起毛起球性能？

3.4　纺织品勾丝性能的检测

☞ **知识目标**

1. 了解纺织品勾丝的原理

码 3-11　实训单 3.4 节

2. 熟悉纺织品勾丝性能的测试仪器

3. 掌握纺织品的勾丝性能的钉锤法和乱箱法的测试标准与测试过程

☞ **能力目标**

1. 能依据检测标准，严格进行勾丝性能检测样品的取样

2. 能依据钉锤法进行面料勾丝性能的测试并进行评级

3. 能依据滚箱法进行面料勾丝性能的测试并进行评级

☞ **素养目标**

1. 培养学生的测试规范操作意识，提高安全意识
2. 培养学生查阅资料，按照方法标准进行测试的能力

【信息导入】

新闻链接：25 款连裤袜测评：有 3 款样品抗勾丝性能排名靠后

信息来源：搜狐新闻　发布日期：2023 年 3 月 22 日

中国消费者协会对市场上部分连裤丝袜商品开展比较测试，并公布测试结果。此结果旨在帮助消费者选购舒适、称心的连裤丝袜。根据测试，样品面料弹性差异较明显，抗勾丝性能普遍不尽如人意。在抗勾丝测试中，25 款样品均有不同程度的勾丝现象，11 款样品被勾破，与某些商家宣称的不易勾丝破损相差甚远。

【新知讲授】

3.4.1　概述

织物中纤维和纱线由于勾挂而被拉出于织物表面称为勾丝性。织物的勾丝主要发生在长丝织物和针织物中。它不仅使织物外观明显变差，还会影响织物耐用性。随着长丝针织物尤其是袜子或是长丝化纤面料大量进入服装领域，这一缺点显得十分突出。

勾丝一般是在织物与粗糙、尖硬的物体摩擦时发生的。此时，织物中的纤维被勾出，在织物面形成丝环；当作用剧烈时，单丝还会被勾断，在织物表面形成毛茸。

织物勾丝性测试是先采用勾丝仪使织物在一定条件下勾丝，然后与标准样对照评级。评级分为 5 级，其中 5 级最好，1 级最差。织物勾丝性能的检测标准主要包括：GB/T 11047—2008《纺织品　织物勾丝性能评定　钉锤法》。GB/T 11047.2—2022《纺织品　织物勾丝性能的检测和评价　第 2 部分：滚箱法》。GB/T 11047.3—2024《纺织品　织物勾丝性能的检测和评价　第 3 部分：针布滚筒法》。本小节主要介绍钉锤法和滚箱法。

3.4.2　纺织品勾丝性能的检测

3.4.2.1　钉锤法

（1）试验原理

将筒状试样套于转筒上，用链条悬挂的钉锤置于试样表面。当转筒以恒速转动时，钉锤在试样表面随机翻转、跳动，并钩挂试样，使试样表面产生勾丝。经过规定的转数后，对比标准样照对试样的勾丝程度进行评级。

（2）仪器设备

钉锤式勾丝仪（图 3-13）结构中，链条上端悬挂能自由活动的钉锤（圆球直径 2mm）。钉锤与导杆的距离（即钉锤与导杆间链条长度）为 45mm。钉锤上等距植入 11 根碳化钨针钉，总质量为（160±10）g。测试时，针钉尖完好，去除有毛刺针钉，更换损伤的针

钉。针钉外露长度为 10mm，尖端半径 R 为 0.13mm。转筒直径为 82mm，长为 210mm，其中外包橡胶厚度为 3mm；转筒的转速为（60±2）r/min。毛毡厚度为 3~3.2mm，宽度为 165mm。导杆工作宽度为 125mm。

（3）试验步骤

①取样。样品的抽取方法和数量按产品标准规定或有关方面协商进行。抽取样品时，至少取全幅内的 550mm 长度的织物，不要在匹端 1m 内取样，

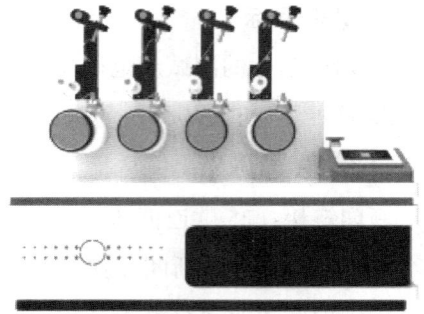

图 3-13　钉锤式勾丝仪

样品应平整无皱。在调湿后的样品上裁取经（纵）向和纬（横）向试样各 2 块，每块试样的尺寸为 200mm×330mm，不要在距布边 1/10 幅宽内取样，试样上不得有任何疵点和折痕。试样应不含相同的经纬纱线（图 3-14）。

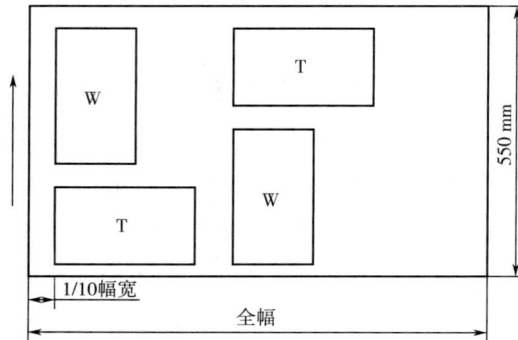

图 3-14　取样示意图

试样正面相对缝纫成筒状，其周长应与转筒周长相适应。非弹性织物的试样套筒周长为 280mm，弹性织物（包括伸缩性大的织物）的试样套筒周长为 270mm。

将缝合的筒状试样翻至正面朝外。如试样套在转筒上过松或过紧，可适当减小或增加周长，使其松紧适度。经（纵）向试样的经（纵）向与试样短边平行，纬（横）向试样的纬（横）向与试样短边平行。

②装样。将筒状试样的缝边分向两侧展开，小心地套在转筒上，使缝口平整，并用橡胶环进行固定。对针织物横向的试样，宜使其中一块试样的纵列线圈头端向左，另一块试样向右。然后用橡胶环固定试样一端，展开所有褶皱，使表面圆整，再用另一橡胶环固定试样另一端。经（纵）向和纬（横）向试样应随机地装放在不同的转筒上，即试样的经（纬）向不一定是在同样转筒上试验。将钉锤绕过导杆轻轻放在试样上，并用卡尺设定钉锤位置为 45mm。

③测试。根据方法标准，需要测试 600r，转速每分钟为 60r，整体的测试时间为 10min。设置好仪器后启动，注意观察钉锤应能自由地在整个转筒上翻转跳动，否则应停机检查。

达到 600r 后，小心地移去钉锤，取下试样。如果同一向试样的勾丝级差超过 1 级，则应增测 2 块。具体操作过程见码 3-12。

（4）评级及结果表示

码 3-12 织物勾丝性检测——钉锤法

试样在取下后应至少放置 4h 再评级。试样固定于评定板，使评级区处于评定板正面。直接将评定板插入筒状试样，使缝线处于背面中心。把试样放在评级箱观察窗内，同时将标准样照放在另一侧。

依据试样勾丝（包括紧纱段）的密度（不论勾丝长短）按表 3-6 列出的级数对每一块试样进行评级，如果介于两级之间，则记录半级，如 3.5 级。将全部人员评级的平均值作为样品的试验结果。

表 3-6 视觉描述评级

级数	状态描述
5	表面无变化
4	表面轻微勾丝和（或）紧纱段
3	表面中度勾丝和（或）紧纱段，不同密度的勾丝（紧纱段）覆盖试样的部分表面
2	表面明显勾丝和（或）紧纱段，不同密度的勾丝（紧纱段）覆盖试样的大部分表面
1	表面严重勾丝和（或）紧纱段，不同密度的勾丝（紧纱段）覆盖试样的整个表面

如果试样勾丝中含有中勾丝或长勾丝，则应按表 3-7 对所评级别予以顺降。一块试样中、长勾丝累计顺降最多为 1 级。

表 3-7 中、长勾丝顺降级别

勾丝类别	占全部勾丝的比例	顺降级别/级
中勾丝（长度为 2~10mm 的勾丝）	≥1/2~3/4	1/4
	≥3/4	1/2
长勾丝（长度≥10mm 的勾丝）	≥1/4~1/2	1/4
	≥1/2~3/4	1/2
	≥3/4	1

分别计算经（纵）向和纬（横）向试样（包括增测的试样在内）勾丝级别的平均数作为该方向最终勾丝级别，如果平均值不是整数，修约至最近的 0.5 级，并用"-"表示，如 3-4 级。如果需要对试样的勾丝性能进行评级，≥4 级表示试样具有良好的抗勾丝能力，≥3-4 级表示试样具有勾丝性能，≤3 级表示试样抗勾丝性能差。

3.4.2.2 滚箱法

（1）试验原理

将筒状试样安装在有毛毡包覆的聚氨酯载样管上，然后置于内部装有四排勾丝钉的正八边体勾丝试验箱中。当勾丝试验箱以恒定速度转动时，装有试样的载样管随机翻转、滚动，并与勾丝钉勾挂，试样表面会产生勾丝等外观变化。达到规定转数后，对试样的勾丝进行评级。

（2）仪器设备

勾丝试验箱是正八边形箱体（图3-15），一面能打开，箱体内部长（228.0±0.1）mm，箱体内部宽（224.5±0.3）mm；箱体绕水平轴匀速转动，转速为（60±2）r/min；箱体内表面应由非吸收性材料制成，如不锈钢或聚丙烯材料，表面平滑，不允许做涂漆等表面处理；箱体内部对称安装四排钉板，每排钉板上放置20个金属勾丝钉，勾丝钉表面光滑，不带有弯钩、毛刺、棱边等，硬度不低于58HRC，勾丝钉应排列整齐、安装牢固，保持露出钉板表面长度为（5.0±0.3）mm，勾丝钉直径为（1.0±0.1）mm，勾丝钉与钉板角度为60°±0.5°，勾丝钉间距为（10.0±0.5）mm。

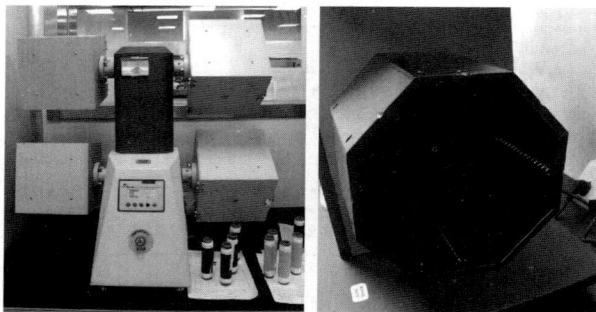

图3-15　勾丝试验箱

（3）试验步骤

①取样。从织物上剪取4块试样用于测试，每块试样尺寸为（140±0.5）mm×（140±0.5）mm，经向（或长度方向）和纬向（或宽度方向）试样各2块，试样不应包含相同的经、纬纱线，在每个试样的非测试面标记织物方向。另取1块相同尺寸试样，作为评级对比样。

取样时距布边至少1/10幅宽，应避开褶皱、疵点等。如果样品含有不同的花型及图案，则取样时应包括花型和图案的所有区域，如果4块样品不能包含所有花型和图案，应再增加一组或多组试样。

②试样缝制。将每个试样测试面向内对折，2个试样的折叠线平行于经向（或长度方向），2个试样的折叠线平行于纬向（或宽度方向），使用缝纫机将试样缝合成筒状，针迹密度适中，确保接缝处平整。

为避免试样装到载样管上出现松动、起皱，或者扭曲现象，机织物缝合宜距边8mm，针织物缝合宜距边9~10mm，对于某些结构的织物可能需要不同缝合宽度，可根据实际情况调整。

③试样安装。对于重复使用的包覆毛毡的载样管，每次使用前应检查毛毡状态，如果

毛毡与聚氨酯管出现分离或接头处不牢固、不平整，或毛毡表面出现损坏、沾污等现象，则应更换新的毛毡；如果聚氨酯管出现磨破、裂纹等现象，则应更换新的载样管。

将外翻缝制的筒状试样测试面朝外套在包覆毛毡的载样管上，随后载样管置于筒状试样中间位置，再将露出载样管两端的试样塞进载样管的内壁，使包覆毛毡的载样管完全被试样包覆。最后将两个锁定环分别以螺旋状塞进载样管两端内壁，固定好试样。重复该步骤，完成其他试样的安装。

试样安装后不应出现松动、起皱、扭曲现象，确保接缝处平整，锁定环测试结束后不外露出载样管两端。

④测试。在每次试验之前，使用吸尘器清理勾丝试验箱内部，确保没有多余纤维、污尘和碎屑，并检查勾丝钉状态，如出现弯曲、松动、钝尖等现象，应替换坏掉的勾丝钉。

每个勾丝试验箱放入 4 个安装好试样的载样管，并牢固关闭勾丝试验箱。启动仪器，使勾丝试验箱以（60±2）r/min 的速度转动，转动 2000 次。

测试完成后，取出载样管，拿出锁定环，从载样管上小心取下试样，沿缝线拆开，但不要修剪试样。取出载样管过程中需检查锁定环状态，如果出现任何一个露出头端的现象，应舍弃本次测试的所有样品，再准备一套新的试样重新测试。具体操作过程见码 3-13。

码 3-13　织物勾丝性检测——滚箱法

（4）评级与结果表示

评级应在置于暗室的评级箱中进行。试样测试面朝上放在评级箱内，将评级卡纸放置在试样中心位置，遮蔽非评级区域，仅使测试区域出现在评级视野中。人眼距离试样 300~500mm 进行评级。

根据试样的勾丝情况，对比试样原样，依照表 3-6 给出的视觉描述进行评级，如果介于两级之间，评至半级，如 3-4 级。每个试样的评级结果为所有评级人员的评级平均值，最终评级结果为所有试样的评级平均值。评级结果修约至 0.5 级，并用"-"表示。对于不同花型图案的不同勾丝结果，也可以按花型或图案进行评级并报告；对于不同方向或不同试样勾丝结果差异较大的情况，也可以对每个方向或每个试样进行评级并报告。

通过以上方法和技术，可以有效地检测和评价织物的勾丝性能，确保织物的质量和耐用性。

➤**思考与练习题**

一、思考题

1. 分析织物勾丝产生的原因。

码 3-14　参考答案 3.4 节

2. 在国家检测标准中，织物勾丝性能的测试的方法主要有哪些？

二、判断题

1. 织物勾丝性能钉锤法测试中，当钉锤乱动时，不需要停止测试。（   ）

2. 织物勾丝性能测试需要测试的样品数量是（   ）。

A. 1 经 1 纬   B. 2 经 2 纬   C. 3 经 3 纬   D. 4 经 4 纬

三、拓展题

影响织物勾丝的因素有哪些？如何改善面料的勾丝性能？

3.5　纺织品尺寸稳定性能的检测

☞ **知识目标**

1. 了解织物尺寸变化的原理

2. 熟悉织物缩水率的测试原理

3. 掌握织物的缩水率的测试标准与测试过程

码 3-15　实训单 3.5 节

☞ **能力目标**

1. 能依据检测标准，严格进行缩水率样品的取样及标记

2. 能依据检测标准进行织物缩水率的测试及分析

☞ **素养目标**

1. 培养学生的测试规范操作意识，提高安全意识

2. 提高学生数据处理能力，提升分析检测结果的能力

【信息导入】

新闻链接：7400 元新衣送洗后染色缩水！洗衣店：承诺返厂修复并补偿

信息来源：《南方都市报》　发布日期：2025 年 3 月 13 日

北京消费者李女士向南都湾财社记者投诉，她于 2024 年 12 月 29 日将一件价值 7400 元、仅穿着 4h 的品牌 T 恤送到某干洗店清洗后，发现衣领出现明显缩水，测量发现胸围及衣长各缩短 3cm，且存在染色痕迹。该衣服的水洗标注明需干洗，李女士质疑店家违规采用水洗导致 T 恤损坏。接下来的维权过程历时数月，令她十分困扰。

【新知讲授】

3.5.1　概述

织物的尺寸稳定性是指织物在受到浸渍或洗涤后以及受较高温度作用时抵抗尺寸变化的性能。它直接关系到衣片尺寸的准确性、服装尺寸的稳定性和服装造型的稳定性。其主要表现为缩水性与热收缩性。织物在常温水中浸渍或洗涤干燥后，长度和宽度方向发生的尺寸收缩程度称为缩水性；织物在受到较高温度作用时发生的收缩程度称为热收缩性，热收缩主要发生在合成纤维织物中。

织物缩水的普遍机理是纤维吸湿膨胀的各向异性及其滞后性、纱线的缓弹性变形的加剧而导致的。纤维、纱线多次受拉伸作用，内部积累了较多的剩余变形和较大的应力，当水分子进入纤维内部后，纤维大分子之间的作用力减小，加工过程中的内应力得到松弛，加速了纤维和纱线的缓弹性变形的回复，从而使织物尺寸发生明显回缩。织物的这一类收缩可以通过良好的热定型来克服。

吸湿性较好的天然纤维织物和再生纤维织物，其缩水原因在于吸湿后纤维体积发生膨胀，纤维直径增加，纱线变粗，纱线在织物中的屈曲程度增大，纱线在屈曲状态下其长度会变短，从而迫使织物收缩（图 3-16）。

毛织物很少出现缩水现象，而是呈现湿膨胀特性。原因是毛的卷曲织物在吸湿后会伸展、变平。虽然纤维吸湿是各向异性膨胀，但纱线会变长，从宏观上看织物不缩水。由于羊毛存在缩绒性，在水中动态洗涤时，会产生毡缩而使织物收缩变形，这是羊毛织物缩绒性引起缩水假象的根本原因。

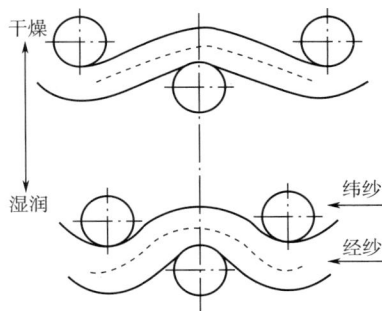

图 3-16　纱线直径变化引起的织物缩水的变化

织物发生热收缩的主要原因是：合成纤维在纺丝成型过程中，为获得良好的力学性能，均受到一定的拉伸作用，并且纤维、纱线在整个纺织染整加工过程中受到反复拉伸。当织物在较高温度下受热的作用时，纤维大分子取得卷曲构象，从而产生不可逆的收缩。受热方式不同，热收缩率不同，所以织物的热收缩性表征有沸水收缩率、干热空气收缩率、汽蒸收缩率等。

3.5.2　纺织品的尺寸稳定性测量指标

织物的尺寸稳定性用尺寸变化率来表示，按式（3-3）计算：

$$尺寸变化率 = \frac{L_0 - L_1}{L_0} \times 100\% \qquad (3-3)$$

式中：L_0——处理前织物经、纬（或纵、横）向长度，mm；

　　　L_1——处理后织物经、纬（或纵、横）向长度，mm。

3.5.3 纺织品的尺寸稳定性的检测

缩水率测试主要用于评估织物在洗涤或浸水后尺寸变化的程度。国家标准 GB/T 8628—2013 规定了纺织品测定尺寸变化的试验中织物试样和服装试样的准备、标记及测量方法。GB/T 8629—2017 详细说明了纺织品试验用洗涤和干燥程序，包括水洗和干洗的测试方法。GB/T 8630—2013 明确了纺织品洗涤干燥后的尺寸变化测定方法，适用于各类织物。详细的缩水率测试步骤见码 3-16。

码 3-16　织物缩水率测试

（1）试验步骤

①取样。在距离布匹端 1m 以上取样，每块试样包含不同长度和宽度上的纱线，标记长度方向。剪裁试样，每块大小至少为 500mm×500mm，若织物在测试过程中易脱散，使用尺寸稳定的缝线对试样进行锁边。如有可能，每个样品取三个试样，样品不足时，则试验一个或两个试样。

②调湿。将试样放置在调湿大气中，在自然松弛状态下，调湿至少 4h 或达到恒重。

③标记。将试样放在平滑测量台上，在试样的长度和宽度方向上，至少各做三对标记。每对标记至少 350mm，标记距离试样边缘应不小于 50mm，标记在试样上的分布应均匀，如图 3-17 所示。

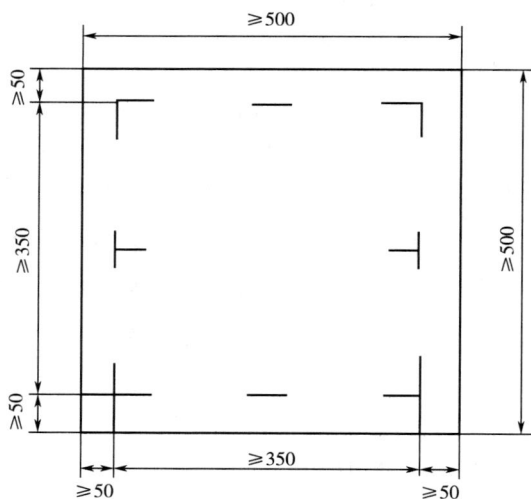

图 3-17　织物试样的标记

④尺寸测量。将试样平放在测量台上，轻轻抚平褶皱，避免扭曲试样。将量尺放在试样上，测量标记点之间的距离，记录精确至 1mm。

⑤洗涤。根据权益者双方协商，采用国家标准 GB/T 8629—2017 标准规定的一种程序

进行洗涤和干燥。该方法标准中规定洗涤程序有三大类型，分别为 A 型、B 型和 C 型三种洗衣机。A 型洗衣机是使用水平滚筒、前门加料型的标准洗衣机，共 13 种洗涤程序；B 型洗衣机是垂直搅拌、顶部加料型的标准洗衣机，共 11 种洗涤程序；C 型洗衣机是垂直波轮、顶部加料型的标准洗衣机，共七种洗涤程序。接下来将以 A 型洗衣机为例，介绍洗涤过程。

首先是陪洗布的选择。所有类型的洗衣机，在洗涤过程中要求有总的洗涤载荷量，为（2.0±0.1）kg。若试样为一件完整的衣服，质量超过 2.1kg，报告中应注明质量。在测试尺寸稳定性，试样量应不超过总洗涤载荷的一半。

根据测试样品的纤维品种类型选择陪洗布。陪洗布共有三种类型，分别为纯棉、涤棉和涤棉混纺的纯涤纶。纤维素纤维产品，应选用纯棉陪洗布，合成纤维或其混纺产品可以选用涤棉陪洗布或纯涤纶陪洗布。纯棉和涤棉陪洗布是双层缝制，纯涤纶是四层缝制的。称取试样重量，选择陪洗布直到达到洗涤载荷量。

选择好陪洗布，接下来就是洗涤剂的选择。标准中共规定了六种不同的洗涤剂，A 型洗衣机一般采用洗涤剂 2、洗涤剂 3 或洗涤剂 6，洗涤剂的用量为（20±1）g。

随后打开洗衣机前门，将测试试样放入洗衣机，关闭洗衣机前门，并加入洗涤剂，选择洗涤程序，设置参数进行缩水率测试。

⑥干燥。国家标准 GB/T 8629—2017 中，同时规定了六种干燥程序，分别为悬挂晾干（A）、悬挂滴干（B）、平摊晾干（C）、平摊滴干（D）、平板压烫（E）、翻滚干燥（F）。干燥程序分为空气干燥和翻转干燥，空气干燥时在完成试样的洗涤程序后，立即取出试样，从 A~E 中选择干燥程序进行干燥。如果是滴干，则要求试样在洗涤程序的最后一次脱水前从洗衣机中取出。

程序 A——悬挂晾干：从洗衣机中取出试样，将脱水后的试样展平，把试样的经向或纵向垂直悬挂在绳、杆上，注意避免扭曲变形。

程序 B——悬挂滴干：试样不脱水，晾干方式同程序 A。

程序 C——平摊晾干：从洗衣机中取出试样，将脱水后试样平铺在水平筛网干燥架或多孔面板上，用手抚平褶皱，注意不要拉伸或绞拧。

程序 D——平摊滴干：样不脱水，晾干方式同程序 C。

程序 E——平板压烫：从洗衣机中取出试样，将试样放在平板压烫仪上，用手抚平褶皱，根据试样需要，放下压头对试样压烫一个或多个短周期，直至烫干。压头设定的温度应适合被压烫试样。记录温度和压力。

程序 F——翻转干燥：洗涤程序结束后，取出试样和陪洗物，放入翻转烘干机中进行翻转干燥。翻转干燥程序有三种（表 3-8），按照正常或低热翻转干燥试样，直至湿度测量装置测得最终湿度达到表 3-8 要求，体制加热后继续翻转 5min，立即取出试样。

表 3-8　翻转烘干机的湿度设定

翻转干燥程序	材料	翻转烘干机湿度设定/%
1	烘干棉	0 (±3)
2	合成纤维和混纺纤维	2 (±3)
3	烫干棉	12 (±3)

⑦测量试样洗后尺寸。干燥程序结束后取出的试样，放置在调湿大气中，在自然松弛状态下，调湿度达到恒重后进行洗后尺寸测量。

（2）计算与结果表示

根据洗涤前的尺寸测量的方法再次进行洗后试样的尺寸测量，并做好记录。之后按照式（3-4）计算尺寸变化的百分率。

$$D = \frac{X_t - X_0}{X_0} \times 100\% \tag{3-4}$$

式中：D——尺寸变化率,%；

$\quad\quad X_0$——试样的初始尺寸，mm；

$\quad\quad X_t$——试样处理后的尺寸，mm。

试验中分别记录每对标记点的测量值，并计算尺寸变化量相对于初始尺寸的百分数，尺寸变化率的平均值修约至 0.1%。使用"＋"号表示伸长，使用"－"号表示收缩。

> ➤思考与练习题

一、思考题

分析织物出现缩水的原因有哪些？

码 3-17　参考答案 3.5 节

二、判断题

1. 缩水率测试过程中，做好尺寸标记后，需要进行面料的调湿处理。（　　）

2. 陪洗布只用两种类型。（　　）

3. 缩水率测试中，一般样品的重量不超过规定重量的一半。（　　）

三、拓展题

影响织物缩水的因素有哪些？如何改善面料的缩水率？

【模块小结】

本模块主要介绍纺织品面料的规格测量标准与方法，以及纺织品面料外观的质量检测的内容。纺织品面料的规格测量标准涉及织物的经纬向辨别、正反面识别、织物的幅宽和长度的测试，以及织物的密度测试标准。纺织品面料的外观质量检测包含织物的外观检测、织物的起毛起球测试、勾丝性能测试和织物的稳定性能测试。通过这些项目和任务，从测试原理、仪器设备、取样方法，测试步骤等各方面帮助学习人员掌握织物外观的检测标准，以更好地进行产品质量的把控。

【知识拓展】斜线光栅密度镜法

在检测标准 GB/T 4668—1995《机织物密度的测定》附录中介绍了一种检测方法：斜线光栅密度镜法。该方法适用于能产生易于看到干涉条纹的织物。测试过程将织物放平，选择合适的光栅密度镜（图 3-18）放于上面，使光栅的长边与被测纱线平行。这时会出现接近对称的曲线花纹，它们的交叉处短臂所指刻度读数即为每厘米纱线根数，然后计算出 10cm 内的根数，即可得到织物的密度。

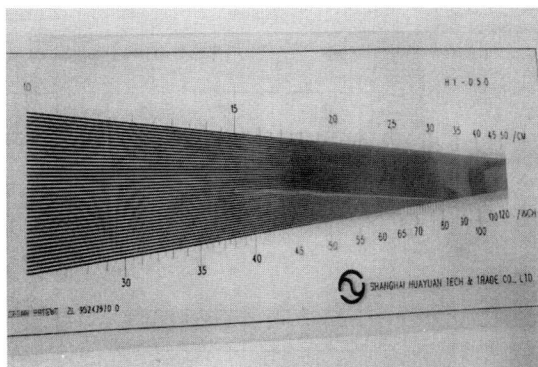

图 3-18　光栅密度镜

【思维导图】

物理性能检测
- 纺织品拉伸断裂强力的检测
  - 条样法
  - 抓样法
- 纺织品顶破强力的检测
  - 钢球法
  - 液压法
  - 气压法
- 纺织品撕破强力的检测
  - 冲击摆锤法
  - 单舌法
  - 梯形法
  - 双舌法
  - 翼形法
- 纺织品耐磨性的检测
  - 试样破损的测定
  - 质量损失的测定
  - 外观变化的评定

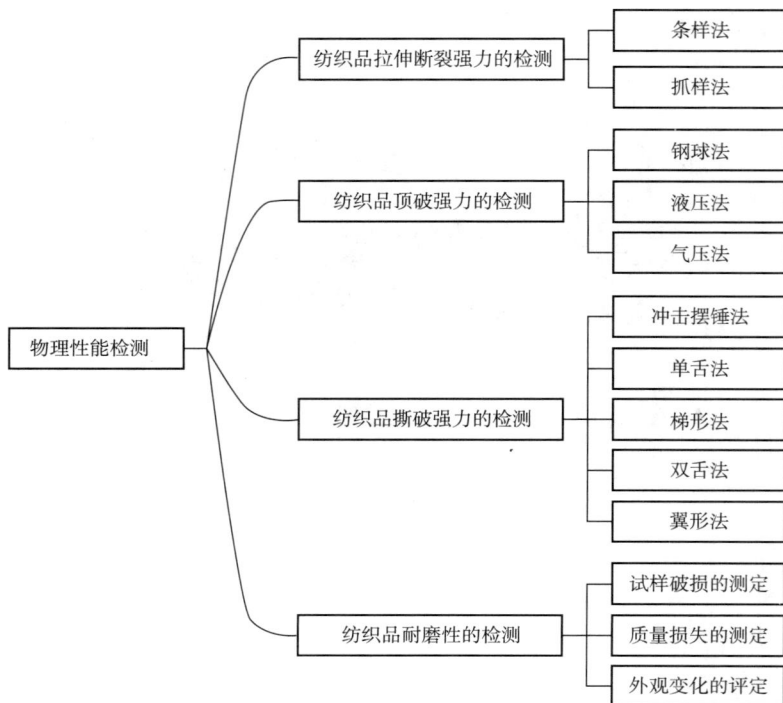

4.1　纺织品拉伸断裂强力的检测

☞ **知识目标**

1. 了解纺织品拉伸断裂强力检测的相关标准

2. 掌握条样法和抓样法测试拉伸断裂强力的原理和方法

☞ **能力目标**

1. 能按照标准独立完成纺织品拉伸断裂强力（条样法）的测试

2. 能按照标准独立完成纺织品拉伸断裂强力（抓样法）的测试

☞ **素养目标**

1. 能正确地对纺织品拉伸断裂强力的结果进行处理和评价

2. 能规范地操作相关检测设备

码 4-2　实训单 4.1 节

【信息导入】

新闻链接：宜兴市 2024 年度产品质量市级监督抽查情况通报

信息来源：中国质量新闻网　发布日期：2025 年 2 月 28 日

2024 年度市级监督抽查对家用电器及电器附件、燃气器具及配件产品、电子及信息技术产品、儿童用品、建筑装饰装修材料、服装鞋帽及家用纺织品等 12 大类 65 种产品进行了监督抽查。床上用品抽查产品 10 批次，不合格 2 批次，问题发现率为 20.0%。抽查不合格项目为纤维含量（被套）、断裂强力（面料）2 项指标。其中 1 批次产品的纤维含量（被套）项目不合格，1 批次产品的断裂强力（面料）项目不合格。

【新知讲授】

在纺织材料的基础课程中，已学习了织物的力学性能，主要包括织物的拉伸强力、撕破强力、顶破强力、变形能力、弹性、胀破强力、耐磨性等，也了解到织物的力学性能与结构分析对于提高织物品质和应用效果至关重要。想要分析某一织物的力学性能，必须通过相关的性能检测来获取结果。织物力学性能的检测结果可比较直观地表征织物的内在质量。

在纺织品的物理性能检测中，织物的拉伸断裂强力、撕破强力、顶破强力、胀破强力、耐磨性等都是常规的检测项目。

织物的拉伸性能是指织物沿经、纬方向受到外力拉伸作用时所表现的力学变形规律，拉伸性能越好说明织物在穿用过程中承受各方向拉伸的能力越强，其坚韧耐用性越好，也就意味着使用寿命会越长。

织物对拉伸断裂的抵抗能力通常用抗一次拉伸断裂指标和抗多次拉伸疲劳断裂指标来表示。一次拉伸断裂指标主要有断裂强力、断裂伸长和断裂伸长率。断裂强力指的是试样被拉断时记录的最大拉伸力，也称为断裂负荷，单位用牛顿（N）表示。断裂伸长指的是因拉力作用至织物断裂时引起试样长度的增量，以长度单位（mm）表示。在断裂强力基本不变的情况下，织物的断裂伸长越大，织物越耐用、越舒适。而断裂伸长率则是指织物拉伸时产生的伸长占原来长度的百分比。织物拉伸至断裂时在最大力的作用下产生的伸长率为断裂伸长率。

我国织物拉伸断裂强力的国家标准有 GB/T 3923.1—2013《纺织品　织物拉伸性能　第 1 部分：断裂强力和断裂伸长率的测定（条样法）》和 GB/T 3923.2—2013《纺织品　织物拉伸性能　第 2 部分：断裂强力的测定（抓样法）》。

4.1.1　条样法

标准 GB/T 3923.1—2013 中规定了采用条样法测定织物断裂强力和断裂伸长率的试验方法，本标准主要适用于机织物，也适用于其他技术生产的织物，通常不用于弹性织物、土工布、玻璃纤维织物以及碳纤维和聚烯烃扁丝织物。条样试验指的是试样整个宽度被夹持器夹持的一种织物拉伸试验。

（1）试验原理

条样法测织物拉伸断裂强力和拉伸断裂伸长率的方法原理是对规定尺寸的织物试样，以恒定伸长速度拉伸直至断脱，以此记录断裂强力及断裂伸长率。如果需要，还可记录断脱强力及断脱伸长率。

（2）试验步骤

①调湿。本方法要求在标准大气中平衡和润湿两种状态进行试验。如需要预调湿、调湿，则应在 GB/T 6529 规定的大气条件执行。但如果是在润湿状态下进行试验，就不要求预调湿和调湿。

②试样准备。本项试验应从样品上分别剪取一组经向和纵向试样。再从这两组试样上分别剪取至少五块符合试验要求尺寸的试样。取样时（码 4-3）各块试样不应含相同的经纬纱（图 2-1）。

码 4-3　织物拉伸断裂强力测试条样法取样

每块用于测试的试样尺寸规定有效宽度为（50±0.5）mm。该有效宽度不包括试样拆纱时留出来的毛边。试样的长度要能满足 200mm 的隔距长度，同时还要能轻松地被夹入织物电子强力仪的上下夹钳里。如果试样的断裂伸长率超过 75%，隔距长度需调整为 100mm。如果有其他协议，也可以调整试样的宽度，相关的调整都应在检测报告中说明。

对于试样而言，如果整个有效宽度内纱线根数 ≥20 根的，该组试样拆边纱后的试样纱线根数应该相同；如果 <20 根的，试样的宽度应至少包含 20 根纱线。此类情况也应在检测报告中说明。

对于不能拆边纱的织物，应沿织物纵向或横向平行剪切宽度为 50mm 的试样。对于一些只有撕裂才能确定纱线方向的机织物，则不应采用剪切法来达到要求的宽度。

若同时需要测试织物湿态断裂强力，剪取试样的长度应至少为检测干态断裂强力试样的两倍，扯边纱后再沿横向从中剪为两块，以此来确保每对试样包含相同根数的纱线。一块用于测试干态断裂强力，另一块用于测试湿态断裂强力。

③测试参数的选择。织物电子强力仪上下两个夹钳之间的有效距离被称为隔距长度，也叫作定长。一般有两个参数可以选择，分别是（200±1）mm 和（100±1）mm。对于断裂伸长率 ≤75% 的织物，定长选用（200±1）mm；对于断裂伸长率 >75% 的织物，定长则选用（100±1）mm。

条样法推荐采用测试方法是等速伸长，也叫作定速拉伸。拉伸速度的设定主要参考织物的断裂伸长率（表 4-1）。

表 4-1　定速拉伸测试织物断裂强力的参数

隔距长度/mm	织物断裂伸长率/%	伸长速率/（%/min）	拉伸速度/（mm/min）
200	<8	10	20
200	≥8 且≤75	50	100
100	>75	100	100

夹持试样时可选择用预张力夹持或松式夹持。如果采用预张力夹持，应根据试样的单位面积质量采用合适的预张力。若试样的单位面积质量≤200g/m² 的采用 2N 预张力；若>200g/m² 且≤500g/m² 的采用 5N 预张力；若>500g/m² 的采用 10N 预张力。而松式夹持则是无张力夹持，只要确保在安装试样并闭合夹钳的整个过程中预张力始终低于预张力夹持所用到的预张力，且产生的伸长率不超过 2%即可。

在试验开始前，应选择测量量程适宜的电子强力仪。一般来说，进行预试验时，测量结果在仪器测量量程的 10%～90%可视为适宜；如超出此区间，建议选择其他符合测试区间的仪器。试样拉伸断裂强力测试的操作过程请见码 4-4。

码 4-4　织物拉伸断裂强力测试——条样法

④润湿状态试样处理。润湿试样不需再进行预调湿、调湿，只需将剪好的试样放在温度（20±2）℃且符合 GB/T 6682 的三级水中，也可以用每升不超过 1g 的非离子润湿剂的水溶液代替三级水。试样浸渍 1h 以上后取出，放在吸水纸上吸去多余的水分后，按上述步骤进行测试。值得注意的是，测试润湿状态的试样时，采用的预张力大小为干态试样的一半即可。

（3）结果处理

首先，记录断裂强力，单位为 N；其次，记录断裂伸长或断裂伸长率，单位为 mm 或%。

如果试样沿钳口线的滑移不对称或滑移量大于 2mm，则舍弃该测试结果。如果试样距钳口线 5mm 以内断裂，则记为钳口断裂。当五块试样测试完毕，钳口断裂的值大于最小的"正常"值，可以保留该值；如果小于最小的"正常"值，应舍弃该值，另加测试以得到五个"正常"断裂值。如果所有的试验结果都是钳口断裂，或得不到五个"正常"断裂值，应报告单值，并在检测报告中说明。

测试结束后，分别计算两组试样的平均值。并进行如下修约：

断裂强力平均值<100N 的，修约至 1N，≥100N 且<1000N 的，修约至 10N，≥1000N 的，修约至 100N；断裂伸长率平均值<8%的，修约至 0.2%，≥8%且≤75%的，修约至 0.5%，>75%的，修约至 1%。

4.1.2　抓样法

标准 GB/T 3923.2—2013 中规定了采用抓样法测定织物断裂强力的试验方法，适用于机织物和其他技术生产的织物，但通常不用于弹性织物、土工布、玻璃纤维织物及碳纤维和聚烯烃扁丝织物。

（1）试验原理

用规定尺寸的夹钳试样的中央部位，以恒定的速度拉升试样至断脱，记录断裂强力。

（2）试验步骤

①调湿。本方法要求在标准大气中平衡和润湿两种状态进行试验。如需要预调湿或调湿，方法和要求与 GB/T 3923.1—2013 一致。

②试样准备。本项试验应从样品上剪取一组经向和纵向试样。再从这两组试样上再剪取至少五块符合试验要求尺寸的试样。取样时各块试样不应含相同的经纬纱（图 2-1）。每块用于测试的试样尺寸宽度为（100±2）mm，长度应能满足 100mm 的隔距长度，同时还能轻松地被夹入织物电子强力仪的上下夹钳里。每一块试样上沿平行于试样长度方向的纱线上画一条标记线。该标记线距试样边 38mm，且可贯通整个试样长度。

若是同时需要测试织物湿态断裂强力，则剪取试样的长度应至少为检测干态断裂强力试样的两倍。给每条试样的两端编号后再沿横向从中剪为两块，一块用于测试干态断裂强力，另一块用于测试湿态断裂强力，确保每对试样包含相同根数长度方向的纱线。

③测试参数的选择。该试验的隔距长度建议设为（100±1）mm，如果经有关方同意，隔距长度也可设为（75±1）mm。拉伸的速度设定为 50mm/min。

夹持试样的中心部位，保证其纵向中心线通过夹钳的中心线，并与夹钳钳口线垂直，使试样上的标记线与夹片的一边对齐。夹紧上夹钳后，试样依靠织物的自重下垂使其平置于下夹钳内，并关闭下夹钳。启动试验仪，当试样拉伸至断裂时，记录断裂强力即可。

④润湿状态试样处理。润湿试样不需再进行预调湿和调湿，只需将剪好的试样放在温度（20±2）℃且符合 GB/T 6682 的三级水，或每升不超过 1g 的非离子润湿剂的水溶液中。试样浸渍 1h 后取出，放在吸水纸上吸去多余的水分后，按上述步骤进行测试。

（3）结果表示

记录断裂强力，单位为 N。试样测试结束后，如果出现钳口断裂，试验结果的处理以及结果表示和修约与 GB/T 3923.1—2013 相同。如果有需要计算断裂强力的变异系数，修约至 0.1%。

检测织物拉伸性能，除了获得检测结果来评价纺织品是否符合标准，还可以通过检测结果来判断原料质量，利于及时改善生产工艺，提高产品质量。从研发设计角度来说，检测织物拉伸性能还可以根据拉伸性能决定织物用途，比如服装、家纺、绳索等对拉伸性能的要求各不相同，可以为各用途产品提供有力的依据；此外，检测织物拉伸性能在为新纤维材料的研发上提供重要参考。

➤思考与练习题

码 4-5　参考答案 4.1 节

一、思考题

1. 条样法测试织物的拉伸断裂强力时，为什么要对试样进行拆边纱？

2. 什么是松式夹持？

二、练习题

1. 条样法检测织物的拉伸断裂强力时，试样的有效宽度是＿＿＿＿＿＿；拉伸的速度一般设置为＿＿＿＿＿＿。

2. 抓样法检测织物的拉伸断裂强力时，隔距的长度为＿＿＿＿＿＿，如果经有关方同意也可以设为＿＿＿＿＿＿。

4.2　纺织品顶破强力的检测

码 4-6　实训单 4.2 节

☞ **知识目标**

1. 了解纺织品顶破强力检测的相关标准

2. 掌握钢球法、液压法和气压法测试顶破强力的原理和方法

☞ **能力目标**

1. 能按照标准独立完成纺织品顶破强力（钢球法）的测试

2. 能按照标准独立完成纺织品顶破强力（液压法）的测试

3. 能按照标准独立完成纺织品顶破强力（气压法）的测试

☞ **素养目标**

1. 能正确地对纺织品顶破强力的结果进行处理和评价

2. 能规范地操作相关检测设备

【信息导入】

新闻链接：2024 年海南生产领域校服产品质量监督抽查结果

信息来源：中国质量新闻网　　发布日期：2025 年 3 月 17 日

2024 年，海南省市场监督管理局对全省生产领域校服产品进行了监督抽查。本次抽查了 26 批次产品，经检验，不合格 7 批次，不合格率为 26.92%。本次监督抽查依据 GB/T 31888—2015 等标准要求，对下列项目进行了检验：顶破强力、接缝强力、甲醛含量、pH、耐汗渍色牢度、耐水色牢度、耐摩擦色牢度、耐皂洗色牢度、纤维含量、可分解致癌芳香胺染料、起球、异味、使用说明。

【新知讲授】

织物顶破强力是指在织物平面的垂直方向施加顶、压等负荷，使织物鼓起、扩张直至破裂的作用力，用来反映服装肘部和膝部、袜子、手套、鞋面等织物的垂直受力程度，从而体现织物在多向受力下的强度特性。织物顶破强力与织物的拉伸断裂强力一样，作为评估织物耐用性能的重要力学指标之一，对了解织物力学性能和优化纺织品设计具有重要意义。

织物顶破强力的测试方法，目前主要有钢球法、液压法和气压法三种。其中液压法和气压法测定的顶破强力，又被称为胀破强力。我国采用 GB/T 19976—2005《纺织品 顶破强力的测定 钢球法》进行织物顶破强力的测试。纺织行业也在 2016 年发布《针织物和弹性机织物接缝强力和扩张度的测定 顶破法》，这项标准是一项适用于针织物和弹性机织物的直线接缝强力和顶破扩张度的测试标准。此外，也可根据需要采用 ASTM D3787－16（2020）《织物顶破强力的标准试验方法 等速牵引（CRT）钢球顶破试验》或 ASTM D6797－15《织物爆破强度的标准测试方法恒定速率（CRE）球形爆破试验》进行测试。

我国液压法测定织物顶破强力的标准是 GB/T 7742.1—2005《纺织品 织物胀破性能 第 1 部分：胀破强力和胀破扩张的测定 液压法》。同类标准如 ASTM D3786－16《纺织品顶破强度测试-薄膜顶破强力测试方法》，适用于各类纺织产品，包括弹性机织物或工业织物的液压式溶胀强力试验机或气动膜片式溶胀强力试验机测试纺织品的抗溶胀性能。

气压法测定织物顶破强力的国标是 GB/T 7742.2—2015《纺织品 织物胀破性能 第 2 部分：胀破强力和胀破扩张度的测定 气压法》，该标准适用于针织物、机织物、非织造布和层压织物，也适用于由其他工艺制造的各种织物的相关测试。

4.2.1 钢球法

（1）试验原理

将试样夹持在固定基座的圆环试样夹内，圆球形顶杆以恒定的移动速度垂直地顶向试样，使试样变形直至破裂，测得顶破强力。顶破强力在此处特指以球形顶杆垂直于试样平面的方向顶压试样，直至其破坏的过程中测得的最大力，单位用牛顿（N）表示。

（2）试验步骤

①调湿。纺织品在未润湿的状态下进行试验前，根据 GB/T 6529 的规定进行预调湿、调湿，并在标准大气条件下进行试验。

②试样准备。根据取样原则在样品上进行试样裁剪，示意图如图 4-1 所示。剪裁的试样数量不少于五块。试样尺寸应满足大于环形夹持装置面积，具体取样的操作方法可见码 4-7。

③试验参数。环形夹持器内径的尺寸为（45±0.5）mm（图 4-2），球形顶杆有直径为 25mm 或 38mm 两种选择。无论选择哪一种，或是根据双方协议，使用其他尺寸的球形顶杆

和环形夹持器内径，都应该在试验报告中说明。采用等速伸长试验仪（CRE）进行试验，设定试验机试验时的移动速度为（300±10）mm/min。试验时，试样的反面朝向球状顶杆，具体试验方法见码4-8。

码 4-7　织物顶破强力测试的取样

码 4-8　织物顶破强力的测试

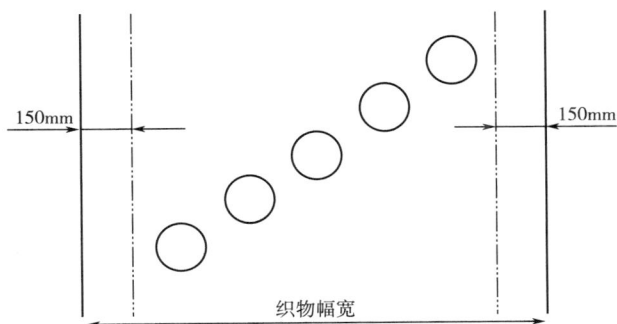
图 4-1　顶破强力测试取样的建议部位

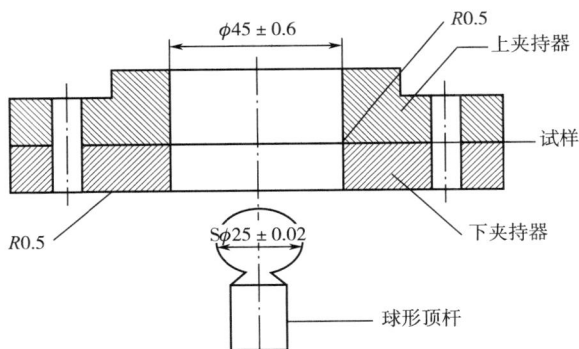
图 4-2　顶破装置示意图

④润湿试验。润湿状态下织物顶破强力试验，不要求预调湿和调湿。只需将剪裁好的试样浸入温度（20±2）℃或（23±2）℃或（27±2）℃的水中。试样完全润湿后，将试样取出，并放在吸水纸上吸去多余的水后立即进行试验。浸润试样的用水，按规定采用符合GB/T 6682 的水，也可以在其中加入质量分数不超过 0.05% 的非离子中性润湿剂，帮助试样完全润湿。

（3）结果处理

在测试过程中，如果出现纱线从环形夹持器中滑出或试样滑脱现象，则该测试结果无效，应该舍弃。如果是采用电脑自动输出设备，可以观察顶破过程的力学曲线，曲线平滑说明该测试结果有效，若曲线异常，应考虑测试结果的有效性。一个样品至少获得五个有效的试验值，求其平均值，并对平均值修约到整数位，作为该样品的顶破强力。

4.2.2 液压法

标准 GB/T 7742.1—2005 规定了测定织物胀破强力和胀破扩张度的液压方法，适用于针织物、机织物、非织造布和层压织物，也适用于由其他工艺制造的各种织物。

（1）试验原理

胀破强力是指从平均胀破压力减去膜片压力得到的压力，而胀破扩张度指的是试样在胀破压力下的膨胀程度，以胀破高度或胀破体积表示。该方法的试验原理采用的是将试样夹持在可延伸的膜片上，并在膜片下面施加液体压力，使膜片和试样膨胀。随后以恒定速度增加液体体积，直到试样破裂，测得胀破强力和胀破扩张度。

（2）试验步骤

①调湿和试样准备。纺织品在未润湿的状态下进行试验前，应根据 GB/T 6529 的规定在（20±2）℃和（65±2）%的温湿度下进行预调湿、调湿，并在此条件下进行试验。在相关产品标准或有关各方协议中如果没有明确如何取样，根据图 4-1 的示例在样品上选取合适的试验面积并进行取样。如果是使用夹持系统，则不需要剪裁试样即可进行试验。

②预试验。试验面积一般选用 $50cm^2$，但如果试样具有较大或较小的延伸性能，或是协议上有其他要求，还有 $100cm^2$、$10cm^2$ 和 $7.3cm^2$ 的其他试验面积可供选择。胀破仪一般具有可在 $100\sim500cm^2/min$ 范围内选择的恒定体积增长速率。如果仪器没有配备调节液体体积的装置，可先预设恒定体积增长速率来进行试验，使胀破时间控制在（20±5）s 内。

③测试。将试样正面朝上放置在膜片上，确保其处于平整无张力状态，避免在其平面内发生变形。用夹持环夹紧试样，避免损伤，防止其在试验中滑移。之后启动胀破仪进行测试，待试样被破坏后，记录胀破压力、胀破高度或胀破体积。在织物的不同部位重复至少五次，并得到相应实验结果。

（3）膜片压力的测试

采用预试验确定体积增长速率和试验面积，在没有放置试样的条件下，启动胀破仪膨胀膜片，直至达到有试样时的平均胀破高度或平均胀破体积。记录此时的胀破压力，作为该试验的膜片压力。

（4）结果的计算和表示

五次测试结果的胀破压力的平均值减去膜片压力，即得到胀破强力，并将该结果修约至三位有效数字，单位为 kPa。胀破高度则用五次测试结果的平均值，修约至两位有效数字，单位为 mm。如果是以胀破体积来表征，可将五次测试结果的平均值修约至三位有效数字，单位为 cm^3。

（5）润湿试验

若进行试样湿态的测试，试样不需要进行预调湿和调湿，但需要在（20±2）℃条件下浸渍符合 GB/T 6682 的三级水 1h。浸渍好后，将试样从液体中取出，放在吸水纸上吸去多余的水后，可立即进行试验。如果没有符合条件的三级水，也可以用每升不超过 1g 的非离子润湿剂水溶液来代替。

4.2.3 气压法

气压法与液压法的区别在于一个是施加压缩空气来使膜片和试样发生胀破，一个是施加液体压力，其他的试验步骤几乎一致。在试样处理上，也一样要进行预调湿和调湿。不同的是，气压法的调湿不像液压法对相对湿度要求精确。采用气压法时，预调湿、调湿、试验用大气都只要符合 GB/T 6529 即可。另一个不同之处是对于测试完试样破裂在夹持线 2mm 以内的，则应舍弃此次试验结果。

这两种试验方法如此相似，那么什么时候用气压法，什么时候用液压法呢？根据数据表明，当施加的压力不超过 800kPa 时，采用这两种方法得到的胀破强力结果是没有明显差异的。但对于一些有较高胀破压力的特殊纺织品，采用液压法进行试验结果更加准确。

➤ 思考与练习题

码 4-9 参考答案 4.2 节

一、思考题

1. 气压法和液压法应如何选择？

2. 顶破强力和胀破强力有什么区别？

二、练习题

1. 钢球法检测织物的顶破强力时，顶杆的移动速率宜设为＿＿＿＿＿＿＿＿。

2. 液压法检测织物的胀破强力时，试验面积一般选择＿＿＿＿＿＿＿＿。

4.3 纺织品撕破强力的检测

码 4-10 实训单 4.3 节

☞ 知识目标

1. 了解纺织品撕破强力检测的相关标准

2. 掌握摆锤冲击法、单舌法、梯形法、双舌法和翼形法测试撕破强力的原理和方法

☞ 能力目标

能按照标准采用不同的测试方法独立完成纺织品撕破强力的测试

☞ **素养目标**

1. 能正确地对纺织品撕破强力的结果进行处理和评价

2. 能规范地操作相关检测设备

【信息导入】

新闻链接：上海市市场监管局发布秋冬风衣大衣监督抽查情况

信息来源：中国质量新闻网　发布日期：2025 年 2 月 19 日

针对消费者投诉、举报集中及质量问题较多的产品，上海市市场监管局集中组织力量对静安、闵行、浦东、徐汇、长宁、普陀等 6 个区 48 家企业销售的 80 批次秋冬风衣大衣进行了监督抽查。本次抽查不合格项目是覆黏合衬剥离强力（度）、撕破强力、酚黄变、耐湿摩擦色牢度、耐光色牢度、透气率、纤维含量、产品使用说明 8 项。

【新知讲授】

织物局部纱线受到集中作用力，导致织物撕开。比如织物在使用过程中被物体钩住，局部纱线受力拉断，在撕裂三角区集聚了多根纱线，这时拉断这个三角区的纱线所需要的力可以视为撕裂强力。由于撕裂强力能客观地反映纺织品在实际穿着中突然撕裂特性和受整理加工影响的程度，撕裂强力在纺织品国际贸易中备受关注。自 2007 年以来，我国制定的产品标准也逐步将撕破强力列为纺织品内在质量和耐用性的考核项目。

我国织物撕裂强力测试方法的国家标准有五种。除了目前应用最为广泛的是埃尔门多夫冲击摆锤法，另外还有单舌法、梯形法、双舌法和翼形法。以上几种测试方法分别对应我国的推荐性国家标准 GB/T 3917.1—2009《纺织品　织物撕破性能　第 1 部分：冲击摆锤法撕破强力的测定》、GB/T 3917.2—2009《纺织品　织物撕破性能　第 2 部分：裤形试样（单缝）撕破强力的测定》、GB/T 3917.3—2025《纺织品　织物撕破性能　第 3 部分：梯形试样撕破强力的测定》、GB/T 3917.4—2009《纺织品　织物撕破性能　第 4 部分：舌形试样（双缝）撕破强力的测定》和 GB/T 3917.5—2009《纺织品　织物撕破性能　第 5 部分：翼形试样（单缝）撕破强力的测定》。

4.3.1　冲击摆锤法

标准 GB/T 3917.1—2009 是一项适用于机织物，也适用于其他技术生产的织物，如非织造布的标准，但不适用于针织物、机织弹性织物以及有可能产生撕裂转移的稀疏织物和具有较高各向异性的织物。这项标准是通过突然施加一定大小的力测量从织物上切口单缝隙撕裂到规定长度所需的力，所以通过该测试方法获取到的撕裂强力，特指在规定条件下，使试样上初始切口扩展所需的力。根据被撕裂的纱线是经纱还是纬纱，对应称为经向撕破强力或纬向撕破强力。

（1）试验原理

试样固定在夹具上，将试样切开一个切口，释放处于最大势能位置的摆锤，可动夹具离开固定夹具时，试样沿切口方向被撕裂，把撕破织物一定长度所做的功换算成撕破力。

（2）试验步骤

①样品处理和取样。将样品按照 GB/T 6529 规定的标准大气条件下进行预调湿和调湿，按照图 4-3 进行取样，并进行试样剪裁。撕裂强力试样有规定的样式和尺寸，示样尺寸图如图 4-4 所示。在取样时，每个样品取一组经向试样和一组纬向试样，每组试样应至少包含五块试样。

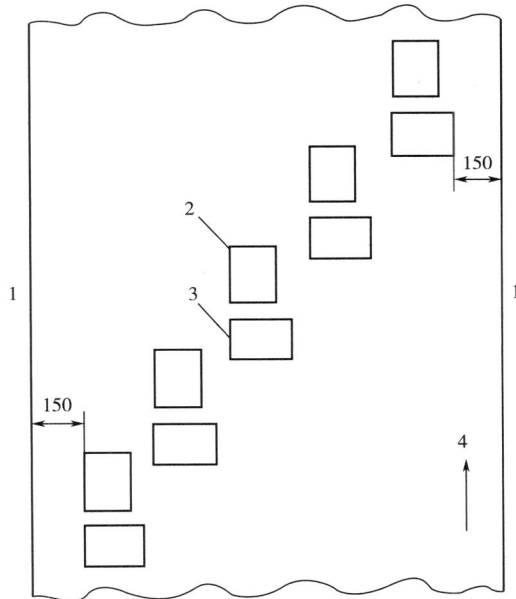

图 4-3　撕破强力样品上取样示意图

1—布边　2—"经向"撕裂试样　3—"纬向"撕裂试样　4—经向

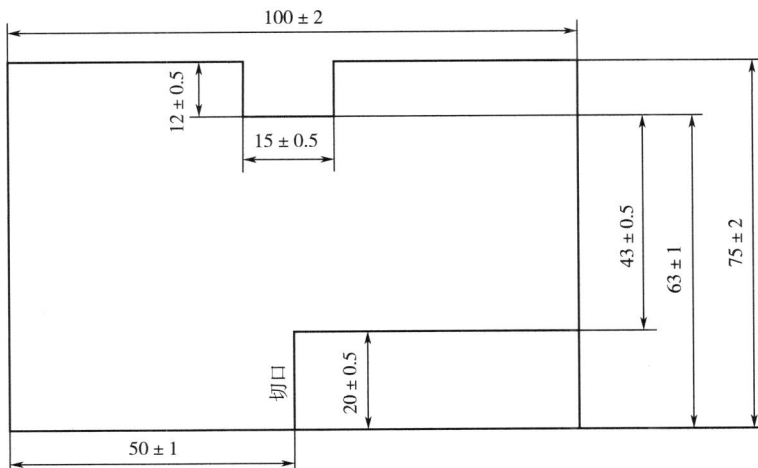

图 4-4　摆锤冲击法撕破强力的试样尺寸图

如图 4-4 所示，在试样上有个（20±0.5）mm 的切口。这个切口是将试样放置在夹具上时，利用夹具设备上配有的小刀将其切开而得到的。在剪裁试样时，要注意试样的短边要平行于织物的经纱或纬纱。如果试样的短边平行于经纱，那这个试样测试的是纬向纱线的撕破强力；如果试样的短边平行于纬纱，则测试的是经向纱线的撕破强力。具体取样的方法请见码 4-11。

码 4-11　织物撕裂强力测试的取样

②安装试样。在安装试样时，两只夹具的夹具面必须在同一个平面内。确保试样的长边与夹具的底边平行，同时使试样夹在中心位置。夹住试样之后，用小刀将试样切一个切口后进行测试。

③试验。试验也是在标准大气条件下进行的。试验开始前，应先进行试锤，即确定锤的质量。正式试验时，先启动摆锤，释放位于起始位置的摆锤，摆锤受重力作用自由落下，附在摆锤上的移动夹具，在摆锤下落时随之移动，同时撕破试样。为避免摆锤回摆时破坏指针的位置，应在其回摆时握住摆锤，然后通过测量装置上标尺分度值或数字显示器读出撕破强力，具体试验操作请见码 4-12。现如今的设备较早期智能，摆锤可设置一次释放后，不进行回摆，并由设备直接输出换算的撕破强力。

码 4-12　织物撕破强力的测试——摆锤法

试验完应观察试样被撕裂后是否有纱线从织物上滑移出来。如果有，则是无效试验。此外，如果试验结束后，试样也从夹具中滑移，或者是撕裂的方向沿着力的方向进行但超出了试样上特意标示出来的 15mm 宽的凹槽，也均视为无效试验，应剔除相应结果。如果五块试样中有三块或以上测验结果被剔除，则说明这个测试方法不适合测试该织物。

（3）结果处理

最终结果以每个试验方向的撕破强力平均值来表征，结果保留两位有效数字，单位为 N。

4.3.2　单舌法

这部标准 GB/T 3917.2—2009 规定了用单缝隙裤形试样法测定织物撕破强力的方法，主要适用于机织物，也可适用于其他技术方法制造的织物，如非织造布等，但不适用于针织物、机织弹性织物以及有可能发生撕裂转移的稀疏织物和具有较高各向异性的织物。裤形试样指的是按规定长度从矩形试样短边中心剪开，形成可供夹持的两个裤腿状的织物撕裂试验试样，裤形试样尺寸和裤形试样的夹持示意图如图 4-5 和图 4-6 所示。

（1）试验原理

夹持裤形试样的两条腿，使试样切口线在上下夹具之间呈直线。开动仪器将拉力施加于切口方向，记录直至撕裂到规定长度内的撕破强力，并根据自动绘图装置绘出曲线上的峰值或通过电子装置计算出撕破强力。

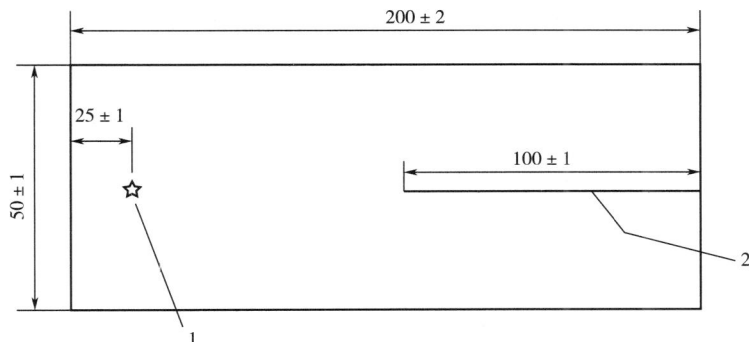

图 4-5　裤形试样尺寸

1—撕裂终点　2—切口

（2）试验步骤

①样品处理和取样。样品需按 GB/T 6529 规定经过预调湿和调湿，调湿后在标准大气条件下进行试验。每块样品剪取两组试样，一组为经向，一组为纬向。对于机织物，每个试样平行于织物的经向或纬向分别作为长边裁取，试样长边平行于经向的试样为"纬向"撕裂试样，试样长边平行于纬向的试样为"经向"撕裂试样。每组试样至少在样品的五个不同位置上进行取样，每两块试样不能含有同一根长度方向或宽度方向的纱线，取样示意图如图 4-3 所示。

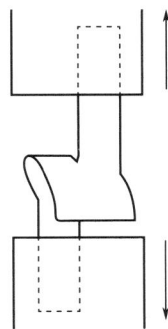

图 4-6　裤形试样的夹持示意图

试样为矩形长条（图 4-5），长（200±2）mm，宽（50±1）mm。然后在每个试样的宽度方向正中切开一长为（100±1）mm 的平行于长度方向的裂口。此外，还应在试样中间距未切割端（25±1）mm 处标出撕裂终点，具体操作请见码 4-13 和码 4-14。

码 4-13　织物撕裂强力测试单舌法试样尺寸

码 4-14　织物撕裂强力测试单舌法取样

宽幅的裤形试样指的是宽度与长度一样是（200±2）mm 的试样，裂口仍是开在中间（图 4-7）。另外，如松散织物、抗裂缝织物和用于技术应用方面的人造纤维抗撕裂织物等特殊的抗撕裂织物撕破强力的测定，也推荐采用宽幅的裤形试样来进行测试。当然，也可以根据有关方的协议选择其他的宽度范围。

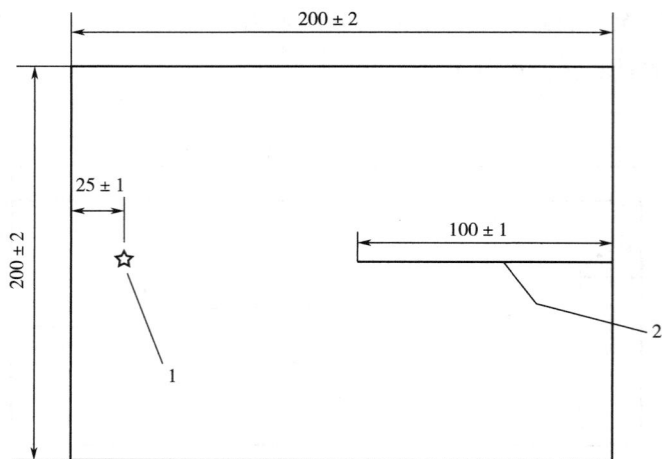

图 4-7　宽幅裤形试样的尺寸图

1—撕裂终点　2—切口

②设置参数。将拉伸试验仪的隔距长度设定为 100mm，拉伸速率设定为 100mm/min，之后将裤形试样的每条裤腿各夹入一只夹具中，切割线与夹具的中心线对齐，试样的未切割端处于自由状态，整个试样的夹持状态如图 4-6 所示。夹持裤形试样时要注意，确保试样上的每条裤腿固定于夹具中，并使撕裂开始时是平行于切口且在撕力所施的方向上，具体试验操作请见码 4-15。

码 4-15　织物撕裂
强力测试——
单舌法

如果采用宽幅裤腿试样，用于夹持的每条裤腿应从外面向内折叠平行并指向切口，使每条裤腿的夹持宽度是切口宽度的一半。

③试验。启动设备，直至试样持续撕破至试样的终点标记处，记录撕破强力，单位为 N。如果想要得到试样的撕裂轨迹，可以用记录仪或电子记录装置记录每个试样在每一织物方向的撕破长度和撕破曲线。

如果试验时试样的纱线不是被撕破，而是从织物中滑移，或是撕破不完全，或是试样从夹具中滑移出来，或是撕裂不是沿着施力的方向进行的，那么这个试样测试的结果应剔除。如果五个试样中有三个或更多个试样的试验结果被剔除，则应建议采用宽幅的裤形试样进行测试。

（3）结果处理

处理试验结果有两种指定的计算方法，一种是人工计算，一种是电子方式计算。两种方法可能会得出不同的计算结果，且不同的计算方法得出的试验结果也不具有可比性。

人工计算方法是将通过设备记录的强力—伸长曲线进行峰值分割。从第一峰开始到最后峰结束等分成四个区域，示意图如图 4-8 所示。第一区域舍弃不用，其余三个区域每个区域选择并标出两个最高峰和两个最低峰，共 12 个峰值。用于计算的峰值其两端上升力值和下降力值至少是前一个峰下降值或后一个峰上升值的 10%。计算每个试样 12 个峰值的算术平均值，单位为 N。然后根据每个试样峰值的算术平均值来计算同一方向试样的撕破强力总的算术平均值，结果保留两位有效数字，单位为 N。

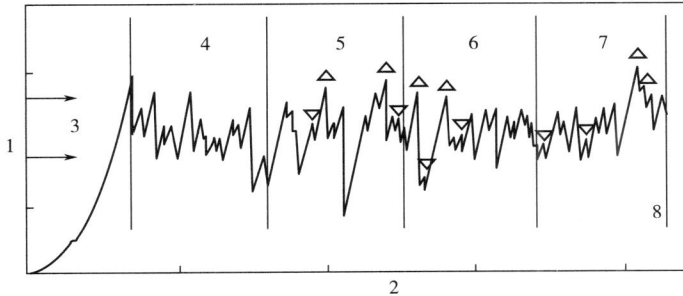

图 4-8　峰值分割与最高峰、最低峰标示示意图

1—撕破强力　2—撕裂方向（记录长度）　3—中间峰值大概范围　4—合法区域　5—第 1 区域

6—第 2 区域　7—第 3 区域　8—撕裂终点

电子方式计算方法与人工计算方法不同的是，每个试样通过电子装置记录撕裂过程的所有峰值，然后计算试样撕破强力的算术平均值，其他计算处理和表示方式均与人工计算方法一样。

无论人工计算还是电子方式计算，都可以根据需要，给出每块试样的最小和最大峰值。

4.3.3　梯形法

标准 GB/T 3917.3—2025 规定了用梯形试样法测定织物撕破强力的方法，适用于各种机织物（机织弹性织物除外）和非织造布的测试。

梯形试样指的是一矩形织物撕裂试验试样。试样上标有规定尺寸的、形成等腰梯形的两条夹持试样的标记线，在梯形的短边中心剪一规定尺寸的切口。梯形试样的尺寸图示意图如图 4-9 所示，试样的尺寸允许偏差为 ±0.5%。

（1）试验原理

在试样上画一个梯形，并在梯形的短边中心剪一规定的切口，用等速伸长试验仪（CER）的夹钳夹住梯形上两条不平行的边，对试样施加连续增加的力，使撕破沿试样宽度方向传播，记录下指定

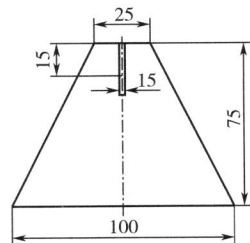

图 4-9　梯形试样的
尺寸图示意图

距离上持续撕裂的力，对机织物测定单向所有试样有效峰均值的算术平均值为测试结果，非织造布测定单向所有试样最大力值的算术平均值为测试结果，单位为 N。

（2）试验步骤

①样品的处理和取样。样品按照 GB/T 6529 的规定进行调湿，如果要测试润湿状态下的撕破强力，则无须调湿，只需将样品放置在温度为（20±2）℃，且符合 GB/T 6682 要求

的三级水中浸渍 1h 即可。对于不容易浸湿的样品，可使用每升含有不超过 1g 的非离子表面润湿剂的水溶液代替三级水。

除非另有规定，一般在样品上沿经（纵）向和纬（横）向各剪 5 块试样尺寸为（75±1）mm×（150±2）mm 的试样，再在各块试样上标画出等腰梯形，示意图如图 4-10 所示，具体取样操作请见码 4-16。

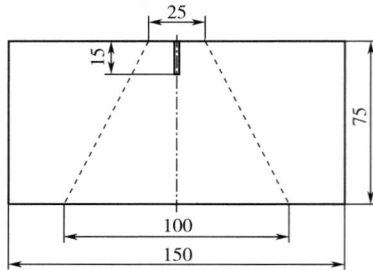

图 4-10　带标记的等腰梯形试样示意图　　码 4-16　织物撕裂强力测试梯形法取样

②试验参数设置。试验开始前，选择具有适宜负荷范围的等速伸长试验仪（CER），使撕破强力测试结果落在其满量程的 15%～85% 范围内，并将其隔距长度设置为 25mm，拉伸速度设置为 100mm/min。夹持试样时，应沿梯形试样不平行的两边夹住试样，使切口位于两夹钳中间，让梯形试样的短边保持拉紧，长边处于松弛屈曲状态，具体试样夹持操作请见码 4-17。

码 4-17　织物撕裂
强力测试——
梯形法

③试验。本测试在标准大气条件下进行，在测试湿态样品时，应将试样放在吸水纸上去除多余的水分后立即进行测试。启动仪器，记录撕裂力值。如果撕裂不是沿切口线进行或者试样从夹具中滑脱，则不记录试验结果。重新取样测试，以保证取得的每个方向的测试结果，都有五个正常结果。

（3）测试结果和计算表达

机织物在撕破过程中会在记录仪上出现一系列有效峰值的平均值，机织物典型撕裂曲线如图 4-11 所示，在撕破过程中会自动计算记录仪上经向或纬向每一块试样有效峰值的平均值。当记录仪上只有一个有效峰值时，这个值被认定为样品的测试结果。需要注意的是，试验结果的有效值范围只限于从夹钳起始距离 25mm 处到夹钳位移达到 64mm 前对应的撕裂力值。当夹钳位移超过这两个点的限定区间，则视为无效结果。最终的结果是经向和纬向五块试样结果的平均值，精确至 0.1N。如果计算变异系数，精确至 0.1%。

非织造布的撕裂力是单个值或一系列峰值，非织造布典型撕裂曲线如图 4-12 所示。非织造布取最大力值作为单个样品的结果，精确到 0.1N，再分别计算 5 个试样纵向和横向最大力值的算术平均值，结果同样精确到 0.1N。如有需要，计算变异系数，结果需精确至 0.1%。

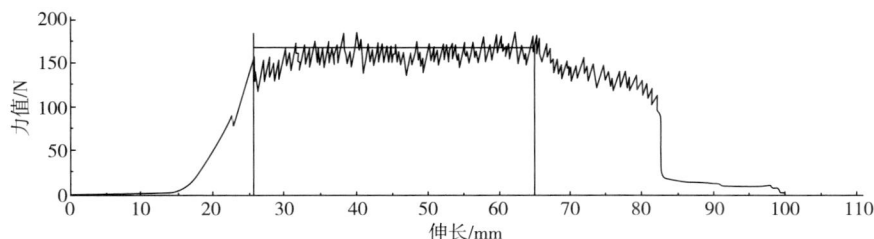

图 4-11　机织物典型撕裂曲线

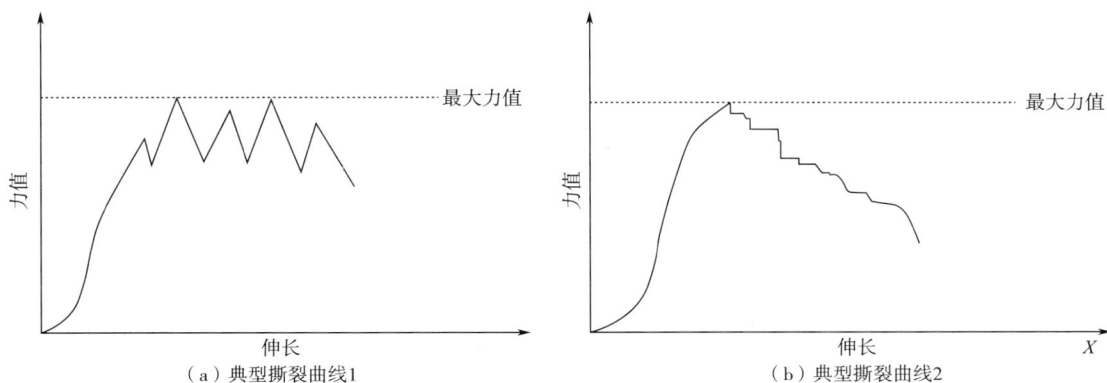

（a）典型撕裂曲线1　　　　　　　　　　（b）典型撕裂曲线2

图 4-12　非织造布典型撕裂曲线

4.3.4　双舌法

标准 GB/T 3917.4—2009 规定了用双缝隙舌形试样法测定织物撕破强力的方法。主要适用于机织物或其他技术方法制造的织物，不适用于针织物、机织弹性织物。

舌形试样指的是按规定的宽度及长度在条形试样规定的位置上切割出一便于夹持的舌状的织物撕裂试验试样，示意图如图 4-13 所示。

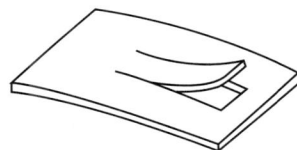

图 4-13　舌形试样示意图

（1）试验原理

在矩形试样中，切开两条平行切口，形成舌形试样（码 4-18），将舌形试样加入 CRE 的一个夹钳中，试样的其余部分对称地夹入另一个夹钳，保持两个切口线的顺直平行，示意图如图 4-14 所示，具体操作请见码 4-19。在切口方向施加拉力模拟两个平行撕破强力。记录直至撕裂到规定长度的撕破强力，并根据自动绘图装置绘出曲线上的峰值或通过自动电子装置计算出撕破强力。

（2）试验步骤

①试样的制备。将样品按照 GB/T 6529 进行预调湿、调湿。取样时经向和纬向各至少取五块试样。每块试样的形状和尺寸示意图如图 4-15 所示，并在试样两边标记直线 abcd，同时在标记直线的另一边中间位置距未切割端（25±1）mm 处标出撕裂终点。剪取试样时，试样

长边平行于经向的是"纬向"撕裂试样，试样长边平行于纬向的试样是"经向"撕裂试样。

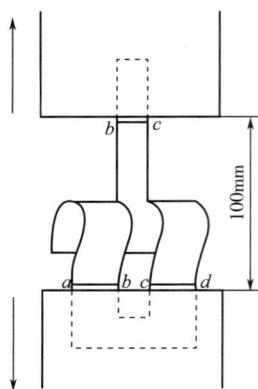

图 4-14　舌形试样夹持示意图

码 4-18　织物撕裂强力测试双舌法取样

码 4-19　织物撕裂强力测试——双舌法

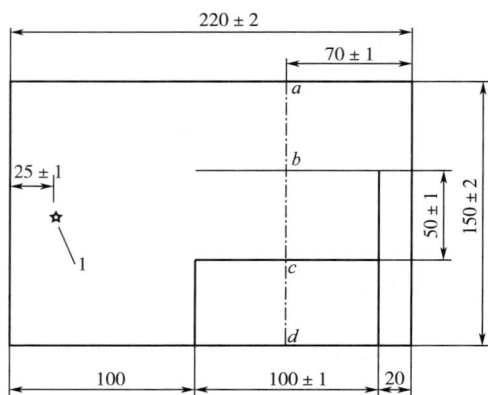

图 4-15　舌形试样的形状和尺寸示意图

②测试。试验在标准大气条件下进行，试验前设置 CRE 的隔距长度为 100mm，拉伸速率为 100mm/min。

试样的舌形部分置入固定夹钳中并保持左右对称，同时确保试样上标注的直线 *bc* 刚好可见，再将试样非舌形部分对称地夹入另一个夹钳中，试样上标注的直线 *ab* 和 *cd* 也刚好可见。夹持试样时，应使试样舌形部分和非舌形部分平行于撕力所施加的方向。

启动仪器，直到试样被持续撕破到试样的终点标记处。此时，记录设备上显示的力学测得值为撕破强力，单位为 N。

（3）结果的计算和表示

试验的过程中，如果测试样中有纱线从织物中滑移，或试样在试验时从夹钳中滑移出来，或是试验时未撕裂完全或是未沿着施力方向进行撕裂的，均视为无效结果。如果五个试样中有三个或三个以上试样的试验结果被剔除，可认为此方法不适用于该样品。

该方法的结果计算同样有人工计算和电子方式计算两种。这两种方法得出的结果不一定相同，所以不具有可比性。但这两种计算方法与单舌法一样，故不再赘述。

4.3.5　翼形法

标准 GB/T 3917.5—2009 规定了用单缝隙翼形试样法测定织物撕破强力的方法。该方法适用于机织物和一些其他技术生产的织物，不适用于针织物、机织弹性织物及非织产品。

（1）试验原理

一端剪成两翼特定形状的试样按两翼倾斜于被撕裂纱线的方向进行夹持，施加机械拉力使拉力集中在切口处以使撕裂沿着预想的方向进行，记录直至撕裂到规定长度的撕破强力，并根据自动绘图装置绘出的曲线上的峰值或通过电子装置计算出撕破强力。

（2）试验步骤

①试样的制备。翼形试样指的是一端按规定角度呈三角形的条形试样，按规定长度沿三角形顶角等分线剪开形成翼状的织物撕裂试验试样，示意图如图 4-16 所示。该试验需要一组经向，一组纬向试样，其中每个方向至少五块试样。试样的长边平行于织物经向的作为"纬向"撕裂试样，反之则作为"经向"撕裂试样。

②预调湿、调湿。样品根据 GB/T 6529 进行预调湿和调湿后备用。

③测试。整个试验在标准大气条件下进行。试验开始前，先将 CRE 的隔距长度设定为 100mm，拉伸速率设定为 100mm/min。安装试样前先在试样上进行标注（图 4-16），标记直线 ab 和 cd，使这两条直线与试样中线成 55°夹角。安装试样时，将试样夹住夹钳中心，沿着夹钳端线使直线 ab 和 cd 刚好可见，并使试样两翼相同表面向同一方向，示意图如图 4-17 所示。

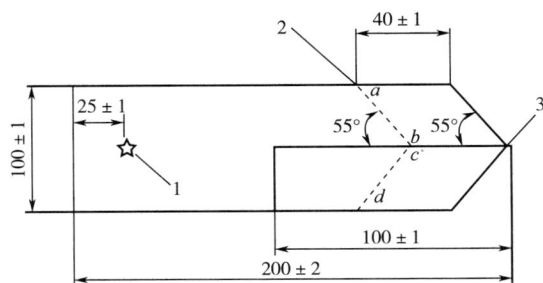

图 4-16　翼形试样形状和尺寸示意图

1—撕裂长度终点标记　2—夹持标记　3—切口

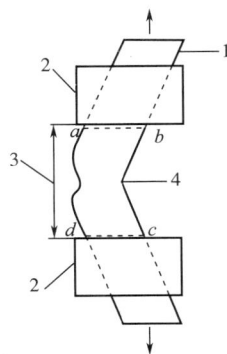

图 4-17　翼形试样夹持的示意图

1—测试试样　2—夹钳

3—隔距长度 100mm　4—撕裂点

夹持好试样后，启动仪器，将试样持续撕破至试样的终点标记处，并记录撕裂强力，单位为 N。

（3）结果的计算和表示

试验结果的计算和表示与双舌法相同。

> **思考与练习题**

码 4-20　参考答案 4.3 节

一、思考题

1. 采用摆锤冲击法检测织物撕破强力时，为什么要阻止摆锤回摆？

2. 什么是宽幅的裤形试样，在什么情况下采用？

二、练习题

1. 摆锤冲击法中试样的短边平行于_____，那这个试样测试的是纬向纱线的撕破强力；单舌法中试样的长边平行于经向的试样为_____撕裂试样。

2. 梯形法检测织物撕破强力时，隔距长度设定为_____；试验结果的有效值只限于从夹钳起始距离到夹钳位移达到_____前对应的撕裂力值。当夹钳位移超过这两个点的限定区间，视为无效结果。

4.4　纺织品耐磨性的检测

☞ **知识目标**

1. 了解纺织品耐磨性能检测的相关标准

2. 掌握试样破损测定、质量损伤测定和外观变化评定的原理和方法

☞ **能力目标**

能按照标准采用不同的测试方法独立完成纺织品耐磨性的测试

☞ **素养目标**

1. 能正确地对纺织品耐磨性能的结果进行处理和评价

2. 能规范地操作相关检测设备

【**信息导入**】

新闻链接：48 款毛绒玩具，22 款检出可迁移元素

信息来源：中国消费者报微信公众号　发布日期：2021 年 3 月 22 日

毛绒玩具掉毛问题也受到消费者普遍关心。本次比较试验参照 GB/T 21196—2007《纺织品　马丁代尔法织物耐磨性的测定　第 3 部分：质量损失的测定》对毛绒玩具进行测试。试验结果显示，毛绒玩具均有脱毛情况出现，不同的毛绒玩具脱毛率存在较大差异，脱毛

率最低为 0.5%、最高 24.0%。

【新知讲授】

织物的磨损指的是织物之间或与其他物质之间反复摩擦，织物逐渐出现磨损破损的现象。因此，用耐磨性来定义和量化织物被磨损的程度，以此来表征织物内在质量的高低。织物的耐磨性能好，说明织物被反复利用率较高，是纺织品质量的一个重要指标。

不同用途的纺织产品对耐磨性能的要求不一致，检测的方法和要求也不同。检测织物耐磨性的方法包括平磨、曲磨、翻动等，其中最常用的是平磨。常见的有马丁代尔法（ISO 12947）、威森贝克法、泰伯磨损试验等。我国常见的织物耐磨性能的标准有 GB/T 21196.2—2007《纺织品 马丁代尔法织物耐磨性的测定 第 2 部分：试样破损的测定》、GB/T 21196.3—2007《纺织品 马丁代尔法织物耐磨性的测定 第 3 部分：质量损失的测定》以及 GB/T 21196.4—2007《纺织品 马丁代尔法织物耐磨性的测定 第 4 部分：外观变化的评定》。

4.4.1 试样破损的测定

GB/T 21196.2—2007 规定了以试样破损为试验终点的耐磨性能测试方法，该标准测试方法适用于所有纺织织物，包括非织造布和涂层织物，但不适用于磨损寿命较短的织物。

（1）试验原理

安装在马丁代尔耐磨试验仪试样夹具内的圆形试样，在规定的负荷下，以轨迹为李莎茹图形（图 3-10）的平面运动与磨料（即标准织物）进行摩擦，试样夹具可绕其与水平面垂直的轴自由转动。根据试样破损的总摩擦次数，确定织物的耐磨性能。

样品在试验前应按照 GB/T 6529 规定的三级标准大气进行调湿。试验过程在标准大气条件下进行，适用的试验仪器和辅助材料应符合 GB/T 21196.1—2009《纺织品 马丁代尔织物耐磨性的测定 第 1 部分：马丁代尔耐磨试验仪》的规定。

（2）试验步骤

①试样剪取。按照取样原则在调湿过的样品上进行取样。样品最好选取织物的全幅宽作为实验室样品，对于有图案的样品，至少包含两个完整的重复图案，并注明试样的正面即磨损面。试样一般至少取三块。试样通常为直径为 38.0~38.5mm 的圆形试样。如果是提花或花式组织的织物，在取样时要注意包含图案各部分的所有特征。

如样品是弹性织物，试样尺寸为 $60 \times 60 \text{mm}^2$ 的正方形，试样边平行于针迹或纱线。

②辅助材料的准备。试样夹具内的泡沫塑料衬垫的尺寸与试样的尺寸相同，但磨料的直径至少为 140mm，能覆盖磨台上的毛毡，并能用夹持环固定。如果选择机织羊毛毡底衬，磨料的直径则为 140~145mm 之间。

③操作步骤。将试样夹具压紧螺母（图4-18）放在仪器台的安装装置上，试样摩擦面朝下，居中放在压紧螺母内。如果试样的克重小于500g/m²时，应将泡沫塑料衬垫放在试样上。安装过程中，注意不要出现织物变形情况。将试样夹具嵌块（图4-19）放在压紧螺母内，再将试样夹具套放上后拧紧，保持组件对安装装置有连续向下的压力。通过目视检查，确认试样位于试样夹具的中心，且看不到试样的切割边缘。如果在试样夹具中发现切割边缘，则取出试样并重新安装。该方法规定三种摩擦负荷参数，一是（795±7）g（名义压力为12kPa），适用于工作服、家具装饰布、床上亚麻制品、产业用织物等；二是（595±7）g（名义压力为9kPa），适用于服用和家用纺织品（不含家具装饰布和床上亚麻制品）以及服用类的涂层织物；三是（198±2）g（名义压力为3kPa），仅适用于磨料为水砂纸的涂层织物。

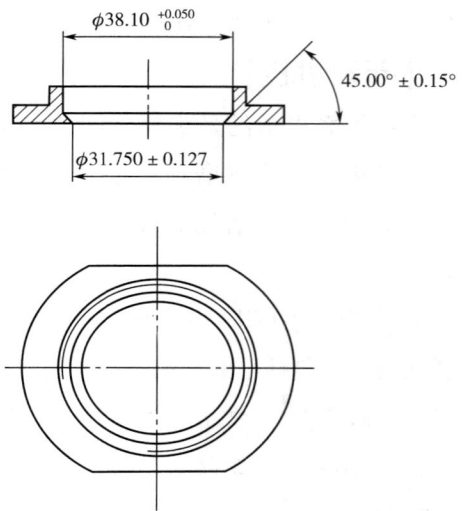

图4-18 试样夹具压紧螺母

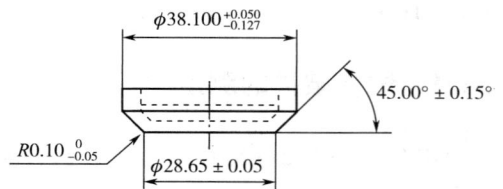

图4-19 试样夹具嵌块

安装好试样后，移开试样夹具导板，将毛毡放在磨台上，再把磨料正面朝上放在毛毡上。放置磨料时，要使磨料织物的经纬向纱线平行于仪器台的边缘。将质量为（2.5±0.5）kg、直径为（120±10）mm的重锤压在磨台上的毛毡和磨料上面，确保毛毡和磨料放置在磨台的中心位置，在使用重锤压时保持中心位置不变，拧紧夹持环以固定毛毡和磨料，取下加压重锤。通过目测检查，确认磨料位于磨台的中心位置，并确保在夹持环区域内看不到磨料的切边，否则应取下试样并重新安装。

安装好试样和辅助材料后，将试样夹具导板放在适当的位置，准确地将试样夹具及销轴放在相应的工作台上，将耐磨试验规定的加载块放在每个试样夹具的销轴上。

启动仪器，对试样进行连续地摩擦。一般来说，试验时会预设耐磨次数和检查间隔（表4-2）。除要求在不同的时间间隔进行评估，若需要，应按照GB/T 250评估6000次摩擦后的颜色变化。每次测试间隔后，从仪器上小心取下装有试样的试样夹具，不要损伤或弄歪纱线，轻轻地去除试样和磨料表面松散的纤维或碎片，检查整个试样摩擦面内的破损迹象（表4-3）。如果还未出现破损，将试样夹具重新放在仪器上，开始进行下一个检查间隔的试验和评定，直到观察到试样破损。最后使用放大装置或样板检查试样。

表 4-2　磨损测评的检查间隔

间隔步骤	评估间隔/次
每间隔 100 次 达到 1000 次	100-200-300-400-500-600-700-800-900-1000
每间隔 1000 次 达到 6000 次	1000-2000-3000-4000-5000-6000
每间隔 2000 次 从 6001 到 20000 次	8000-10000-12000-16000-18000-20000
每间隔 5000 次 从 20001 到 50000 次	25000-30000-35000-40000-45000-50000
每间隔 10000 次 超过 50001 次	60000-⋯（每增加 10000 次）

注　（1）评估间隔经相关方同意，可采用其他间隔步骤，并应予报告，此表中给出的间隔步骤随着耐磨性的增加而加宽。根据相关方协议，可使用减少的间隔步骤到达终点。
（2）对于采用水砂纸为磨料的涂层织物，采用间隔步骤 100 次到达 1000 次，对于其他织物可直接从间隔 1000 次开始试验。

表 4-3　试样破损

织物类型	破损点（终点）	
	纱线断裂条件	磨损面积条件
机织物（无绒毛）	两根独立纱线完全断裂	不适用
针织物（无绒毛）	一根独立纱线完全断裂	不适用
割绒织物 雪尼尔纱制成的织物 毛圈织物	一根独立纱线完全断裂（针织物） 两个独立纱线完全断裂（机织物）	完全磨损
拉绒织物	一根独立纱线完全断裂（针织物） 两个独立纱线完全断裂（机织物）	不适用
植绒织物	不适用	完全磨损
非织造物	织物破洞	
涂层织物	涂层破损	

注　（1）经相关方同意，可代替试样破损点条件，并应予以报告。
（2）织物破洞的直径至少为 2.5mm，表面层出现孔洞而磨损，并通过样板可看到具有不同外观的层或底布。
（3）涂层部分被破坏至露出基布或有片状涂层脱落，露出基布面积不小于 $4.9mm^2$，可通过样板观察到具有不同外观的层或底布。片状涂层脱落面积超过外露面积的 3/4。

如果有必要，小心使用缝衣针检查纱线或线圈是否完全断裂，不应拔出或以其他方式破坏纱线，不应去除试样表面的毛球或其他纤维聚集物。观察并评估外观变化，如绒面部分磨损、绒毛脱落、短纤脱落、纱线部分断裂（露出未损坏的纤维或长丝，如弹性纤维）、线圈断裂、绒毛丢失、光滑或颜色显著变化等。当外观出现这些变化时，记录变化发生的性质和摩擦次数，并在报告中注明。

如果试样仍安装在试样夹具中，难以检查织物表面，需小心地将试样从试样夹具上取下，注意避免出现任何磨损或拆线现象。然后将试样置于背光表面上进行检查，以便识别织物上的纱线是否断裂或织物是否变薄。若将试样置于背光表面上进行检查，应在报告中注明。

如果摩擦次数超过50000次，每达到50000次应中断试验以更换磨料。此时要非常小心地从仪器上取下装有试样的试样夹具，以避免损坏。更换新的磨料后继续磨损试验直至所有试样达到指定的终点或破损。

（3）结果计算与表示

单个测试结果表示为试样破损前累积的摩擦次数，即试样破损前的检验间隔上限。如果测试止于100000次，则可表示为"耐磨性≥100000次"。试验可以在预先设定的最大摩擦次数停止，或在未达到终点时停止摩擦。结果应报告为"耐磨性≥100000次，但未达到终点"。如果相关方协议了最大摩擦次数，应在报告中注明，结果应报告为"耐磨性≥N次（此次的N指的是协议中约定的最大摩擦次数），但未达到终点"。

观察到试样破损时，记录试样破损前累计的摩擦次数作为每个试样的测试结果，即试样破损前的检验间隔上限，如在25000次摩擦后观察到破损，记录20000次摩擦作为破损前的最后一次检验间隔。

最终以各试样测试结果的最低值作为试验结果。

（4）注意事项

每次试验需要更换新磨料。不同磨料的更换标准不同，如羊毛标准磨料摩擦次数超过50000次，需每50000次更换一次磨料；水砂纸标准磨料摩擦次数超过6000次，需每6000次更换一次磨料。若是摩擦次数超过磨料的有效寿命，每到有效寿命的临界次数，应及时中断摩擦来更换新磨料。

每次磨损试验后，检查毛毡上的污点和磨损情况。如果有污点或可见磨损，就需要更换毛毡。毛毡发生变色≤3级（按照GB/T 250中评定变色用灰色样卡），则应更换毛毡。如果毛毡的质量和/或厚度发生变化，不再符合GB/T 21196.1—2007中表2的要求时，也应更换毛毡。值得注意的是毛毡的两面都可以使用。在测试前，每批毛毡应按照实验室的内部校准程序进行检查。毛毡的一面使用次数超过500000次，应更换使用另一面。同样的，对使用泡沫塑料的磨损试验，每次试验都要使用一块新的泡沫塑料。

4.4.2 质量损失的测定

标准GB/T 21196.3—2007规定了以试样的质量损失来确定织物耐磨性的测试方法，该标准适用于所有纺织织物，包括非织造布和涂层织物，但不适用于特别指出磨损寿命较短的织物。

（1）试验原理

安装在马丁代尔耐磨试验仪试样夹具内的圆形试样，在规定的摩擦负荷下，作轨迹为李莎茹图形（图 3-10）的平面运动与标准磨料进行摩擦，试样夹具可绕其与水平面垂直的轴自由转动。在试验过程中间隔称取试样的质量，根据试样的质量损失确定织物的耐磨性能。

（2）试验步骤

该试验方法的调湿和试验条件、试样尺寸、辅助材料的准备、试样和磨料的安装、注意事项等都与 GB/T 21196.2—2007 一样。

用精度为千分之一的电子天平称量装有试样的夹具。之后根据试样预计的摩擦次数，按给定的相关试验系列（表 4-4），预先选择摩擦次数，再启动耐磨试验仪。

测试结束后，从试样上取下加载块后，再小心地从仪器上取下试样夹具，检查试样表面，如出现起毛起球、起皱、起绒织物掉绒等异常现象，应舍弃该试样。如果所有试样均出现这种异常变化，应停止试验。如果只是个别试样有异常，应重新取试样试验，直至达到要求的试样数量。

表 4-4　质量损失试验间隔

试验系列	预计试样破损时的摩擦次数	在以下摩擦次数时测定质量损失
a	≤1000	100，250，500，750，1000，（1250）
b	>1000 且≤5000	500，750，1000，2500，5000，（7500）
c	>5000 且≤10000	1000，2500，5000，7500，10000，（15000）
d	>10000 且≤25000	5000，7500，10000，15000，25000，（40000）
e	>25000 且≤50000	10000，15000，25000，40000，50000，（75000）
f	>50000 且≤100000	10000，25000，50000，75000，1000000，（125000）
g	>100000	25000，50000，75000，1000000，（125000）

注　括号内的值应经有关双方同意。

从仪器上取下试样夹具时，用软刷除去两面的磨损材料，如纤维碎屑等。切记不要用手触摸试样。在称量每个试样组件的质量时，同样用精度为千分之一的电子天平，将其质量精确至 1mg。

（3）结果表示

根据每一个试样在测试前后的质量差异，求出其质量损失。计算相同摩擦次数下各个试样的质量损失平均值，修约至整数。如果需要，计算平均值的置信区间、标准偏差和变异系数，修约至小数点后一位。按规定的摩擦次数完成试验后（表 4-3），各摩擦次数对应的平均质量损失作图，根据式（4-1）计算耐磨指数。

$$A_i = n/\Delta m \tag{4-1}$$

式中：A_i——耐磨指数，次/mg；

n——总摩擦次数，次；

Δm——试样在总摩擦次数下的质量损失，mg。

如果需要，按 GB/T 250 评定试样摩擦区域的变色。

4.4.3 外观变化的评定

标准 GB/T 21196.4—2007 规定了以试样的外观变化来确定织物耐磨性的测试方法，适用于磨损寿命较短的纺织织物，包括非织造布和涂层织物。

（1）试验原理

该方法试验原理与标准 GB/T 21196.3—2007 相同，测试后根据试样外观的变化确定织物的耐磨性能。

在试样夹具及销轴的质量为（198±2）g 的负荷下进行试验。采用以下任一方法，与同一织物的未测试试样进行比较，评定试样的表面变化。

①进行摩擦试验至协议的表面变化，确定达到规定表面变化所需的总摩擦次数，即耐磨次数；

②以协议的摩擦次数进行摩擦试验，评定所发生的表面变化程度。

（2）试验步骤

①试样的安装。前期准备工作与 GB/T 21196.2—2007 无异。开始测试前，移开试样夹具导板，将毛毡放在磨台上，再把试样测试面朝上放在毛毡上。之后将质量为（2.5±0.5）kg、直径为（120±10）mm 的重锤压在磨台上的毛毡和试样上面，拧紧夹持环，固定毛毡和试样后取下加压重锤。

②磨料的安装。首先，将试样夹具压紧螺母放在仪器台的安装装置上，磨料摩擦面朝下，小心且居中地放在压紧螺母内。其次，将泡沫塑料放在磨料上，试样夹具嵌块放在压紧螺母内。最后，将试样夹具套上后拧紧。

每次测试需更换新磨料和泡沫塑料。每次磨损试验后，检查毛毡上的污点和磨损情况。如果有污点或可见磨损，要更换毛毡。需注意毛毡的两面是都可以使用的。

③测试。试样和辅助材料安装好后，将试样夹具导板放在适当的位置，准确地将试样夹具及销轴放在相应的工作台上。根据表 4-5 中所列的检查间隔，设定摩擦次数。

表 4-5　表面外观试验的检查间隔

试验系列	达到规定的表面外观期望的摩擦次数	检查间隔（摩擦次数）
a	≤48	16，以后为 8
b	>48 且 ≤200	48，以后为 16
c	>200	100，以后为 50

启动耐磨试验仪，连续进行磨损试验，直至达到预设的摩擦次数。其间，需在每个检查间隔评定试样的外观变化。要注意的是，评定外观时应小心地取下装有磨料的试验夹具。

如果还未达到规定的表面变化，要重新安装试样和试样夹具并继续试验，直至下一个检查间隔，最终使试样达到规定的表面状况。试验过程中要保证试样和试样夹具放在取下前的原位置。

（3）外观评定

试验中要分别记录每个试样的结果，以还未达到规定的表面变化时的总摩擦次数作为试验结果，即耐磨次数。由于不同织物的表面情况可能不同，在试验前应就观察条件和表面外观达成协议，并在试验报告中记录。

评定时应详细记录试样摩擦区域表面变化状况，如试样表面的变色、起毛、起球等。

（4）结果表示

记录每一个试样达到规定的表面变化时的摩擦次数，计算平均值。或是评定经协议确定的摩擦次数后试样外观变化。

➤思考与练习题

练习题

1. ＿＿＿＿＿＿＿＿＿＿＿适用于磨损寿命短的织物。

码 4-21　参考答案 4.4 节

2. 羊毛标准磨料摩擦次数每＿＿＿＿＿＿＿＿＿＿＿次更换一次磨料，水砂纸标准磨料摩擦次数每＿＿＿＿＿＿＿＿＿＿＿次更换一次磨料。

3. 机织物中至少＿＿＿＿＿＿＿＿＿＿＿根独立的纱线完全断裂视为破损；针织物是中＿＿＿＿＿＿＿＿＿＿＿根纱线断裂造成外观上的一个破洞视为破损；如果是起绒或割绒织物则表面绒毛被磨损至露底或有＿＿＿＿＿＿＿＿＿＿＿视为破损；非织造布是以摩擦后布面上出现直径至少为＿＿＿＿＿＿＿＿＿＿＿的孔洞视为破损；而对于涂层织物则是以涂层部分被破坏至露出基布或有片状涂层脱落视为破损。

➤本章小结

本章主要介绍根据不同测试方法的标准来检测织物的物理力学性质，如拉伸断裂强力、顶破强力、断裂强力等内在质量指标。通过检测获取的结果表征织物相关性能的高低好坏。随着自动化测试系统的发展，以及近年来数字成像技术的出现，目前检测技术已经能更好地分析织物在受外力发生变形时的一系列过程，为纺织品制造商提供宝贵的科学意见。虽然检测技术取得了重大进步，但测试结果的变异性仍然是一个不能忽视的问题，需要必要的质量保障措施来确保结果的可靠性。

【知识拓展】

织物的纰裂俗称纰纱，是织物局部经纱或纬纱发生移动的一种现象。一般发生在织造或编织较稀松的织物上，主要是织物局部受力不均匀而引起的。织物紧度较小时，受到外力作用的纱线在织物中容易发生滑移。在纬向张力作用下，经纱沿着纬向滑移，称为纬纰裂；在经向张力作用下，纬纱沿着经向滑移，称为经纰裂。织物受到不同的施加外力，还会产生捏拉纰裂、缝迹纰裂、摩擦纰裂和钩裂等。织物产生纰裂的原因很多，主要是织物组织结构和染整加工过程的影响。

○ **第5章**
常规化学性能检测

码 5-1　本章 PPT

【思维导图】

```
                                              ┌──────────────┐
                                              │   手感目测法   │
                                              ├──────────────┤
                                              │    燃烧法     │
                        ┌──────────────┐      ├──────────────┤      ┌────────────────┐
                        │ 纤维组成的定性检测 │──────│   显微镜法    │      │  含氯含氮呈色反应法  │
                        │              │      ├──────────────┤      ├────────────────┤
                        │              │      │    溶解法     │      │     熔点法      │
                        │              │      ├──────────────┤      ├────────────────┤
                        │              │      │ 其他纺织纤维鉴别方法 │──────│    密度梯度法    │
                        │              │      └──────────────┘      ├────────────────┤
  ┌──────────────┐      │              │                            │    红外光谱法    │
  │  常规化学性能检测  │──────┤              │                            ├────────────────┤
  └──────────────┘      │              │                            │  裂解气相色谱—质谱法 │
                        │              │                            └────────────────┘
                        │              │
                        ├──────────────┤      ┌──────────────┐      ┌────────────────┐
                        │ 纤维组成的定量检测 │──────│   双组分定量分析  │──────│ 某些纤维素纤维与其他 │
                        │              │      └──────────────┘      │纤维的定量分析(硫酸法) │
                        │              │                            └────────────────┘
                        │              │      ┌──────────────┐
                        │ 纺织品致敏性染料的检测│──────│ 纺织品致敏性分散染料 │
                        │              │      │    的检测     │
                        │              │      ├──────────────┤
                        │              │      │ 纺织品分散黄23和分散橙│
                        │              │      │ 149染料的检测   │
                        └──────────────┘      └──────────────┘
```

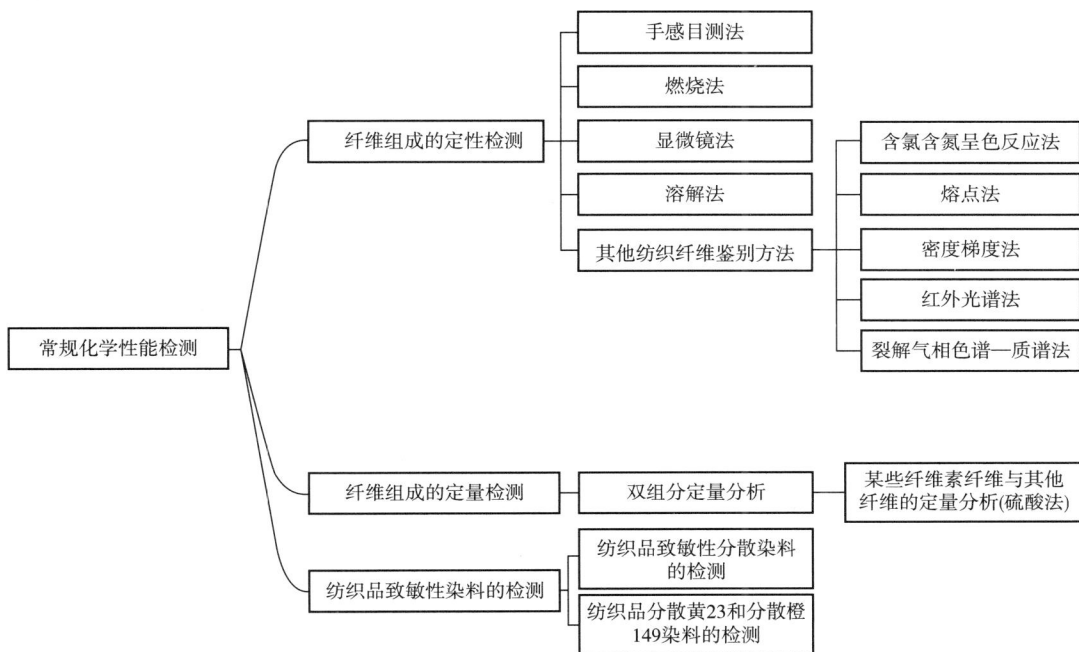

5.1　纤维组成的定性检测

码 5-2　实训单 5.1 节

☞ **知识目标**

1. 理解纤维定性检测的目的

2. 了解纤维定性检测的方法

3. 掌握手感目测法、燃烧法、显微镜法和溶解法检测纤维成分的原理和方法

☞ **能力目标**

1. 能按照相关标准应用手感目测法、燃烧法、显微镜法和溶解法等准确地鉴别纤维成分

2. 能运用系统鉴别法快速准确地鉴别纤维成分

☞ **素养目标**

1. 能规范地使用化学药剂和明火

103

2. 能规范地操作相关检测设备

☞ **思政目标**

1. 培养学生诚信为本的商贸价值观

2. 引导学生在生产加工过程中坚守货真价实的底线原则

【信息导入】

新闻链接："棉 100%" 不能含糊

信息来源：中国质量新闻网　发布日期：2008 年 9 月 12 日

2008 年 4 月，某公司接到一位客户的投诉电话，称他们购买的标称"棉 100%"全棉的帆布产品中居然掺杂着涤纶，经染色后出现色差斑点，致使他们蒙受了巨大的经济损失，他们要求该公司承担全部责任，并赔偿他们的经济损失。

【新知讲授】

对于产品设计方而言，不同的纤维成分组成对成品的加工、手感、性能、风格和成本有决定性的影响；对于消费者而言，通过纺织品的纤维成分组成可以初步判断出其穿着的舒适性、功能性和性价比等；对于检验检疫部门，对纺织品进行纤维成分的检测，可以监督防止假冒伪劣产品流向市场，损害消费者权益。所以，购买纺织品时，纺织品上的成分标签就非常重要。

纤维定性检测就是鉴别纺织纤维成分，根据各种纺织纤维特有的物理、化学等性能，采用不同的分析方法对样品进行测试。通过对照标准照片、标准谱图及标准资料来鉴别未知纤维的类别。目前我国纺织纤维鉴别试验方法的行业标准是 FZ/T 01057，包含九个部分，分别是通用说明、燃烧法、显微镜法、溶解法、含氯含氮呈色反应、熔点法、密度梯度法、红外光谱法和双折射率法。2023 年又发布了 FZ/T 01057.10 的《纺织纤维鉴别试验方法　第 10 部分：近红外光谱法》以及 FZ/T 01057.11 的《纺织纤维鉴别试验方法　第 11 部分：裂解气相色谱法》。

纤维鉴别时，应选取具有代表性的试样。对于某些色织或提花织物，试样的大小应至少为一个完整的循环图案或组织。如果发现试样存在不均匀性，则应按每个不同的部分逐一取样。如果试样上附着有整理剂、涂层、染料等可能掩盖纤维的特征的物质，会干扰鉴别结果的准确性，应该用适当的溶剂和方法将其除去。但采用的处理方法和使用的溶剂不得损伤纤维或使纤维的性质发生改变。

5.1.1　手感目测法

纤维成分的定性分析方法有很多，手感目测法是其中最直接的方法之一。它主要是借助人的五感来对纤维进行感受、识别和判断，是一种主观性相对较强的检测方法。该方法主要是用眼观察纤维的长度、细度、颜色、光泽以及是否有卷曲等；用手去感受纤维是否发涩、柔软、丝滑，或者有弹性等；还有些特殊情况的可以用听觉去感受，如真丝有"丝鸣"现象等。

（1）纤维长度

手感目测法主要是利用各类纤维突出的特征来辨别，比如天然纤维中仅有真丝是长丝。因此在检测纤维时，观察到是长丝，则可以排除棉、麻、毛等短纤维。

（2）纤维色泽

纤维色泽主要观察纤维的光亮度和颜色。有的纤维光泽感差，较暗淡，如棉纤维和麻纤维；有的纤维光泽感较强，如人造丝。但真丝也有光泽，其光泽相较于人造丝就更加内敛含蓄。

（3）纤维手感

一般来说，化学纤维的手感较涩，天然纤维的手感相对柔软。但同样作为天然纤维，麻纤维就不如棉纤维柔软，而棉纤维手感又不如毛纤维温润。毛纤维相较于棉纤维、麻纤维更具弹性，但跟氨纶的弹性相比，就显得不值一提。

手感目测法因不需要借助其他仪器、药剂等外物，就可以直接通过检测人员的观察、感受和经验来进行初步判断，所以是一种常用的、对纺织散纤维进行成分检测的方法。但纺织品以成品或半成品呈现时，因经过各种加工，有些显而易见的特征被掩盖，再加上现今仿真纤维技术的高度发达，如仿真丝、仿棉、仿毛等纺织品工艺和质量均能达到以"假"乱"真"程度，给用手感目测法检测纤维成分的试验人员带来很大的迷惑性。

5.1.2　燃烧法

燃烧法的原理是根据纺织纤维靠近火焰、接触火焰和离开火焰时的状态及燃烧时产生的气味和燃烧后残留物特征来鉴别纤维类别。我国目前常用的方法标准是行标 FZ/T 01057.2—2007《纺织纤维鉴别试验方法　第 2 部分：燃烧法》，这个方法适用于各种纺织纤维的初步鉴别，但不适用于经过阻燃整理的纤维。

燃烧法的操作并不复杂，首先从样品上取少许试样，用镊子夹住，缓慢靠近火焰，观察纤维对热的反应情况；之后将试样移入火焰中，使其充分燃烧，观察纤维在火焰中的燃烧情况；然后将试样撤离火焰，观察纤维离火后的燃烧状态以及试样火焰熄灭时散发出的气味；最后还要观察并用手轻捻试样冷却后的残留物，感受残留物的状态。以上每一个步骤产生的现象都应详细记录。

根据试样在每一个过程中呈现的状态（表 5-1）来分辨出所测纤维的类别。

表 5-1　各种纤维燃烧状态的描述

纤维种类	燃烧状态			燃烧时的气味	残留物特征
	靠近火焰时	接触火焰时	离开火焰时		
棉	不熔不缩	立即燃烧	迅速燃烧	纸燃味	呈细而软的灰黑絮状
麻	不熔不缩	立即燃烧	迅速燃烧	纸燃味	呈细而软的灰黑絮状
蚕丝	熔融卷曲	卷曲、熔融、燃烧	略带闪光，燃烧有时自灭	烧毛发味	呈松而脆的黑色颗粒

纤维种类	燃烧状态			燃烧时的气味	残留物特征
	靠近火焰时	接触火焰时	离开火焰时		
动物毛绒	熔融卷曲	卷曲、熔融、燃烧	燃烧缓慢，有时自灭	烧毛发味	呈松而脆的黑色焦炭状
竹纤维、莱赛尔纤维、莫代尔纤维	不熔不缩	立即燃烧	迅速燃烧	纸燃味	呈细而软的灰黑絮状
黏纤、铜氨纤维	不熔不缩	立即燃烧	迅速燃烧	纸燃味	呈少许灰白色灰烬
醋酯纤维	熔缩	熔融燃烧	熔融燃烧	醋味	呈硬而脆不规则黑块
大豆蛋白质纤维	熔缩	缓慢燃烧	继续燃烧	特异气味	呈黑色焦炭状硬块
牛奶蛋白改性聚丙烯腈纤维	熔缩	缓慢燃烧	继续燃烧，有时自灭	烧毛发味	呈黑色焦炭状、易碎
聚乳酸纤维	熔缩	缓慢燃烧	继续燃烧	特异气味	呈硬而黑的圆珠状
涤纶	熔缩	熔融燃烧，冒黑烟	继续燃烧，有时自灭	有甜味	呈硬而黑的圆珠状
腈纶	熔缩	熔融燃烧	继续燃烧，冒黑烟	辛辣味	呈黑色不规则小珠，易碎
锦纶	熔缩	熔融燃烧	自灭	氨基味	呈硬淡棕色透明圆珠状
维纶	熔缩	收缩燃烧	继续燃烧，冒黑烟	特有香味	呈不规则焦茶色硬块
氯纶	熔缩	熔融燃烧，冒黑烟	自灭	刺鼻气味	呈深棕色硬块
偏氯纶	熔缩	熔融燃烧，冒烟	自灭	刺鼻气味	呈松而脆的黑色焦炭状
氨纶	熔缩	熔融燃烧	开始燃烧后自灭	特异气味	呈白色胶状
芳纶 1414	不熔不缩	燃烧冒黑烟	自灭	特异气味	呈黑色絮状
乙纶	熔缩	熔融燃烧	熔融燃烧，液态下落	石蜡味	呈灰白色蜡片状
丙纶	熔缩	熔融燃烧	熔融燃烧，液态下落	石蜡味	呈灰白色蜡片状
聚苯乙烯纤维	熔缩	收缩燃烧	继续燃烧，冒黑烟	略有芳香味	呈黑而硬的小球状
碳纤维	不熔不缩	像烧铁丝一样发红	不燃烧	略有辛辣味	呈原有状态
金属纤维	不熔不缩	在火焰中燃烧并发光	自灭	无味	呈硬块状
石棉	不熔不缩	在火焰中发光，不燃烧	不燃烧，不变形	无味	不变形，纤维略变深
玻璃纤维	不熔不缩	变软，发红光	变硬，不燃烧	无味	变形，呈硬珠状
酚醛纤维	不熔不缩	像烧铁丝一样发红	不燃烧	稍有刺激性焦味	呈黑色絮状
聚砜酰胺纤维	不熔不缩	卷曲燃烧	自灭	带有浆料味	呈不规则硬而脆的粒状

表 5-1 虽列出了各常见纺织纤维种类燃烧时的形状特征，但都是纤维原料在未经化学染整等加工处理前燃烧时所表现出的特征。如果是纺织成品或半成品，可能受加工整理过程中各种因素的影响，各个纤维种类在燃烧时也都会有可能呈现出不完全同于上表所述的现象，从而影响判断。另外，如果是混纺材料，在燃烧时，更容易出现干扰现象。所以在使用燃烧法时，也未必能完全参照表 5-1 来做出判断。

5.1.3　显微镜法

显微镜法的原理是用显微镜观察未知纤维的纵面和横截面形态，对照纤维的标准照片和形态描述来鉴别未知纤维的类别。我国目前常用的方法标准是行标 FZ/T 01057.3—2007《纺织纤维鉴别试验方法　第 3 部分：显微镜法》，该方法适用于各种纺织纤维的鉴别。常用的试剂有无水乙醇、甘油、乙醚、液体石蜡、火棉胶等。

观察纤维纵面形态时，取适量纤维均匀平铺于载玻片上，加上一滴透明介质，盖上盖玻片，注意不要带入气泡。随后将其放在显微镜的载物台上，在放大 100~500 倍的条件下观察其形态，并与标准照片或资料对比。

观察纤维横截面形态时，可以使用哈氏切片器（图 5-1）或回转式切片机制作切片。本节内容介绍使用哈氏切片器制作厚度为 10~30μm 纤维切片的方法。

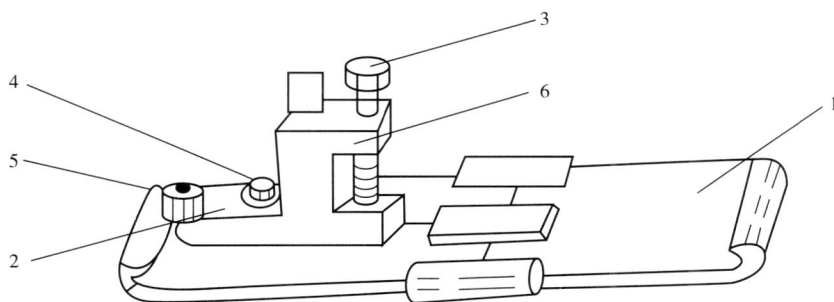

图 5-1　哈氏切片器的结构示意图
1—金属板凸舌　2—金属板凹槽　3—刻度螺丝　4—紧固螺丝　5—定位销　6—螺座

首先将哈氏切片器的紧固螺丝松开，拔出定位销，将螺座旋转到与金属板凹槽成垂直位置，抽出金属板凸舌。之后将准备观察的一小束纤维试样梳理整齐后，紧紧夹入哈氏切片器的凹槽中间，用锋利的刀片先切去露在外面的纤维，并装好上面的弹簧装置，旋紧螺丝。然后稍微转动刻度螺丝，将露出的纤维切去。再稍微旋一下螺丝，滴一小滴质量分数为 5% 的火胶棉溶液，待蒸发后，用刀片小心地切下切片备用。需要观察时，将切片置于载玻片上加入一滴透明介质后盖上盖玻片，放在显微镜下观察。

将常见纤维的横截面和纵面的形态特征汇总于表 5-2 中，几种常见的纺织纤维横截面和纵面形态结构示意图如图 5-2 所示。

表 5-2 常见纤维的横截面和纵面形态特征

纤维种类	横截面形态	纵面形态
棉	有中腔，呈不规则的腰圆形	扁平带状，稍有天然转曲
丝光棉	有中腔，近似圆形或不规则的腰圆形	近似圆柱状，有光泽和缝隙
苎麻	腰圆形，有中腔	纤维较粗，有长形条纹及竹状横节
亚麻	多边形，有中腔	纤维较细，有竹状横节
大麻	多边形，扁圆形，腰圆形等，有中腔	纤维直径及形态差异很大，横节不明显
罗布麻	多边形，腰圆形等	有光泽，横节不明显
桑蚕丝	三角形或多边形，角是圆的	有光泽，纤维直径及形态有差异
柞蚕丝	细长三角形	扁平带状，有微细条纹
羊毛	圆形或近似圆形，或椭圆形	表面粗糙，有鳞片
白羊绒	圆形或近似圆形	表面光滑，鳞片较薄且包覆较完整，鳞片间距较大
兔毛	腰圆形，近似圆形或不规则四边形，有髓腔	鳞片较小于纤维纵向呈倾斜状，髓腔有单列、双列、多列
羊驼毛	圆形或近似圆形，有髓腔	鳞片有光泽，有的有通体或间断髓腔
马海毛	圆形或近似圆形，有的有髓腔	鳞片较大有光泽，直径较粗，有的有斑痕
驼绒	圆形或近似圆形，有的有色斑	鳞片于纤维纵向呈倾斜状，有色斑
黏纤	锯齿形	表面平滑，有清晰条纹
莫代尔纤维	哑铃形	表面平滑，有沟槽
莱赛尔纤维	圆形或近似圆形	表面平滑，有光泽
铜氨纤维	圆形或近似圆形	表面平滑，有光泽
醋酯纤维	三叶形或不规则锯齿形	表面光滑，有沟槽
大豆蛋白纤维	腰子形或哑铃形	扁平带状，有沟槽和疤痕
牛奶蛋白改性聚丙烯腈纤维	圆形	表面光滑，有沟槽和/或微细条纹
聚乳酸纤维	圆形或近似圆形	表面平滑，有的有小黑点
涤纶	圆形或近似圆形及各种异形截面	表面平滑，有的有小黑点
腈纶	圆形，哑铃状或叶状	表面光滑，有沟槽和/或条纹
变性腈纶	不规则哑铃形、蚕茧形、土豆形等	表面有条纹
锦纶	圆形或近似圆形及各种异形截面	表面光滑，有小黑点
维纶	腰子形或哑铃形	扁平带状，有沟槽
氯纶	圆形、蚕茧形	表面平滑

纤维种类	横截面形态	纵面形态
偏氯纶	圆形或近似圆形及各种异形截面	表面平滑
氨纶	圆形或近似圆形	表面平滑，有些呈骨形条纹
芳纶 1414	圆形或近似圆形	表面平滑，有的带有疤痕
乙纶	圆形或近似圆形	表面平滑，有的带有疤痕
丙纶	圆形或近似圆形	表面平滑，有的带有疤痕
聚四氟乙烯纤维	长方形	表面平滑
碳纤维	不规则的炭末状	黑而匀的长杆状
金属纤维	不规则的长方形或圆形	边线不直，黑色长杆状
石棉	不均匀的灰黑糊状	粗细不匀
玻璃纤维	透明圆珠形	表面平滑、透明
酚醛纤维	马蹄形	表面有条纹，类似中腔
聚砜酰胺纤维	似土豆形	表面似树叶状

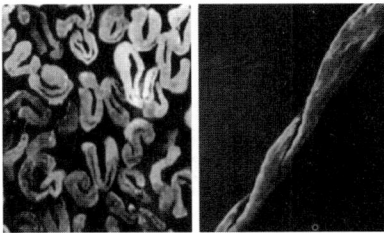

（a）棉纤维横截面和纵面形态结构

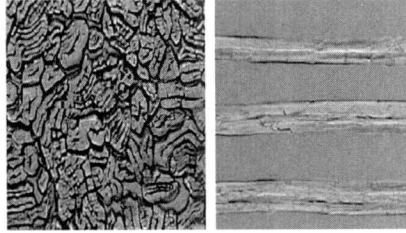

（b）苎麻纤维横截面和纵面形态结构

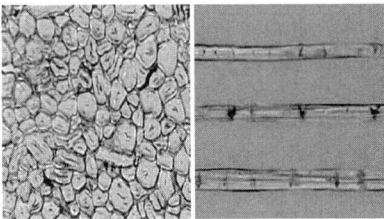

（c）亚麻纤维横截面和纵面形态结构

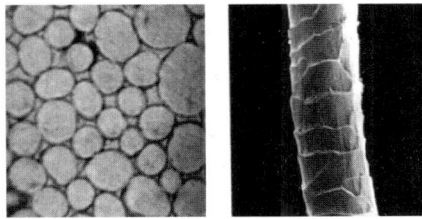

（d）羊毛纤维横截面和纵面形态结构

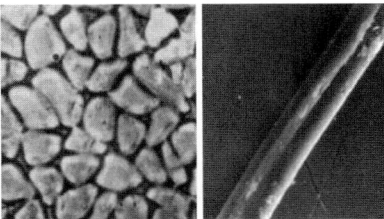

（e）桑蚕丝纤维横截面和纵面形态结构

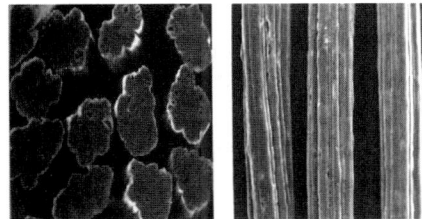

（f）黏胶纤维横截面和纵面形态结构

5.1.4　溶解法

目前我国常用的溶解法方法标准是行标 FZ/T 01057.4—2007《纺织纤维鉴别试验方法　第 4 部分：溶解法》，其试验原理是利用纺织纤维在不同温度下的不同化学试剂中的溶解特性来鉴别纤维。检测时，将少量纤维试样置于试管或小烧杯中，注入适量溶剂或溶液，试样和试剂的用量比至少为 1∶50，在常温下摇动 5min，观察纤维的溶解情况。对于有些在常温下难于溶解的纤维，需做加温沸腾试验，将装有试样和溶剂或溶液的试管或小烧杯加热至沸腾并保持 3min，观察纤维的溶解情况。在使用如乙酸乙酯、二甲亚砜等易燃性溶剂时，为防止溶剂燃烧或爆炸，须将试样和溶剂放入小烧杯中，在封闭电炉上加热，并于通风橱内进行试验。

溶解法的操作程序并不复杂，但因涉及较多化学溶剂，有高浓度、高温加热、强酸、强碱等各种不同溶剂或溶液，故在操作过程中，要严格遵守操作规程，必要情况下，应在通风橱内进行，并佩戴好防酸或防碱手套、护目镜等，做好防护措施。

不同纤维在不同浓度、不同温度的溶剂或溶液下，溶解状态不一样（表 5-3）。使用溶解法时，每个试样取样两份进行试验。如果溶解结果差异显著，应重新试验。

通常情况下，鉴别纺织纤维时会先采用显微镜法将待测纤维进行天然纤维和合成纤维的一个大致分类。然后用溶解法或其他方法进行进一步确认后，再最终确定未知纤维的种类。

5.1.5　其他纺织纤维鉴别方法

5.1.5.1　含氯含氮呈色反应法

含氯含氮呈色反应法是一种适用于鉴别纺织纤维中是否含有氯、氮元素，以便将纤维进行粗分类的方法。目前我国采用的方法标准是行标 FZ/T 01057.5—2007《纺织纤维鉴别试验方法　第 5 部分：含氯含氮呈色反应法》，其原理是含有氯、氮元素的纤维用火焰、酸碱法检测，会呈现特定的呈色反应。

试验的方法分为含氯试验和含氮试验。取干净的铜丝，含氯试验具体操作是用细砂纸将表面的氧化层除去，将铜丝在火焰中烧红立即与试样接触，然后将铜丝移至火焰中，观察火焰是否呈绿色，如含氯就会呈现绿色的火焰。含氮试验具体操作是将少量切碎的纤维放入试管中，并用适量碳酸钠覆盖，在酒精灯上加热试管，试管口放上红色石蕊试纸。如果红色石蕊试纸变蓝色，说明有氮元素存在。

表 5-3　常用纺织纤维的溶解性能

溶剂/溶液	温度	棉	麻	蚕丝	动物毛绒	黏纤	莱赛尔纤维	莫代尔纤维	铜氨纤维	醋酯纤维	三醋酯纤维	涤纶	腈纶	锦纶6	锦纶66	氨纶	维纶	氯纶	丙纶	芳纶	碳纤维
95%~98% 硫酸	24~30℃	S	S	S	I	S_0	S_0	S_0	S_0	S_0	S_0	S	S	S	S_0	S	S	I	I	P	I
	煮沸	S_0	S_0	S_0	S_0	S_0	S_0	S_0	S_0	S_0	S_0	S_0	S_0	S_0	S_0	S_0	S_0	I	□	S	I
70% 硫酸	24~30℃	S	S	S_0	I	S	S	S	S_0	S_0	S_0	I	S	S	S_0	S	S	I	I	I	I
	煮沸	S_0	P	S	S_0	P	S_0	S_0	S_0	S_0	S_0	P	S_0	S_0	S_0	S_0	S_0	I	□	I	I
60% 硫酸	24~30℃	I	P	S	I	P	P	S_0	S_0	S_0	S_0	I	S_0	S	S_0	S	S	I	□	I	I
	煮沸	S	S_0	I	S_0	S_0	S	S	I	S_0	S_0	I	S_0	S_0	S_0	S_0	S_0	I	I	I	I
40% 硫酸	24~30℃	I	I	I	I	I	I	I	S_0	S_0	I	I	I	S_0	S_0	P	P	I	I	I	I
	煮沸	P	P	P	S	S_0	P	P	S_0	S_0	P	I	S_0	S	S	S	S_0	I	I	I	I
36%~38% 盐酸	24~30℃	P	I	S	P	S_0	S_0	S_0	S_0	S_0	S_0	I	I	S_0	S_0	S_0	I	I	I	I	I
	煮沸	I	P	S	S_0	S_0	S_0	S_0	S_0	S_0	P	I	S_0	S	S_0	S	S	I	I	I	I
15% 盐酸	24~30℃	I	I	S	S	I	I	I	I	I	I	I	I	I	I	I	I	I	I	I	I
1mol/L 次氯酸钠	24~30℃	I	I	S	S	I	P	P	P	I	I	I	I	I	I	I	P	I	I	I	I
	煮沸	P	P	S_0	S_0	S_0	S_0	S_0	S_0	S_0	S_0	I	S_0	S_0	S_0	S_0	S_0	I	I	I	I
5% 氢氧化钠	24~30℃	I	I	S	S	I	I	I	I	P	I	I	I	I	I	I	I	I	I	I	I
	煮沸	S	S_0	I	S_0	S_0	S_0	S_0	S_0	S_0	P	I	I	S_0	S_0	I	S_0	I	I	I	I
65%~68% 硝酸	24~30℃	P	I	S	S	S_0	S_0	S_0	S_0	S_0	S_0	I	S	S_0	S_0	S_0	S_0	I	I	I	I
	煮沸	S_0	P	S_0	S_0	S_0	S_0	S_0	S_0	S_0	S_0	I	S_0	S_0	S_0	S_0	S_0	I	I	I	I
88% 甲酸	24~30℃	I	I	I	S	I	I	I	I	S_0	S_0	I	I	S_0	S_0	S	S_0	I	I	I	I
	煮沸	I	I	S	S_0	I	I	I	I	S_0	S_0	I	I	S_0	S_0	S_0	S	I	I	I	I
99% 冰乙酸	24~30℃	I	I	I	I	I	I	I	I	S_0	S	I	I	I	I	S	S_0	I	I	I	I
	煮沸	I	I	I	S	I	I	I	I	S_0	S_0	I	S_0	S_0	I	S_0	I	I	I	I	I
N,N-二甲基甲酰胺	24~30℃	I	I	I	I	I	I	I	I	S_0	S_0	S/P	S/P	I	I	S_0	I	S_0	I	I	I
	煮沸	I	I	I	S	I	I	I	I	S_0	S	S/P	S_0	S/P	I	S_0	I	S_0	I	I	I

注　S_0—立即溶解；S—溶解；P—部分溶解；I—不溶解；□—块状；△—溶胀。

5.1.5.2 熔点法

熔点法只适用于鉴别合成纤维，不适用于天然纤维素纤维、再生纤维素纤维和蛋白质纤维。该方法主要是利用合成纤维在高温作用下，大分子间键接结构产生变化，由固态转变为液态这一原理，通过目测和光电检测从外观形态的变化测出纤维的熔融温度即熔点（表5-4）来进行鉴别，我国目前常用的方法标准是行标 FZ/T 01057.6—2007《纺织纤维鉴别试验方法　第6部分：熔点法》。但由于某些合成纤维的熔点比较接近，有的甚至没有明显的熔点。因此该方法一般不单独应用，而是作为验证或用于测定纤维熔点。

表5-4　各种合成纤维的熔点

纤维名称	熔点范围/℃	纤维名称	熔点范围/℃
醋酯纤维	255~260	三醋酯纤维	280~300
涤纶	255~260	氨纶	228~234
腈纶	不明显	乙纶	130~132
锦纶6	215~224	丙纶	160~175
锦纶66	250~258	聚四氟乙烯纤维	329~333
维纶	224~239	腈氯纶	188
氯纶	202~210	维氯纶	200~231
聚乳酸纤维	175~178	聚对苯二甲酸丙二醇酯纤维（PTT）	228
聚对苯二甲酸丁二酯纤维（PBT）	226		

该方法的具体操作是将少量纤维放在两片盖玻片之间，置于熔点仪显微镜的电热板上，并调焦使纤维成像清晰。升温速率设置在 3~4℃/min，然后在此过程中仔细观察纤维形态变化，当发现玻璃片中的大多数纤维熔化时，此时的温度即为熔点。

5.1.5.3 密度梯度法

密度梯度法是一种适用于鉴别除中空纤维以外各类纺织纤维的试验方法，我国目前常用的方法标准是行标 FZ/T 01057.7—2007《纺织纤维鉴别试验方法　第7部分：密度梯度法》。该标准的试验原理是根据所测定的未知纤维密度并将其与已知纤维密度（表5-5）对比，来鉴别未知纤维的类别。将两种密度不同而能互相混溶的液体，经过混合后按一定流速连续注入密度梯度仪（图5-3）的梯度管内，由于液体分子的扩散作用，液体最终形成一个密度自上而下递增并呈连续性分布的梯度密度液柱。用标准密度玻璃小球标定液柱的密度梯度，并作出小球密度—液体高度的关系曲线（应符合线性分布）。随后将被测纤维小球投入密度梯度管内，待其平衡静止后，根据其所在高度查密度—高度曲线图即可

图5-3　密度梯度仪

求得纤维的密度。

表 5-5　常用纺织纤维密度 [（25±5）℃]

纤维名称	密度/（g/cm³）	纤维名称	密度/（g/cm³）
棉	1.54	锦纶	1.14
苎麻	1.51	维纶	1.24
亚麻	1.50	偏氯纶	1.70
蚕丝	1.36	氨纶	1.23
羊毛	1.32	乙纶	0.96
黏纤	1.51	丙纶	0.91
铜氨纤维	1.52	石棉	2.10
醋酯纤维	1.32	玻璃纤维	2.46
涤纶	1.38	酚醛纤维	1.31
腈纶	1.18	聚砜酰胺纤维	1.37
变性腈纶	1.28	氯纶	1.38
芳纶 1414	1.46	牛奶蛋白改性聚丙烯腈纤维	1.26
莫代尔纤维	1.52	大豆蛋白纤维	1.29
莱赛尔纤维	1.52	聚乳酸纤维	1.27

5.1.5.4　红外光谱法

红外光谱法鉴别纺织纤维参考我国行标 FZ/T 01057.8—2012《纺织纤维鉴别试验方法　第 8 部分：红外光谱法》，其试验原理是用一束红外光照射试样，试样的分子将吸收一部分光能并转变为分子的振动能和转动能。试样制备的方法主要有溴化钾压片法和薄膜法两种。借助于仪器将吸收值与相应的波数作图，即可获得该试样的红外吸收光谱，红外光谱中的每一个特征吸收谱带都包含了试样分子中基团和化学键的信息。不同物质有不同的红外光谱，将试样的红外光谱与已知的红外光谱进行比较从而鉴别纤维。

图 5-4 是几种常见纺织纤维的红外光谱示意图。高分子材料纤维样品的红外光谱一般难以显示出精细的指纹结构，但整体特征依然明显，因此红外光谱法是纤维鉴别的主要依据之一。可以根据其主要吸收谱带及特征频率（表 5-6）来判断纤维的种类。红外光谱法表明，具有相同主链结构的纤维，一般具有相同的红外吸收特征，如天然纤维素纤维、再生纤维素纤维、天然动物纤维等。相同材料的纤维因样品的来源、预处理、加工工艺、后整理、所使用的仪器及样品制备方法的不同，可能在其红外光谱的峰形及出峰位置上呈现微小的差异，但并不影响其整体特征的判别。改性纤维的红外光谱，除了呈现原纤维的吸收特征外，会随着改性基团或物质含量的增加，叠加这些改性基团或物质的吸收谱带。

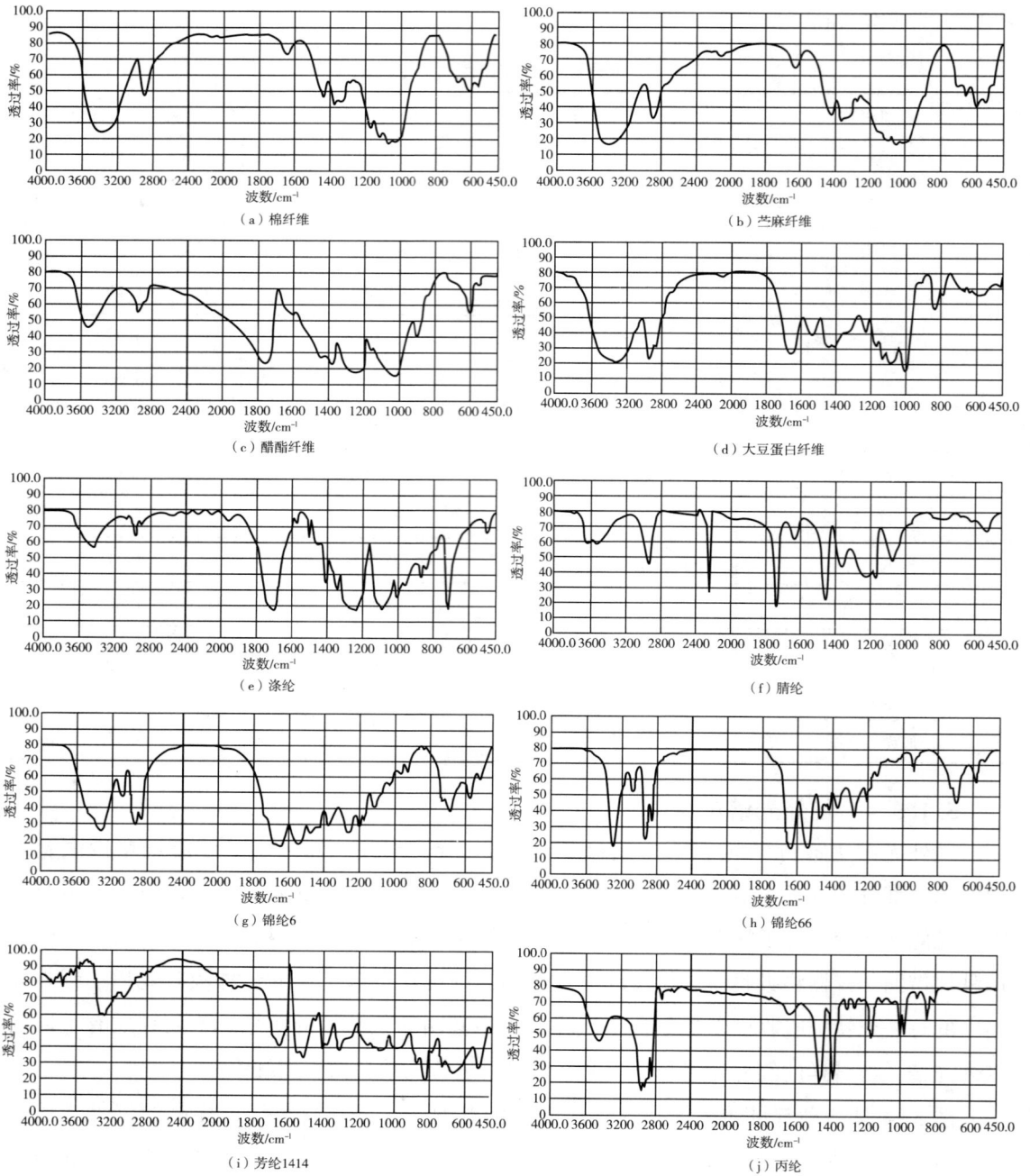

图 5-4　几种常见纺织纤维的红外光谱示意图

表 5-6　常见纤维红外光谱的主要吸收谱带及特征频率

序号	纤维名称	主要吸收谱带及特征频率/cm^{-1}
1	纤维素纤维	3450~3200，1640，1160，1064~980，983，761~667，610
2	动物毛纤维	3450~3300，1658，1534，1163，1124，926
3	蚕丝	3450~3300，1650，1520，1220，1163~1140，1064，993，970，550

序号	纤维名称	主要吸收谱带及特征频率/cm^{-1}
4	醋酯纤维	3500，2960，1757，1600，1388，1239，1023，900，600
5	大豆蛋白纤维	3391，2943，1660，1534，1436，1019，848
6	聚酯纤维	3258，3040，2208，2079，1957，1724，1421，1124，1090，780，725
7	腈纶	2242，1449，1250，1175
8	锦纶 6	3300，3050，1639，1540，1475，1263，1200，687
9	锦纶 66	3300，1634，1527，1473，1276，1198，933，689
10	丙纶	1475，1451，1357，1166，997，972

注　表中红外光谱的吸收谱及特征频率是采用溴化钾压片法制样测得的。

5.1.5.5　裂解气相色谱—质谱法

裂解气相色谱—质谱联用技术，仅适用于具有裂解特征的各类单组分纺织纤维。我国目前使用的是行标 FZ/T 01057.11—2023《纺织纤维鉴别试验方法　第 11 部分：裂解气相色谱—质谱法》，其试验原理是在 600℃的温度下，试样经裂解器裂解成小分子物质，然后采用气相色谱法分离小分子物质，再用质谱法监测提取特征组分，将试样的裂解特征与已知的裂解特征进行比较，从而对纤维进行鉴别。

图 5-5 是几种常见纺织纤维的裂解色谱示意图。作为高分子材料，相同材料的纤维因样品的来源、工艺以及所使用测试仪器和条件参数的不同，其裂解色谱图可能在峰形、位置上呈现出细小的差异，但整体裂解特征明显，并不影响作为纤维鉴别主要依据的裂解特征组分。具有相同主链结构的纤维，一般具有相似的裂解色谱和质谱特征，如纤维素纤维、动物毛纤维、甲壳素纤维/壳聚糖纤维等。

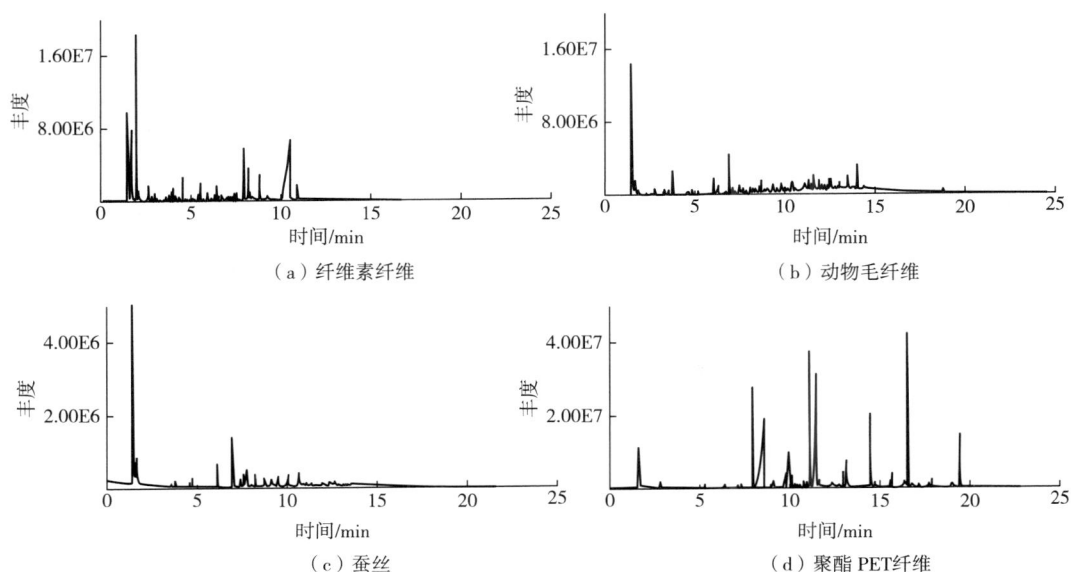

（a）纤维素纤维　　　　　　（b）动物毛纤维

（c）蚕丝　　　　　　（d）聚酯 PET纤维

图 5-5

（e）聚酯 PTT 纤维　　　　　　　　　　　（f）聚酯 PBT 纤维

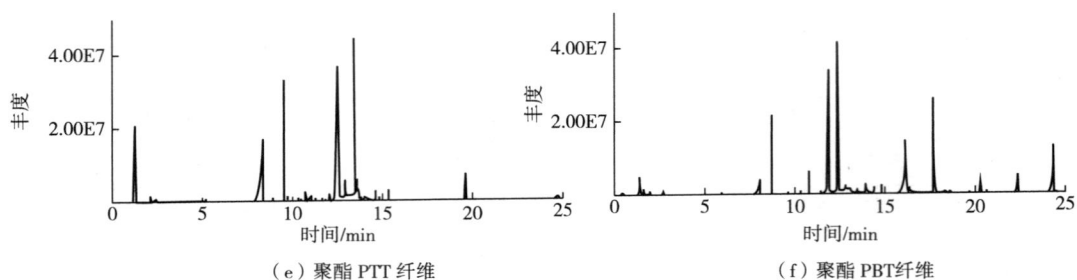

图 5-5　几种常见纺织纤维的裂解色谱示意图

➢思考与练习题

一、思考题

1. 什么样的纺织材料定性时适合采用燃烧法进行鉴定？

2. 为什么说手感目测法只适合于未经加工的纺织纤维？

3. 如何对纱线的纤维成分进行分析？

码 5-3　参考答案 5.1 节

二、练习题

1. 一般而言，＿＿＿＿＿＿＿＿纤维在燃烧时发出纸燃味。

2. 以下哪种纤维定性分析法不适用于天然纤维素纤维、再生纤维素纤维和蛋白质纤维
（　　）。

A. 燃烧法　　　　B. 化学溶解法　　　　C. 熔点法　　　　D. 显微镜观察法

3. 密度梯度法是一种适用于鉴别除＿＿＿＿＿＿＿＿＿＿纤维以外各类纺织纤维的试验
方法。

5.2　纤维组成的定量检测

☞ 知识目标

1. 理解纤维定量检测的目的

2. 了解纤维定量检测的方法

3. 掌握双组分产品定量检测的原理和方法

码 5-4　实训单 5.2 节

☞ 能力目标

能准确检测混纺面料的混纺比

☞ 素养目标

1. 能规范使用化学药剂和明火

2. 能规范操作相关检测设备

【信息导入】

新闻链接：湖南省消保委比较试验发现：某绵羊毛衫不含绵羊毛成分

信息来源：长江沿岸城市资讯账号　发布时间：2022 年 5 月 25 日

羊毛衫质地柔软、穿着舒适、款式独特，备受消费者青睐。目前，市场上羊毛衫品牌众多，质量参差不齐，消费者难以通过感官鉴别优劣。本次比较试验由湖南省消保委委托湖南省产商品质量检验研究院随机从市场上购买了 20 款羊毛衫，价格在 58 元到 1000 元之间。主要对样品的纤维含量、甲醛含量、pH、可分解致癌芳香胺染料、耐酸汗渍色牢度、耐碱汗渍色牢度、耐水色牢度、耐摩擦色牢度、起球情况、二氯甲烷可溶性物质、壬基酚（NP）+辛基酚（OP）、使用说明（标志）等指标进行测试。

20 个样品中，标称绵羊毛含量 100% 的有 8 个，绵羊毛含量在 10%~50% 的有 4 个，绵羊毛含量在 10% 以内的有 4 个，不含绵羊毛的有 4 个。

【新知讲授】

标称指的是缝制在服装上表明服装面料和里料中纤维原料成分及其含量的标志。通过服装的成分标示（图 5-6）可以快速地了解服装的组分及含量。

一般来说，成分标应该准确地反映服装面料的纤维组成。但有些不法商家为了谋取利益，会使用假冒伪劣产品欺骗消费者，出现服装面料的真实成分与服装上的成分标部分不符或完全不符的情况。所以，对纺织服装面料检验检测时，纤维成分及纤维含量的鉴定是必检项目。

根据成分组成进行分类，纺织面料可以分成纯纺产品和混纺产品两大类。在检测纺织面料成分时除了要鉴别出是什么成分（定性分析），还需要测定出每种成分的含量有多少（定量分析）。

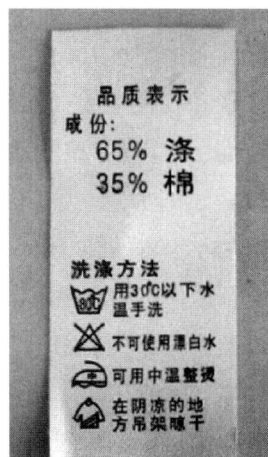

图 5-6　成分标示示意图

混纺的形式多种多样，可以是双组分混纺、三组分混纺甚至更多组分混纺，也可以是天然纤维与化学纤维混纺、天然纤维与天然纤维混纺，或是化学纤维与化学纤维混纺。本小节仅以涤棉混纺为例，介绍如何依照标准执行双组分纤维的定量分析。

双组分纤维定量分析的方法有很多，如密度法、显微镜法、染色法等，此处主要以溶解法为例，将经过预处理的试样，用一种适当的化学溶剂溶去其中一种纤维，再将未溶纤维烘干、称重，并计算出未溶纤维的净干含量百分率。

在进行纤维定量分析时，如无特殊说明，一般可以采用 GB/T 2910《纺织品　定量化学分析》。该部标准包含了 GB/T 2910.1、GB/T 2910.2 …… GB/T 2910.26 及 GB/T 2910.101 共 27 部相关标准。根据本章节案例，选择 GB/T 2910.1—2009《纺织品　定量化学分析　第 1 部分：试验通则》和 GB/T 2910.11—2024《纺织品　定量化学分析　第 11 部分：某些纤维素纤维与某些其他纤维的混合物（硫酸法）》作为执行标准。

5.2.1　纺织品定量化学分析的试验通则

GB/T 2910.1—2009 对各种纤维混合物（不论其组成如何）的分析方法做了一般说明，包括分析的范围、原理、试剂、设备、试验的大气条件、取样的方法、分析的通用程序和结果的计算等。

标准 GB/T 2910.1—2009 只规定了各种二组分纤维混合物的定量分析方法，在普通的大气条件下即可采用一种适当的试剂溶解其中一种纤维成分，随后将未溶解的纤维成分烘干称重后计算净干占比。但考虑到纺织品在加工过程中纤维上可能含有油剂、浆料等添加剂，导致最终计算结果产生误差。故在溶解之前，应先对纺织品进行预处理，去除非纤维物质，以确保结果的准确度。

5.2.2　某些纤维素纤维与其他纤维的混合物（硫酸法）

标准 GB/T 2910.11—2024 介绍了采用硫酸法测定去除非纤维物质后由天然纤维素、再生纤维素和其他某些（聚酯纤维、聚丙烯纤维、聚乙烯纤维、聚酯复合弹性纤维、聚烯烃弹性纤维、聚丙烯/聚酰胺复合纤维）纤维的二组分混合物中纤维素纤维含量的方法。

（1）试验原理

用 75%（质量分数）硫酸将纤维素纤维从已知干燥质量的混合物中溶解去除，收集残留物质、清洗、烘干和称重，用修正后的质量计算其占混合物干燥质量的百分率，由差值得出纤维素纤维的百分含量。

（2）试验步骤

①配制试剂。本试验需使用 75% 硫酸和稀氨水。其中硫酸用来溶解双组分中的纤维素纤维，稀氨水用来中和硫酸溶剂，以免设备被酸腐蚀。

②取样。每份样品至少 1g。取样时应使样品具有代表性，确保其足以提供全部所需试样。同时应考虑到每份样品可能包含不同组分的纱。纺织纤维的预处理按本部标准中的 8.2 执行。

③试样的已知干燥质量称量。在测试前，应先将测试过程中使用到的称量瓶（图 5-7）和砂芯漏斗（图 5-8）洗净烘干，用万分之一天平称重后置于干燥皿（图 5-9）中备用。将样品剪碎后取约 1g，放入已称重的称量瓶后，随后放入（105±3）℃的烘箱中，烘至恒重，再取出放在干燥皿中，直至完全冷却（任何冷却过程不得少于 2h），最后迅速取出，用万分之一天平称重（该操作不要超过 2min）、记录、并计算出该份试样的干重。

④试样中某一组成成分的溶解。将烘干称重后的试样放入具塞三角烧瓶（图 5-10），以每克试样 200mL 硫酸（75%）的配比倒入瓶中，塞上玻璃塞，摇动烧瓶使试样充分润湿，并将烧瓶置于（50±5）℃水温的水浴锅中 1h，其间，每隔 10min 摇动一次。如需确认试样中的某一组分是否完全溶解，可以使用显微镜观察确认。

图 5-7　称量瓶

图 5-8　砂芯漏斗

图 5-9　干燥皿

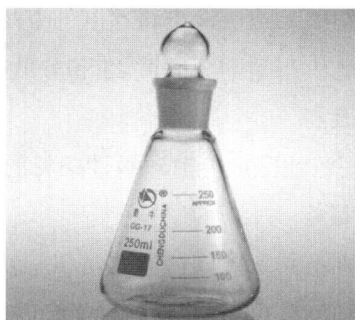

图 5-10　具塞三角烧瓶

⑤过滤。溶解完成后，将烧瓶中的残留物过滤到已烘干称重的砂芯漏斗中，用真空抽吸排液，再加少量硫酸清洗烧瓶瓶壁。接着向砂芯漏斗上的残留物中加入新的硫酸溶液，重力排液 1min 后再用真空抽吸排液。之后用冷水洗涤若干次，再用稀氨水中和 2 次，最后再用冷水洗涤。每次洗涤完都应先重力排液，再用真空抽吸。

⑥烘干称重。将抽干的砂芯漏斗及漏斗上的残留物放入（105±3）℃烘箱中烘至恒重，取出放入干燥皿至完全冷却。之后迅速取出，用万分之一天平称重、记录，并计算出残留物的干重。

（3）计算

将试样的干重与残留物的干重之差，除以上试样的干重，即可获得被溶解的纤维素纤维的干重占试样干重的百分比。聚丙烯/聚酰胺复合纤维质量编号修正系数 d 值为 1.01，其余为 1.00。根据标准要求，测试结果的每一个单值或平均值，均精确至 0.1g。

➤**思考与练习题**

思考题

1. 如要定量检测锦氨面料、毛涤面料、涤锦面料的纤维组成。

码 5-5　参考答案 5.2 节

应使用哪些国家标准？

2. 根据 GB/T 2910，每个试样至少需要进行几次测定？

3. 在定量分析的过程中，是否可以用手直接接触试样和玻璃器皿，请说明原因。

5.3　纺织品致敏性染料的检测

☞ **知识目标**

1. 理解致敏性染料的定义

2. 熟识致敏染料清单

3. 掌握纺织品致敏性染料检测的方法

4. 掌握纺织产品中分散黄 23 和分散橙 149 染料含量的检测方法

☞ **能力目标**

能准确规范地完成分散致敏性染料的检测

☞ **素养目标**

1. 能辨别不同致敏染料的色谱图

2. 能辨别分散黄 23 和分散橙 149 的离子流色谱图和液相分离色谱图

【信息导入】

新闻链接：儿童泳衣怎么选？广东省佛山市消委会给你敲重点！

信息来源：中国质量新闻网　发布时间：2024 年 8 月 01 日

儿童泳衣作为孩子贴身的衣物，泳衣上的化学成分有可能影响到孩子的身体健康。在此次试验中，与儿童安全息息相关的安全性能项目，如甲醛含量、可分解致癌芳香胺染料、致敏染料、pH 等，所有品牌在这些项目上都符合相关标准。

【新知讲授】

生活中致敏物质的来源非常广泛，除了花粉、尘螨等常规致敏原，各种化学致敏原也不断被证实。纺织品由于与人体密切接触，也成为引起人体致敏问题的来源之一。除了因污染或卫生状况不佳等原因而滋生的如螨虫等致敏原，纺织品本身带有的化学物质，如致敏性染料，也是致敏物。

致敏性染料是目前纺织领域认识最多的一类致敏物质，它们可以通过皮肤、呼吸道、黏膜等多种途径引发人体过敏。在 GB/T 18885—2020《生态纺织品技术要求》中明确致敏染料是禁用的，并列出了致敏染料清单（表 5-7）和其他禁用染料清单（表 5-8）。分散黄 23 和分散橙 149 就是其中被明文限用的致敏性染料。

表 5-7　致敏染料清单

序号	中文名称	染料索引结构号	CAS 登记号	序号	中文名称	染料索引结构号	CAS 登记号
1	C.I. 分散蓝 1	64500	2475-45-8	12	C.I. 分散橙 76	11132	13301-61-6
2	C.I. 分散蓝 3	61505	2475-46-9	13	C.I. 分散红 1	11110	2872-52-8
3	C.I. 分散蓝 7	62500	3179-90-6	14	C.I. 分散红 11	62015	2872-48-2
4	C.I. 分散蓝 26	63305	3860-63-7	15	C.I. 分散红 17	11210	3179-89-3
5	C.I. 分散蓝 35	—	12222-75-2	16	C.I. 分散黄 1	10345	119-15-3
6	C.I. 分散蓝 102	—	12222-97-8	17	C.I. 分散黄 3	11855	2832-40-8
7	C.I. 分散蓝 106	—	12222-01-7	18	C.I. 分散黄 9	10375	6373-73-5
8	C.I. 分散蓝 124	—	61951-51-7	19	C.I. 分散黄 39	—	12236-29-2
9	C.I. 分散橙 1	11080	2581-69-3	20	C.I. 分散黄 49	—	54824-37-2
10	C.I. 分散橙 3	11005	730-40-4	21	C.I. 分散棕 1	—	23355-64-8
11	C.I. 分散橙 37	11132	13301-61-6	22	C.I. 分散橙 59	11132	13301-61-6

表 5-8　其他禁用染料清单

序号	中文名称	染料索引结构号	CAS 登记号
1	C.I. 分散橙 149	—	85136-74-9
2	C.I. 分散黄 23	26070	6250-23-3
3	C.I. 碱性绿 4（草酸盐）	—	2437-29-8；18015-76-4
4	C.I. 碱性绿 4（氯化物）	—	569-64-2
5	C.I. 孔雀绿	—	10309-65-2

　　我国目前检测致敏分散染料采用的国家标准是 GB/T 20383—2006《纺织品　致敏性分散染料的测定》。GB/T 23345—2009《纺织品　分散黄 23 和分散橙 149 染料的测定》则是一项测定纺织产品中分散黄 23 和分散橙 149 染料含量的方法标准。这两项标准都适用于经印染加工的纺织产品。

5.3.1　纺织品致敏性分散染料的检测

　　该部标准介绍了采用高效液相色谱—质谱检测器法（LC/MS）或高效液相色谱—二极管阵列检测器法（HPLC/DAD）检测纺织产品上可萃取致敏性分散染料（表 5-7）的方法。

　　（1）试验原理

　　样品经甲醇萃取后，用高效液相色谱—质谱检测器法（LC/MS）对萃取液进行定性、定量测定；或用高效液相色谱—二极管阵列检测器法（HPLC/DAD）进行定性、定量测定，必要时辅以薄层层析法（TLC）、红外光谱法（IR）对萃取物进行定性。

（2）致敏性分散染料标准溶液的制备

①单组分标准储备溶液。配制有效浓度为200mg/L的致敏性分散染料（表5-7）单组分分散染料标样标准储备甲醇溶液，有效期为一年。

②用于LC/MS分析的标准中间溶液。从多个单组分标准储备溶液中各移取1mL置于同一容量瓶中，并用甲醇定容至100mL，配制成浓度为2mg/L的标准中间溶液备用，其有效期为三个月。

③用于LC/MS分析的标准工作溶液。移取10mL上述配制的标准中间溶液于容量瓶中，用甲醇定容至100mL，配制成浓度为0.2mg/L的标准工作液备用。再移取10mL上述配制的标准中间溶液于容量瓶中，用甲醇定容至25mL，配制成浓度为0.8mg/L的标准工作液备用。上述配制的两种浓度的标准工作液的有效期均为一个月。

④用于HPLC/DAD分析的标准工作溶液。从分散蓝1、分散蓝35、分散蓝106、分散蓝124、分散红1、分散红11、分散黄3、分散黄9、分散橙1、分散橙3、分散橙37、分散橙76、分散棕1的单组分标准储备溶液中各取5mL置于同一容量瓶中，用甲醇定容至200mL，配制成浓度为5mg/L的标准工作溶液备用，此为A组。从分散蓝3、分散蓝7、分散蓝26、分散蓝102、分散红17、分散黄1、分散黄39、分散黄49的单组分标准储备溶液中各取5mL置于同一容量瓶中，用甲醇定容至200mL，配制成浓度为5mg/L的标准工作溶液备用，此为B组。上述两组标准工作液的有效期均为三个月。

根据检测需要，也可以将标准工作液配制成其他合适的浓度。

（3）萃取

首先取有代表性试样，剪成约5mm×5mm的碎片，混匀。之后用精度为百分之一的电子天平从混合样中称取1.0g的试样，置于50mL带旋盖（有聚四氟乙烯垫片）的管状硬质玻璃提取器中。然后往提取器中准确加入10mL甲醇，旋紧盖子，将其置于70℃的超声波浴中萃取30min。待冷却至室温后，用0.45μm的聚四氟乙烯薄膜过滤头将萃取液注射过滤至小样品瓶中，用LC/MS或HPLC/DAD分析。

需要注意的是，用HPLC/DAD分析时，可根据需要用甲醇对过滤后的萃取液进行进一步稀释。

（4）高效液相色谱—质谱检测器法

根据不同的设备，参数不完全相同，现将方法标准中给出的已被证明较合适的相关测试参数列出如下：

色谱柱选用ZORBAX Eclipse XDB-C$_{18}$，3.5μm，2.1mm×150mm或相当者；流速为0.3mL/min，柱温为40℃，进样量为10μL，流动相A为0.01mol/L乙酸铵溶液（pH=3.6）和流动相B为100%乙腈，采用MSD检测器，梯度淋洗程序见表5-9。

表 5-9　高效液相色谱—质谱检测器法（LC/MS）梯度淋洗程序

时间/min	流动相 A/%	流动相 B/%	递变方式
0	60	40	—
7	40	60	线性
17	2	98	线性
24	2	98	—
25	60	40	线性
30	60	40	—

分别取 10μL 试样溶液进行 LC/MS 分析。通过旋转两级质谱的特定离子对，比较试样与标样色谱峰的相对保留时间，进行定性，以外标法进行定量。致敏性分散染料标样 LC/MS 方法的相对保留时间和特征碎片离子见表 5-10。

表 5-10　致敏性分散染料标样 LC/MS 方法的相对保留时间和特征碎片离子

出峰序号	保留时间/min	染料名称	特征碎片/u[①]（一级质谱/二级质谱）	所带电荷
1	1.73	C. I. 分散蓝 1	268/268	正
2	2.69	C. I. 分散蓝 7	359/283	正
3	4.49	C. I. 分散蓝 3	297/252	正
4	4.73	C. I. 分散红 11	269/254	正
5	5.79	C. I. 分散蓝 102	366/208	正
6	6.85	C. I. 分散黄 1	274/243	正
7	7.00	C. I. 分散黄 9	273/226	正
8	7.29	C. I. 分散红 17	345/164	正
9	8.38	C. I. 分散蓝 106	336/178	正
10	9.31	C. I. 分散橙 3	243/122	正
11	9.37	C. I. 分散黄 3	270/107	正
12	9.79	C. I. 分散棕 1	433/433	正
13	10.01	C. I. 分散黄 39	291/130	正
14	10.98	C. I. 分散红 1	315/134	正
15	11.80	C. I. 分散蓝 35	285/270	正
16	12.77	C. I. 分散黄 49	375/238	正
17	12.85	C. I. 分散蓝 124	378/220	正
18	14.70	C. I. 分散蓝 26	299/284	正
19	15.09	C. I. 分散橙 37/76	392/351	正
20	16.05	C. I. 分散橙 1	319/169	正

① 1u = 1.66053886×10^{-27}kg。

（5）高效液相色谱—二极管阵列检测器法

该标准中较合适的相关测试参数如下色谱柱选用 Alltima C$_{18}$，5μm，4.6mm×250mm 或相当者；流速为 1mL/min，柱温为 50℃，进样量为 20μL，流动相 A 为乙腈或 0.01mol/L 乙酸钠溶液 ［40/60（体积分数），pH＝5.0］和流动相 B 为乙腈或 0.01mol/L 乙酸钠溶液 ［90/10（体积分数），pH＝5.0］，检测器采用二极管阵列检测器（DAD），检测波长范围为 200～700nm，定量波长分别为 420nm，450nm，570nm，640nm，梯度淋洗程序见表 5-11。

表 5-11　HPLC/DAD 梯度淋洗程序

时间/min	流动相 A/%	流动相 B/%	递变方式
0	90	10	—
15	90	10	—
30	55	45	线性
50	55	45	—
60	0	100	线性
70	0	100	—
75	90	10	线性
90	90	10	

分别取 20μL 的试样溶液用于 HPLC/DAD 分析的标准工作溶液进行 HPLC/DAD 分析，通过比较试样溶液与标样在规定的检测波长（表 5-12）下，色谱峰的保留时间以及紫外—可见（UV-Vis）光谱进行定性，以外标法进行定量。

表 5-12　致敏性分散燃料和 HPLC/DAD 方法的检测波长

序号	中文名称	DAD 检测波长/mm	序号	中文名称	DAD 检测波长/mm
1	C. I. 分散蓝 1	640	11	C. I. 分散红 17	450
2	C. I. 分散蓝 3	640	12	C. I. 分散黄 1	420
3	C. I. 分散蓝 7	640	13	C. I. 分散黄 3	420
4	C. I. 分散蓝 26	640	14	C. I. 分散黄 9	420
5	C. I. 分散蓝 35	640	15	C. I. 分散黄 39	420
6	C. I. 分散蓝 102	640	16	C. I. 分散黄 49	450
7	C. I. 分散蓝 106	640	17	C. I. 分散橙 1	420
8	C. I. 分散蓝 124	570	18	C. I. 分散橙 3	420
9	C. I. 分散红 1	450	19	C. I. 分散橙 37/76	420
10	C. I. 分散红 11	570	20	C. I. 分散棕 1	450

采用此法分析时，致敏性分散染料标样 HPLC/DAD 方法的相对保留时间（表 5-13）及色谱图示意图如图 5-11 所示。

表 5-13　A 组、B 组致敏性分散染料标样 HPLC/DAD 方法的相对保留时间

分组	出峰顺序	保留时间/min	染料名称
A 组	1	5.224	分散蓝 1
	2	10.501	分散红 11
	3	14.722	分散黄 9
	4	21.041	分散蓝 106
	5	23.946	分散橙 3
	6	24.745	分散黄 3
	7	26.255	分散棕 1
	8	29.328	分散红 1
	9	31.072	分散蓝 35
	10	33.990	分散蓝 124
	11	44.066	分散橙 37/76
	12	51.173	分散橙 1
B 组	13	6.269	分散蓝 7
	14	10.109	分散蓝 3
	15	12.311	分散蓝 102
	16	13.544	分散黄 1
	17	17.270	分散红 17
	18	26.780	分散黄 39
	19	29.547	分散蓝 26
	20	33.152	分散黄 49

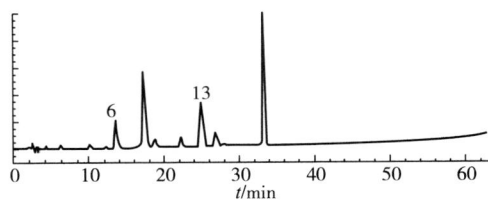

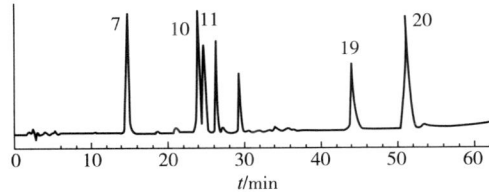

（a）A组染料标样在450nm波长下的HPLC/DAD方法色谱图　（b）B组染料标样在450nm波长下的HPLC/DAD方法色谱图

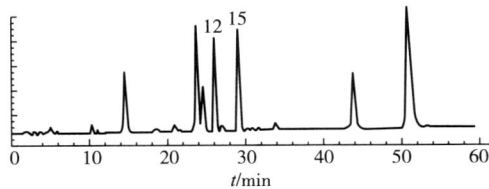

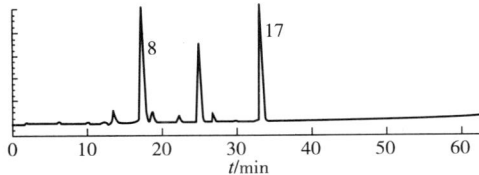

（c）A组染料标样在420nm波长下的HPLC/DAD方法色谱图　（d）B组染料标样在420nm波长下的HPLC/DAD方法色谱图

图 5-11

（e）A组染料标样在640nm波长下的HPLC/DAD方法色谱图 （f）B组染料标样在640nm波长下的HPLC/DAD方法色谱图

（g）A组染料标样在570nm波长下的HPLC/DAD方法色谱图 （h）B组染料标样在570nm波长下的HPLC/DAD方法色谱图

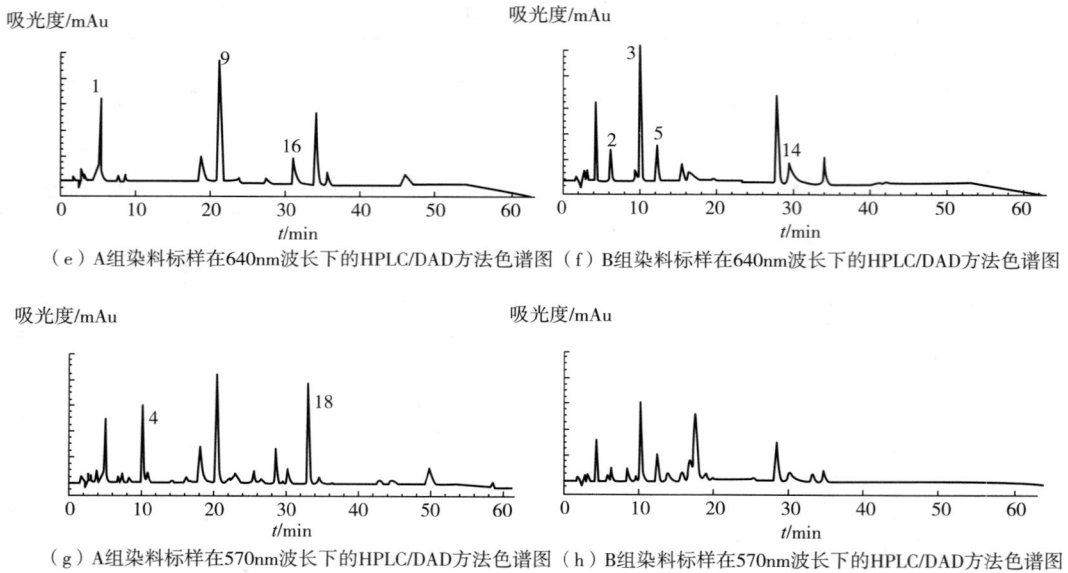

图5-11 分散染料在几种不同波长下的色谱示意图

1—分散蓝1 2—分散蓝7 3—分散蓝3 4—分散红11 5—分散蓝102 6—分散黄1 7—分散黄9 8—分散红17
9—分散蓝106 10—分散橙3 11—分散黄3 12—分散棕1 13—分散黄39 14—分散蓝26 15—分散红1
16—分散蓝35 17—分散黄49 18—分散蓝124 19—分散橙37/76 20—分散橙1

需要时可以用薄层层析法（TLC）或红外光谱法（IR）进行确认。将试样萃取液与（根据HPLC/DAD分析结果）被怀疑存在的单组分染料标样一样，直接在20cm×20cm的硅胶60TLC板上点样。点样处离底边2.5cm，点与点之间的距离为2cm，标样的浓度应与试样萃取液相似（根据HPLC分析结果确定）。比较试样与标样的比移值进行定性确认。TLC展开剂为体积分数比为5∶1∶1的甲苯/四氢呋喃/正己烷溶液。

必要及条件许可时，可将相应的斑点刮下，用甲醇溶解，通过适当的制样方式进行IR分析，得到定性确认结果。

（6）结果计算

本方法测定结果以各种致敏性分散染料的检测结果分别表示，按式（5-1）计算。

$$X_i = \frac{A_i \times c_i \times V \times F}{A_{is} \times m} \tag{5-1}$$

式中：X_i——试样中分散染料i的含量，mg/kg；

A_i——试样萃取液中分散染料i的峰面积（或峰高）；

A_{is}——标准工作溶液中分散染料i的峰面积（或峰高）；

c_i——标准工作液中分散染料i的浓度，mg/L；

V——试样萃取液体积，mL；

F——稀释因子；

m——试样量，g。

最后，需将计算结果修约到个位数。

5.3.2　纺织品分散黄 23 和分散橙 149 染料的检测

在此值得提出的是，使用 GB/T 23345—2009 标准以及 GB/T 20383—2006 标准的人员都应该具有正规实验室工作的实践经验。

（1）试验原理

GB/T 23345—2009 标准的试验原理是用沸腾的氯苯回流萃取样品中的染料，浓缩去除提取液中的溶剂，残留物用甲醇定容。用聚四氟乙烯膜过滤后，试样溶液用液相色谱—串联质谱仪（LC-MS/MS）测定和确证，采用外标法进行定量；或用高效液相色谱仪（HPLC）测定，必要时辅以薄层层析法（TLC）确认，采用外标法进行定量。

（2）试样的制备和处理

①萃取。取有代表性试样，剪成约 20mm×5mm 的小片混合。之后用精度为百分之一的电子天平从混合样中称取 1.0g 的试样，用无色纱线扎紧，备用。然后在萃取装置的圆形冷凝器内倒入 25mL 氯苯或二甲苯溶剂。接着将扎紧的 1.0g 试样系于圆形冷凝器内的钩子上，悬挂在溶剂的上方，使得冷凝的溶剂可以渗透试样。

如果萃取溶剂采用的是氯苯，则需使其沸腾并提取 30min；若使用二甲苯则需提取 45min。之后冷却到室温。

②试样溶液的制备。提取好的萃取液，放在真空旋转蒸发器上，温度控制在 45~60℃以去除提取液中的溶剂。随后用甲醇分多次把浓缩的残余物转移到 10mL 容量瓶中定容。然后用玻璃注射器把容量瓶中的试样溶液通过聚四氟乙烯薄膜注射过滤至小样品瓶中，用液相色谱—串联质谱仪或配有二极管阵列检测器的高效液相色谱仪（HPLC/DAD）分析。如果用前者，可根据需要用甲醇将过滤后的试样溶液进一步稀释。

（3）标准工作液的制备

①标准溶液。分散黄 23 和分散橙 149 的标准溶液分别采用 500mg/L 的分散黄 23（CAS 号：6250-23-3）和分散橙 149（CAS 号：85136-74-9）的单组分标准储备液，用甲醇溶剂配制。

②HPLC 分析标准工作液。如采用高效液相色谱仪，应配制 5.0mg/L 的 HPLC 分析标准工作液。从分散黄 23 和分散橙 149 的单组分标准储备溶液中各移取 1mL 置于同一容量瓶中，用甲醇定容至 100mL。

③LC-MS/MS 分析标准工作液。如采用液相色谱—串联质谱仪，应配制 0.1mg/L 的 LC-MS/MS 分析标准工作液。移取 1mL 用于 HPLC 分析的标准工作液于 50mL 容量瓶中，用甲醇定容。

要注意，标准储备液、HPLC 分析标准工作液和 LC-MS/MS 分析标准工作液都可以放在 2~4℃ 的冰箱中保存，但各自的保存有效期并不相同，标准储备液的有效期可长达 12 个月，HPLC 分析标准工作液的有效期有 3 个月，LC-MS/MS 分析标准工作液的有效期只有 1 个月。

（4）液相色谱—串联质谱法

根据不同的设备，参数不完全相同，现将方法标准中给出的已被证明较合适的相关测试参数列出如下。

色谱柱选用 Hypersil GOLD-C$_{18}$，5μm，2.1mm×100mm 或相当者；流速为 0.25mL/min，柱温为 40℃，进样量为 5μL，流动相为 0.1%甲酸（A）和 100%乙腈（B），采用电喷雾离子化电离源，梯度洗脱程序见表 5-14。

表 5-14　液相色谱—串联质谱仪（LC-MS/MS）梯度洗脱程序

时间/min	流动相 A/%	流动相 B/%
0	90	10
8	10	90
12	10	90
12.5	90	10
16	90	10

设置好设备参数后，取 5μL 的试样溶液和标准工作液进行液相色谱—串联质谱分析。通过比较试样溶液与标准工作溶液色谱峰的保留时间及两个二级质谱离子的相对丰度（图 5-12、表 5-15）比值进行定性分析，比较试样与标样在定量离子对通道下的色谱峰面积进行定量分析。

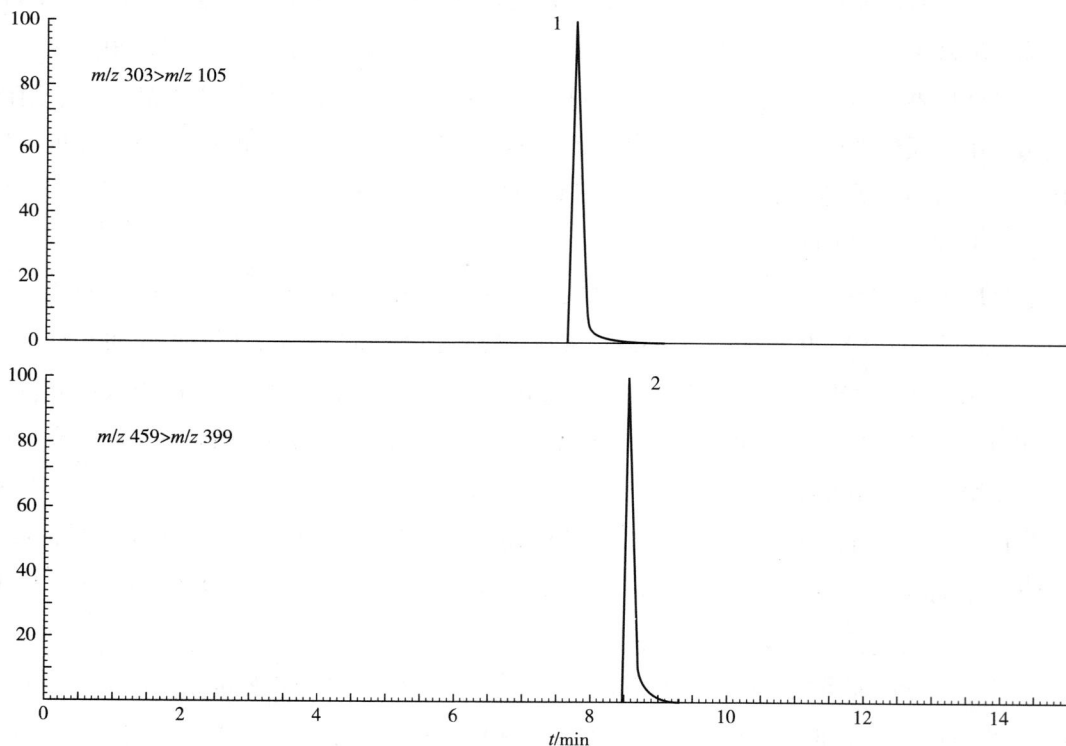

图 5-12　分散黄 23（峰 1）和分散橙 149（峰 2）的离子流色谱图

表 5-15　LC-MS/MS 分析保留时间和质谱离子

序号	染料名称	保留时间/min	一级质谱离子质核比	二级质谱离子		
				定量离子质核比	定性离子质核比	定性比例
1	分散黄 23	7.80	303	105	105∶181	100∶80
2	分散橙 149	8.59	459	359	359∶477	100∶65

（5）高效液相色谱法

该标准中较合适的相关测试参数如下。色谱柱选用 Zorbax XDB-C_{18}，5μm，4.6mm×15mm 或相当者；流速为 1.0mL/min，柱温为 40℃，进样量为 20μL，流动相为 0.1%磷酸（A）和 100%乙腈（B），检测器采用二极管阵列检测器（DAD），检测波长范围为 200～700nm，定量波长为 380nm，460nm，梯度洗脱程序见表 5-16。

表 5-16　高效液相色谱仪（HPLC/DAD）梯度洗脱程序

时间/min	流动相 A/%	流动相 B/%
0	90	10
25	10	90
33	10	90
38	90	10
50	90	10

设置好设备参数后，取 20μL 的试样溶液和标准工作液进行高效液相色谱分析。通过比较试样溶液与标准工作溶液色谱峰的保留时间紫外—可见（UV-Vis）光谱进行定性分析（图 5-13、表 5-17），阳性样品必要时需用薄层层析法（TLC）或 LC-MS/MS 法进一步分析确认。通过比较试样与标样在定量波长下的色谱峰面积进行定量分析。

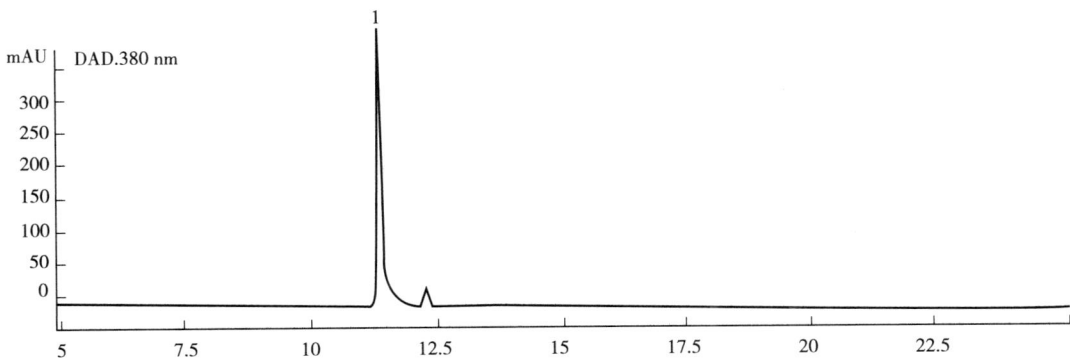

图 5-13

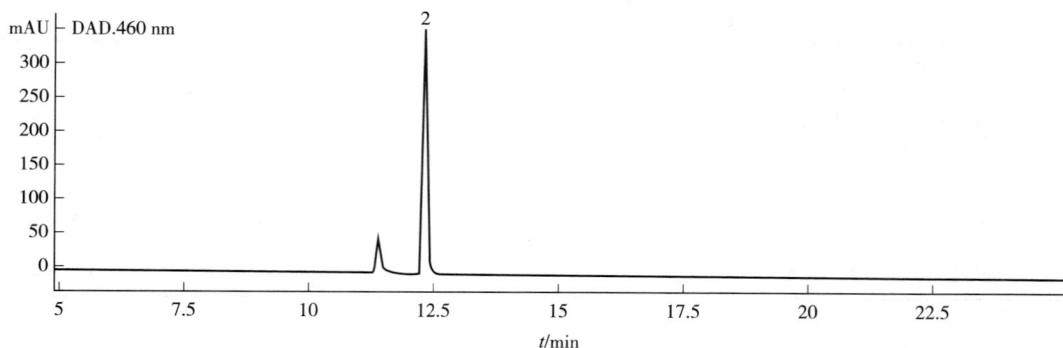

图 5-13　分散黄 23（峰 1）和分散橙 149（峰 2）的液相分离色谱图

表 5-17　HPLC/DAD 分析保留时间和检测波长

序号	染料名称	保留时间/min	一检测波长质核比
1	分散黄 23	11.34	380
2	分散橙 149	12.26	460

（6）薄层层析法

薄层层析法（TLC）是将试样溶液与标准工作液一起，直接在 20cm×20cm 的硅胶 60TLC 板上点样。点样处离底边 2.5cm，点与点之间的距离为 2cm，标样的浓度应与试样萃取液相似（根据 HPLC 分析结果确定）。比较试样与标样的比移值进行定性确认。

（7）结果计算和表示

①分散黄 23 和分散橙 149 的含量按式（5-2）计算。

$$X = \frac{A \times C \times V \times F}{A_s \times m} \tag{5-2}$$

式中：X——试样中分散黄 23 和分散橙 149 的含量，mg/kg；

A——试样溶液中分散黄 23 和分散橙 149 的峰面积；

C——标准工作液中分散黄 23 和分散橙 149 的浓度，mg/L；

V——试样定容体积，mL；

F——稀释因子；

A_s——标准工作溶液中分散黄 23 和分散橙 149 的峰面积；

m——试样量，g。

②试验结果以分散黄 23 或分散橙 149 的含量表示，计算结果修约到小数点后一位数。LC-MS/MS 分析方法的测定低限均为 0.5mg/kg，HPLC/DAD 分析方法的测定低限均为 5.0mg/kg；低于测定低限时，试验结果为"未检出"。

➢**思考与练习题**

一、思考题

1. 致敏性染料与分散黄 23、分散橙 149 有什么区别？

2. 检测致敏性染料和分散黄 23、分散橙 149 在方法上有什么区别？

码 5-6　参考答案 5.3 节

二、练习题

1. 致敏性分散染料检测过程中的标准也采用_____来配制。

2. 高效液相色谱法检测分散黄 23 或分散橙 149 时，检测波长为_____。

3. 以下说法正确的是（　　）

A. LC/MS 检测致敏性分散染料时，流速为 1.0mL/min，柱温为 40℃，进样量 10μL。

B. HPLC/DAD 检测分散黄 23 时，流速为 1.0mL/min，柱温为 40℃，进样量为 10μL。

C. HPLC/DAD 检测致敏性分散染料时，流速为 1.0mL/min，柱温为 50℃，进样量 20μL。

D. LC/MS 检测分散橙 149 时，流速为 0.3mL/min，柱温为 40℃，进样量 10μL。

➢**本章小结**

本章主要介绍了纺织产品的常规化学性能分析。常规化学性能分析主要是指利用化学反应来检测鉴别出纺织产品中所含有的化学成分及其含量。作为纺织产品的纤维成分及其含量是必检项目，纺织产品中是否含有影响消费者身体健康的致敏性分散染料也是热门的检测项目。随着检测设备的高精度发展，检测的结果也更加准确和可靠。

【**知识拓展**】

（1）"三无"产品

一般指没有生产厂家，来路不明的产品。根据 2000 年颁布的《中华人民共和国产品质量法》第二十七条规定，产品或者其包装上的标识必须真实，并符合下列要求：

①有产品质量检验合格证明；

②有中文标明的产品名称、生产厂厂名和厂址；

③根据产品特点和使用要求，需要标明产品规格、等级、所含主要成分的名称和含量的，用中文相应予以标明；需要事先让消费者知晓的，应当在外包装上标明，或者预先向消费者提供有关资料；

④限期使用的产品，应当在显著位置清晰地标明生产日期和安全使用期或者失效日期；

⑤使用不当，容易造成产品本身损坏或者可能危及人身、财产安全的产品，应当有警

示标志或者中文警示说明。

（2）容许限（permitted limit，PL）

对某一定量特性规定和要求的物质限值，如最大残留限、最高允许浓度或其他最大容许量等。

（3）检出限（limit of detection，DC）

由给定测量程序获得的测得量值，其对物质中不存在某种成分的误判概率为 b，对物质中存在某种成分的误判概率为 a。

其中，国际理论化学和应用化学联合会（IUPAC）推荐 a 和 b 的默认值为 0.05。检出限往往分两种：方法检出限和仪器检出限。

（4）方法检出限（method detection limit，MDL）

用特定方法可靠地将分析物测定信号从特定基体背景中识别或区分出来时，分析物的最低浓度或最低量。

（5）仪器检出限（instrumental detection limit，IDL）

仪器能可靠地分析物信号从仪器背景（噪声）中识别或区分出来时分析物的最低浓度或最低量。

（6）重复性测量条件

相同测量程序、相同操作者、相同测量系统、相同操作条件和相同地点，并在短时间内对同一或相类似被测对象重复测量的一组测量条件。

（7）再现性测量条件

不同地点、不同操作者、不同测量系统、对同一或相类似被测对象重复测量的一组测量条件。

○ **第6章**／**色牢度检测**

【思维导图】

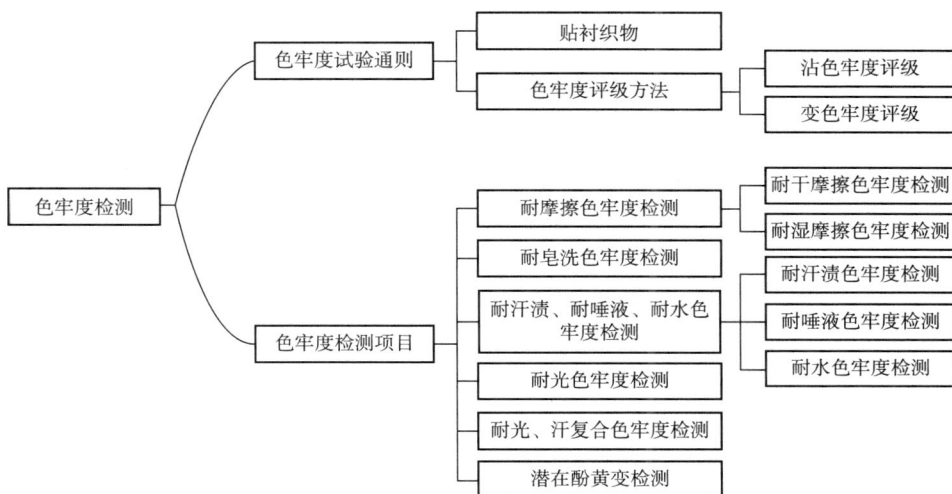

6.1　色牢度试验通则

☞ **知识目标**

1. 了解色牢度试验通则的适用范围

2. 熟悉单纤维贴衬织物和多纤维贴衬织物

3. 掌握色牢度测试结果的评级方法

☞ **能力目标**

1. 能根据测试的面料及测试项目进行贴衬布的选用

2. 能采用正确的方法进行准确的色牢度评级

☞ **素养目标**

1. 提高学生的色彩敏感度及色牢度评级的准确度

2. 培养学生分析检测订单的能力

☞ **思政目标**

1. 培养学生严谨的治学态度

2. 培养学生质量强国意识

【信息导入】

新闻链接：2023年多款衣物洗涤事故案例汇总

信息来源：中国商业联合会洗染专业委员会　发布日期：2024年2月5日

在某锦纶拼接服装耐摩擦色牢度测试中，未使用与锦纶相匹配的醋酯纤维贴衬，导致测试结果低于实际水平。测试需根据面料类型选择对应贴衬（如锦纶常用醋酯纤维），否则可能因摩擦条件不匹配导致评级错误。其造成的影响是误判产品合格性，增加退货或召回风险。

【新知讲授】

色牢度即染色牢度，指的是染色织物在加工或使用过程中，对外部因素，如摩擦、水洗、暴晒、汗渍、水渍、唾液浸渍等作用的抵抗力，是纺织品一项重要的内在质量指标。

根据引起褪色、沾色的条件不同，可以将织物的色牢度评价指标分为耐摩擦色牢度、耐皂洗色牢度、耐汗渍色牢度、耐唾液色牢度、耐水色牢度、耐光色牢度以及耐光、汗复合色牢度等。无论是检测哪一项指标，都需在 GB/T 6151—2016《纺织品　色牢度试验　试验通则》的指导下，根据对应的方法标准进行测试和评价。

色牢度试验是让纺织品试样在设定条件的作用下进行试验的。单独试样测试，只能评定其褪色的程度，如需要评定沾色，试样上应另附贴衬织物进行试验。

6.1.1　贴衬织物

6.1.1.1　贴衬织物的类型

贴衬织物是由单种纤维或多种纤维制成的一小块未染色织物，在试验中用以评定沾色。如不另做规定，单纤维贴衬织物一般指单位面积质量为中等水平的平纹织物，且织物不含化学损伤的纤维、整理后残留的化学物质、染料或荧光增白剂。多种纤维贴衬织物（图 6-1）则是由多种不同纤维的纱线制成，每种纤维形成一条至少 1.5cm 宽且厚度均匀的织条（图 6-2）。

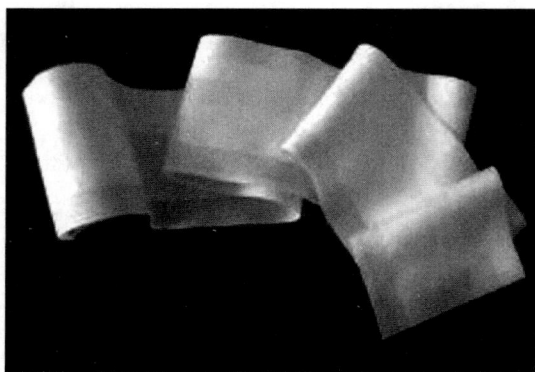

图 6-1　多种纤维贴衬织物

图 6-2　多纤贴衬织物上的织条

常见的多种纤维贴衬织物为六种纤维组成的贴衬织物，有 DW 型（醋酯纤维、漂白棉、聚酰胺纤维、聚酯纤维、聚丙烯纤维和羊毛）和 TV 型（三醋酯纤维、漂白棉、聚酰胺纤维、聚酯纤维、聚丙烯纤维和黏胶纤维）。

6.1.1.2　贴衬织物的选择和使用

贴衬织物的尺寸与被测试样的尺寸相同，通常为 40mm×100mm。

贴衬织物的选择和使用分两种情况。第一种情况选用单纤维贴衬织物，第一块贴衬织物应与被测试样或与混纺纤维中的主要成分是同类纤维；第二块贴衬织物应按各个试验方法的规定选用，或另做规定。两块贴衬织物分别将被测试样的两面完全覆盖。通常将试样夹于两块贴衬布中间，并沿一短边缝合（图 6-3，封 2 彩图 1）。

第二种情况使用多纤维贴衬织物，只需要一块贴衬织物，将被测试样的正面覆盖即可，同样是沿一短边缝合（图 6-4，封 2 彩图 2）。

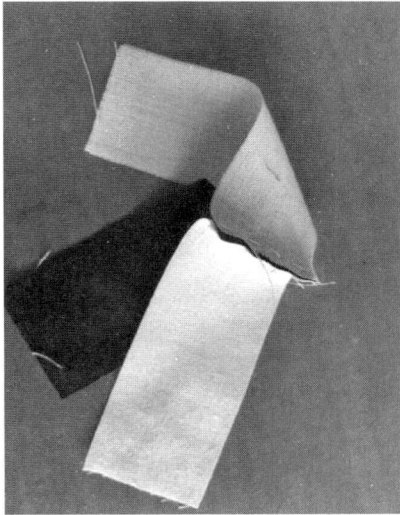

图 6-3　单纤维贴衬试样

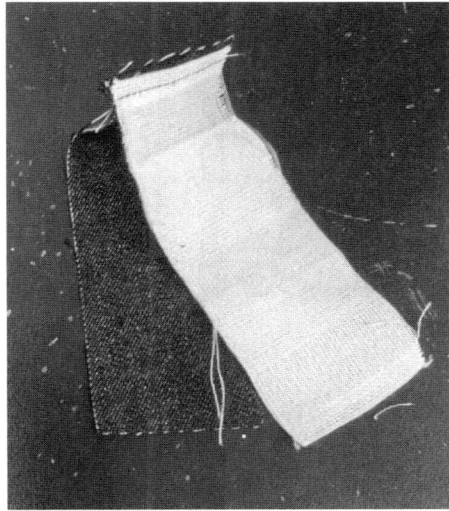

图 6-4　多纤维贴衬试样

6.1.2　色牢度评级

根据色牢度测试标准对样品进行色牢度的测试，测试结束后进行色牢度评级。色牢度评级分为沾色牢度等级和变色牢度等级。依据不同的色牢度测试标准，存在评沾色牢度或变色牢度等级，或是两种色牢度同时评级的情况。

色牢度评级主要采用目测的评定方式，光源、视线与被评定的织物距离和角度、对比区域的大小、被评定试样和对比样的厚薄程度等都被称为影响评定标准的因素。为了使所有的色牢度评定有一个共同的基准，本部试验通则规定使用 D_{65} 标准光源照射被测试样的表面上，入射光与试样表面约呈 45°角，观察方向大致垂直于试样表面。当评定出现争议时，则可采用仪器评级的方法，进行色牢度等级的确认。

6.1.2.1　沾色牢度的评级

沾色牢度是贴衬织物从处理浴中或从试样上沾染上转移过来的染料而染上颜色的程度，同样也是以目测对照的方式，将与试样接触的一面与贴衬织物原样，依据 GB/T 251（图 6-5）的规定进行评定。

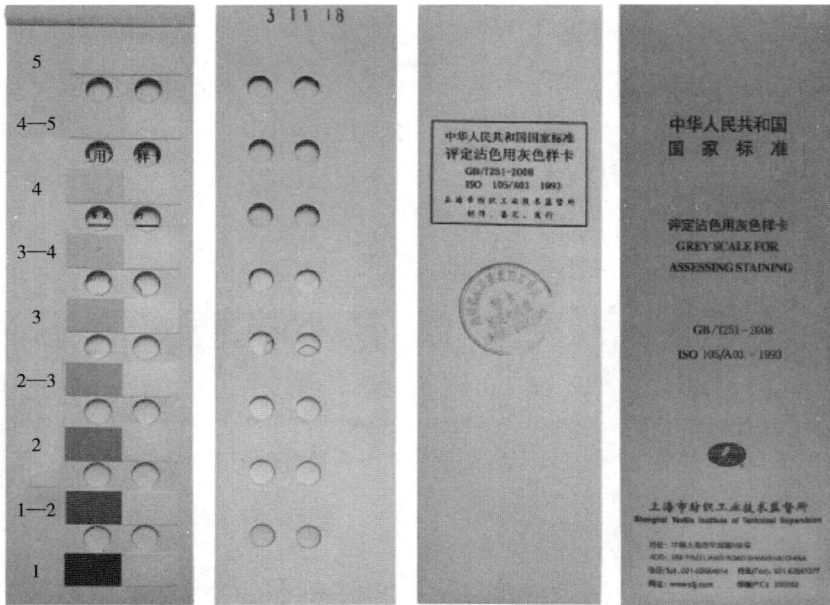

图 6-5　沾色灰卡

在标准光源箱内，将一块未沾色的贴衬织物（原贴衬）和色牢度试验中组合试样的一部分（试后贴衬）按同一方向并列紧靠置于同一平面，灰色样卡也靠近置于同一平面上。该平面与入射光源呈 45°角。当背衬会对纺织品外观产生影响，可取未沾色未染色的纺织品两层或多层垫衬于原贴衬和试后贴衬之下。

当原贴衬和试后贴衬之间的观感色差最接近于灰色样卡某等级所具有的观感色差时，该级数就作为该试样的沾色牢度级数。只有当试后贴衬和原贴衬之间没有观感色差时才可定为 5 级。其中，1 级表示沾色牢度最差，5 级表示沾色牢度最好。具体的变色灰卡的使用方法见码 6-2。

码 6-2　沾色灰卡评级

6.1.2.2　变色牢度的评级

变色牢度是以试后样和原样目测对比色差的大小为基础进行评级，依据 GB/T 250 的规定，目测对照有代表性的 9 对颜色小卡片（图 6-6），级别范围均从表示无色差的 5 级到表示较大色差的 1 级，如色差介于两级之间，应评为相应的半级，例如 4-5 级、3-4 级等，即分为五级九档。有些试样，其外表因素如绒毛的方向等引起光泽等变化，可能会影响目测评级，可先尝试梳刷使其恢复原状，再做评级。

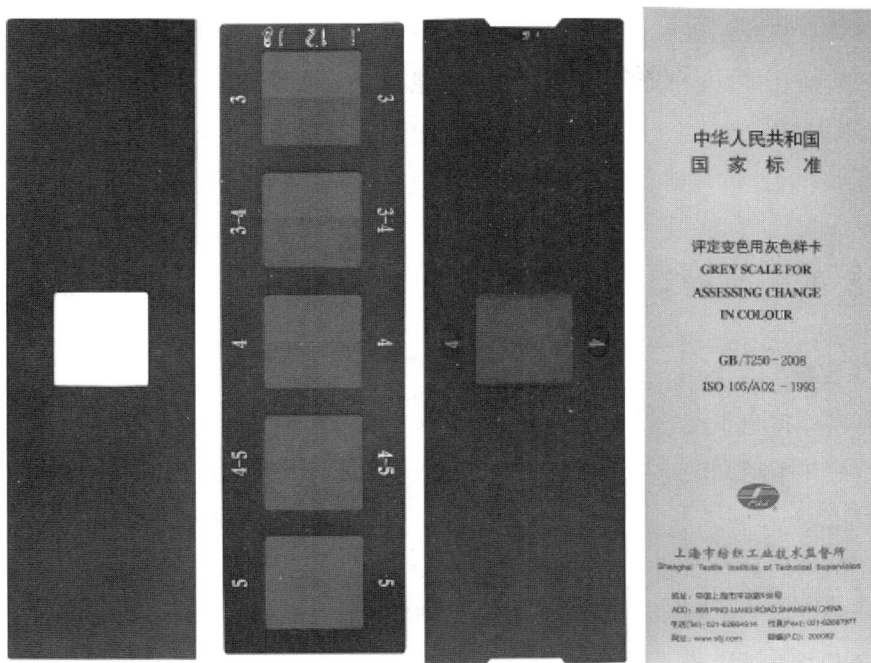

图 6-6　变色灰卡

　　评级时，在标准灯源箱下，将纺织品原样和试后样各一块按同一方向并列紧靠置于同一平面，该平面与入射光源的角度为 45°，灰色样卡也靠近并置于同一平面上。一般采用标准光源 D65 进行评级。

　　当原样和试后样之间的观感色差最接近于灰色样卡某等级所具有的观感色差时，该级数就作为该试样的变色牢度级数。只有当试后样和原样之间没有观感色差时才可定为 5 级。其中，1 级表示变色牢度最差，5 级表示变色牢度最好。具体的变色灰卡的使用方法见码 6-3。

码 6-3　变色灰卡评级

　　在对一批试样的灰卡评级之后，要将评定为同级的各对试样和试后样、各对原贴衬和试后贴衬相互间再作比较。这样能检查评级是否一致，因为此时评级上的任何差错都会特别突出。若某对的色差程度和同组的其他各对不一致，需要重新对照灰色样卡再作评定，必要时改变原来评定的色牢度级数。

➤思考与练习题

一、思考题

如何正确选择贴衬布？

码 6-4　参考答案 6.1 节

二、练习题

1. 在色牢度检测标准中，所有的贴衬布与织物都需要进行四边缝合。（　　　）

2. 在目前色牢度评级中，还是以人工目测评级为主。（　　　）

3. 在所有的色牢度检测中，均需要进行沾色和变色牢度评级。（　　　）

三、拓展题

对不同色牢度检测结果，进行沾色或变色牢度的评级。

6.2　纺织品耐摩擦色牢度的检测

码 6-5　实训单 6.2 节

☞ **知识目标**

1. 了解耐摩擦色牢度的测试原理和测试仪器

2. 掌握耐干摩擦和湿摩擦测试方法与步骤

☞ **能力目标**

1. 能正确处理湿摩擦贴衬布，并计算织物含湿率

2. 能正确进行干摩擦和湿摩擦测试及沾色牢度的评级

☞ **素养目标**

1. 提高学生安全试验操作，规范操作意识

2. 培养诊断问题、分析问题的能力

【信息导入】

新闻链接：上海海关公布去年商品检验八大不合格典型案例，包括医疗器械、儿童玩具等

信息来源：新民晚报　发布日期：2025-03-14

上海海关隶属外港海关对一批进口瑞典品牌棉制女童机织长裤实施检验时，检出耐湿摩擦色牢度 1-2 级，不符合 GB 31701—2015《婴幼儿及儿童纺织产品安全技术规范》第4.2 条耐湿摩擦色牢度应≥2-3 级的规定，判定该批童装不合格，并对其实施监督销毁处理。

耐湿摩擦色牢度是衡量纺织品颜色耐摩擦能力的一项重要指标。特别是对于儿童服装而言，这一指标的不合格可能会带来潜在的健康风险，会对皮肤产生刺激、引起过敏等，严重时还会对儿童的生长发育产生不良影响。

【新知讲授】

织物耐摩擦色牢度的检测是评估纺织品在摩擦作用下颜色保持能力的重要测试。通过评估纺织品在干、湿条件下的耐摩擦性能，确保其颜色稳定，不易褪色，从而维护产品的整体质量。耐摩擦色牢度检测的标准有 GB/T 3920—2024《纺织品　色牢度试验　耐摩擦色牢度》，GB/T 29865—2024《纺织品　色牢度试验　耐摩擦色牢度　小面积法》和 GB/T

42223—2022《纺织品 色牢度试验 耐摩擦色牢度 Gakushin 法》。

耐摩擦色牢度检测现行的检测标准是 GB/T 3920—2008《纺织品 色牢度试验 耐摩擦色牢度》。新版标准 GB/T 3920—2024《纺织品 色牢度试验 耐摩擦色牢度》在 2024 年 12 月公布，将于 2027 年 1 月 1 日实施，全面代替 2008 版。因两个版本的标准处于新旧交替阶段，下文进行比较分析，简称为 2008 版和 2024 版。

6.2.1 试验设备

耐摩擦色牢度仪（图 6-7）一般配有两种摩擦头，一种是长方形摩擦表面的摩擦头，尺寸大小为（19.0±0.2）mm×（25.4±0.2）mm，用来摩擦绒类织物，如纺织地毯；另一种是圆柱体的摩擦头，直径为（16±0.1）mm，用来摩擦单色或大面积印花的其他织物。无论采用哪种摩擦头，其都对被摩擦的织物施以（9±0.2）N 向下的力，且摩擦动程为（104±3）mm，共摩擦十个循环。

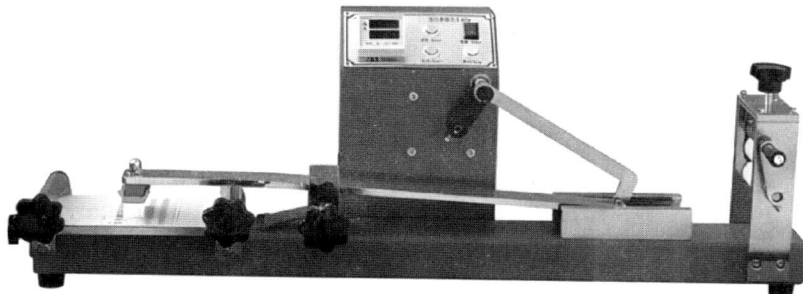

图 6-7 耐摩擦色牢度仪

2008 版摩擦布的选择符合 GB/T 7568.2《纺织品 色牢度试验 标准贴衬织物 第 2 部分：棉和黏胶纤维》规定的棉布，2024 版本则选择 GB/T 33729—2017《纺织品 色牢度试验 棉摩擦布》规定的棉摩擦布。若是圆柱体的摩擦头，摩擦布尺寸大小为（50±2）mm×（50±2）mm 的正方形。若是方形的摩擦头，摩擦布的尺寸（25±2）mm×（100±2）mm 的长方形。

6.2.2 试验过程

（1）取样

准备两组被测试样，尺寸均不小于 50mm×140mm，一组用于干摩擦色牢度测试，另一组用于湿摩擦色牢度测试。有两种不同的取样方法，其中一种方法是一块试样的长度方向平行于织物的经向（或纵向），另一块试样的长度方向平行于织物的纬向（或横向）；另一种方法是试样的长度方向与织物的经向或纬向成一定角度，2024 版本中规定角度为 45°。若是地毯试样的绒毛方向易于辨别，剪取试样时长度绒毛的顺向与试样长度方向一致。

（2）调湿

在试验前将试样和摩擦布放置在 GB/T 6529 规定的标准大气下调湿至少 4h。

（3）干摩擦色牢度测试

测试过程在 GB/T 6529 规定的标准大气下进行。第一步将被测试样用夹紧装置固定在试验仪的平台上，使试样的长度方向与摩擦头的运行方向一致。第二步将调湿后的摩擦布平放在摩擦头上，使摩擦布的经向与摩擦头的运动方向一致。第三步启动仪器，运行速度为每秒 1 个往复运动一次，共摩擦 10 个循环。待摩擦停止后，取下摩擦布，在标准大气中调湿至少 4h 后进行评级。干摩擦色牢度检测过程见码 6-6。

码 6-6　干摩擦色牢度检测

（4）湿摩擦色牢度测试

根据 2008 版本，湿摩擦色牢度的测试时，首先称量调湿后的摩擦布，将其完全浸入蒸馏水中，重新称量摩擦布以确保摩擦布的含水率达到 95%～100%。接着测试步骤同干摩擦，唯一不同的是，湿摩擦测试完成后，应先将摩擦布晾干后在标准大气中调湿至少 4h，再进行沾色牢度的评定。因为润湿后的织物，会使织物上的色泽显得更深，而导致评定出现误差，所以，必须将摩擦布干燥后再进行评定。

在 2024 版本中，将 2008 版本中湿摩擦布的含水率改成带液率，并增加计算公式，测试过程中可以根据式（6-1），进行湿摩擦布的带液率计算。需注意的是用可调节的轧液装置或其他适宜的装置调节摩擦布的带液率。

$$W = \frac{m_1 - m_0}{m_0} \times 100 \tag{6-1}$$

式中：W——摩擦布的带液率，%；

m_0——摩擦布调湿后的质量，g；

m_1——摩擦布浸水后的质量，g。

6.2.3　试验结果评级

2008 版规定在标准灯箱下，使用沾色灰卡进行评级，为了保证评级的准确性，在摩擦布和摩擦布原样后面垫上三层摩擦布原样。2024 版本新增评级前去除摩擦布表面可能影响评级多余的纤维内容。

在《国家纺织品基本安全技术要求规范》中，只对耐干摩擦色牢度进行考核。其限量值是婴幼儿产品达到 4 级，直接接触皮肤类和非直接接触皮肤类产品达到 3 级即可。

综上所述，织物耐摩擦色牢度的检测对于确保纺织品的质量、提升用户体验以及符合法规要求具有重要意义。通过科学的检测方法和严格的评级标准，可以有效评估纺织品的耐摩擦性能，并为产品改进和质量控制提供有力支持。

➤**思考与练习题**

码 6-7 参考答案 6.2 节

一、思考题

湿摩擦测试中，调湿后摩擦布的质量为 0.32g，试计算湿摩擦布质量应该控制在多少？

二、练习题

1. 在测试冲锋衣面料的摩擦色牢度时，应选用（　　）摩擦头。

A. 长方形　　　　B. 矩形　　　　C. 圆柱形　　　　D. 圆形

2. 在进行耐摩擦色牢度评级时，摩擦布后面需要放置（　　）层摩擦布。

A. 2　　　　　　B. 3　　　　　　C. 4　　　　　　D. 5

3. 耐摩擦色牢度的测试过程需要在标准大气下进行测试。（　　）

4. 耐摩擦色牢度测试时无须对试样进行调湿。（　　）

三、拓展题

查阅其他摩擦色牢度检测的国家标准，对比不同检测标准的区别。

6.3　纺织品耐皂洗色牢度的检测

码 6-8 实训单 6.3 节

☞ **知识目标**

1. 了解耐皂洗色牢度的测试原理

2. 掌握耐皂洗色牢度测试方法与步骤

☞ **能力目标**

1. 能规范选取耐皂洗的试样，并选择合适贴衬布进行制样

2. 能依据产品标准选择合适皂洗条件进行耐皂洗色牢度的测试

3. 能准确进行耐皂洗沾色和变色评级

☞ **素养目标**

1. 培养学生规范测试操作能力

2. 强化学生产品质量意识，培养严谨科学的态度

【**信息导入**】

新闻链接：上海市市场监管局发布秋冬服装监督抽查情况

信息来源：中国质量新闻网　发布日期：2024-01-31

上海市市场监管局调查多个区域及网络平台销售的秋冬服装，其检测结果中某品牌的牛仔裤耐皂洗色牢度实测为 2 级（标准值应≥2-3 级），与标准要求不符。

耐皂洗色牢度不合格，洗涤时极易掉色、沾色，影响纺织品正常使用。通过该案例可见，耐皂洗色牢度问题在电商服饰中仍高频发生，需通过工艺优化与检测合规性双重管控。

【新知讲授】

织物耐皂洗色牢度的检测是评估染色织物在洗涤过程中颜色保持能力的重要测试。其检测目的是评估染色织物在洗涤时的颜色稳定性，即颜色的保持能力。用于纺织服装的质量控制，确保产品在消费者使用过程中颜色不会发生明显褪色。

纺织品的耐皂洗色牢度检测采用的是国家推荐性标准 GB/T 3921—2008《纺织品 色牢度试验 耐皂洗色牢度》。

6.3.1 试验设备

试验过程中通常使用耐洗色牢度试验机（图6-8）来模拟洗涤过程。该设备应含有合适的机械洗涤装置、机械搅拌器、加热板，同时配有不锈钢珠。

6.3.2 试验试剂

图6-8 耐洗色牢度试验机

根据检测标准 GB/T 3921，耐皂洗色牢度测试的皂液分为两种类型。类型一：试验条件为 A 和 B，每升水中含 5g 肥皂，肥皂要求见表6-1；类型二：试验条件为 A 和 B，每升水中含 5g 肥皂和 2g 无水碳酸钠。具体操作是准确称量肥皂或肥皂+无水碳酸钠，将肥皂充分地分散溶解在温度为（25±5）℃的三级水中，搅拌时间（10±1）min，确保肥皂充分溶解。

表6-1 肥皂要求（以干重计）

名称	含量
水分	≤5%
游离碱（以 Na_2CO_3 计）	≤0.3%
游离碱（以 NaOH 计）	≤0.1%
总脂肪物	≥850g/kg
制备肥皂混合脂肪酸冻点	≤30℃
碘值	≤50

注 肥皂不应含荧光增白剂。

6.3.3 试验过程

（1）取样

距离布边 15cm，避开褶皱和疵点进行取样，试样大小为 100mm×40mm。取两块试样，一块作为测试样，另一块作为变色牢度评级原样。

（2）组合试样

取样后进行组合试样的缝制。组合试样的方式详见色牢度试验通则。

多纤维贴衬织物应符合 GB/T 11404 标准，根据试验要求进行 40℃和 50℃的试验，选择含羊毛和醋纤的 DW 型多纤维贴衬织物；某些情况下 DW 型多纤维贴衬布也可用于 60℃的试验，需在试验报告中注明。进行某些 60℃的试验和所有 95℃的试验时，选择不含羊毛和醋纤的 TV 型多纤维贴衬织物。

对于两块单纤维贴衬织物，第一块应由与试样的同类纤维制成，第二块由表 6-2 规定的纤维制成。如试样为混纺或交织品，则第一块由主要含量的纤维制成，第二块由次要含量的纤维制成；若另有规定，则按其他规定执行。

表 6-2　单纤维贴衬织物

第一块	第二块	
	40℃和 50℃的试验	60℃和 95℃的试验
棉	羊毛	黏胶纤维
羊毛	棉	—
丝	棉	—
麻	羊毛	黏胶纤维
黏胶纤维	羊毛	棉
醋酯纤维	黏胶纤维	黏胶纤维
聚酰胺	羊毛或棉	棉
聚酯纤维	羊毛或棉	棉
聚丙烯腈	羊毛或棉	棉

（3）测试

第一步按照所采用的试验方法来制备皂液，根据表 6-3 将皂液预热到测试温度±2℃。第二步称取组合试样的质量，按照浴比 50∶1 计算皂液的质量。第三步注入预热至试验温度±2℃、规定量的皂液，将组合试样以及规定数量的不锈钢珠放在容器内，盖上容器。第四步将试验容器放入皂洗试验机中，依据表 6-3 试验条件设定温度和时间，然后进行皂洗程序。需要注意的是，宜将含荧光增白剂和不含荧光增白剂的试验所用容器清楚地区分开。

试验结束后，取出组合试样，分别用三级水清洗两次，然后在流动水中冲洗至干净。随后用手挤去组合试样上过量的水分，将试样放在两张滤纸之间并挤压除去多余水分，再将其悬挂在不超过 60℃的环境中干燥，确保试样与贴衬织物仅由一条缝线连接。耐皂洗色牢度的测试过程见码 6-9。

码 6-9　耐皂洗
色牢度测试

表 6-3　试验条件

试验方法编号	温度/℃	时间	钢珠数量	碳酸钠
A（1）	40	30min	0	-
B（2）	50	45min	0	-
C（3）	60	30min	0	+
D（4）	95	30min	10	+
E（5）	95	4h	10	+

6.3.4　试验结果评级

在标准灯箱下，采用 D_{65} 标准光源，用灰色样卡或仪器，将试样与原始试样对比，评定试样的变色和贴衬织物的沾色程度。色牢度等级分为五级九档，1 级最差，5 级最好。

耐皂洗色牢度与消费者日常的使用息息相关，具有高等级耐皂洗色牢度的产品可以减少日常洗涤中的褪色问题，延长产品使用寿命。通过科学的检测方法和严格的评级标准，可以有效评估纺织品的耐皂洗色牢度性能，并为产品改进和质量控制提供有力支持。

➢**思考与练习题**

一、思考题

耐皂洗色牢度贴衬布的选择原则是什么？

码 6-10　参考答案 6.3 节

二、练习题

1. 耐皂洗色牢度等级分为 5 级，5 级最差。（　　　）

2. 在国家标准 GB/T 3921 耐皂洗色牢度等级的测试方法中，均需要加入钢珠进行测试。（　　　）

三、拓展题

查阅资料，耐皂洗色牢度有无其他的检测标准，如国际检测标准、美国检测标准等。

6.4　纺织品耐汗渍、耐唾液和耐水色牢度的检测

☞ **知识目标**

1. 了解纺织品耐汗渍、耐唾液和耐水色牢度的测试的区别

2. 熟悉碱性和酸性汗渍、人工唾液的配制处方与方法

3. 掌握耐汗渍、耐唾液和耐水色牢度的测试方法与步骤

码 6-11　实训单 6.4 节

☞ **能力目标**

1. 能精确配制酸性汗渍、碱性汗渍和人工唾液

2. 能进行耐汗渍、耐唾液和耐水色牢度的检测及结果评级

☞ **素养目标**

1. 培养学生标准化操作习惯，杜绝人为误差

2. 规范处理化学试剂，避免造成环境污染，提高环保意识

☞ **思政目标**

1. 认识纺织品色牢度检测对消费者健康和资源节约的双重意义，强化从业者的职业责任感

2. 培养精益求精的操作态度，树立遵守国家标准的合规意识

【信息导入】

新闻链接：厦门市市场监督管理局 2023 年服装服饰产品质量监督抽查情况

信息来源：中国质量新闻网　发布日期：2024-03-06

2023 年，厦门市市场监督管理局组织抽查多批次、多厂家的服装产品，抽查结果显示，有 14 批产品不合格，不合格项目为纤维含量、耐汗渍色牢度、耐水色牢度、pH。

【新知讲授】

耐汗渍色牢度、耐水色牢度和耐唾液色牢度的试验原理类似。试验方法相同，不同之处在于浸渍的试液。测试过程均是将纺织品试样与标准贴衬织物缝合在一起，分别置于汗渍试液、水或人工唾液中，去除多余的试液，再将其放在试验装置内两块平板之间并施加规定压强，在规定条件下保持一定时间，然后将试样和贴衬织物分别干燥，最后用灰色样卡或仪器评定试样的变色和贴衬织物的沾色程度。采用的检测标准是 GB/T 3922—2013《纺织品　色牢度试验　耐汗渍色牢度》、GB/T 5713—2013《纺织品　色牢度试验　耐水色牢度》和 GB/T 18886—2019《纺织品色牢度试验　耐唾液色牢度》。

6.4.1　试验装置及设备

准备一套由不锈钢架、11 片玻璃板或丙烯酸树脂板和一个可以使组合试样受压（12.5±0.9）kPa 的重锤所组成的试验装置（图 6-9），以及一台能使温度保持在（37±2）℃的烘箱（图 6-10）。

图 6-9　耐汗渍色牢度试验装置　　　　图 6-10　耐汗渍色牢度烘箱

6.4.2 试验试剂

耐汗渍色牢度需用到碱性汗渍试液（表6-4）和酸性汗渍试液（表6-5），耐唾液色牢度需要配制人造唾液（表6-6），配制时均使用三级水配制。以上试剂溶液都是现配现用。人造唾液配好后应避光保存。耐汗渍色牢度试剂的配制过程见码6-12。

码6-12 耐汗渍色牢度试剂的配制

表6-4 碱性汗渍试液配方

试剂名称	用量
L-组氨酸盐酸盐一水合物（$C_6H_9O_2N_3 \cdot HCl \cdot H_2O$）	0.5g/L
氯化钠（NaCl）	5.0g/L
磷酸氢二钠十二水合物（$Na_2HPO_4 \cdot 12H_2O$）	5.0g/L
或磷酸氢二钠二水合物（$Na_2HPO_4 \cdot 2H_2O$）	2.5g/L
0.1mol/L 氢氧化钠溶液	调节 pH 至（8.0±0.2）

表6-5 酸性汗渍试液配方

试剂名称	用量
L-组氨酸盐酸盐一水合物（$C_6H_9O_2N_3 \cdot HCl \cdot H_2O$）	0.5g/L
氯化钠（NaCl）	5.0g/L
磷酸氢二钠二水合物（$Na_2HPO_4 \cdot 2H_2O$）	2.2g/L
0.1mol/L 氢氧化钠溶液	调节 pH 至（5.5±0.2）

表6-6 人造唾液试液配方

试剂名称	用量
六水合氯化镁（$MgCl_2 \cdot 6H_2O$）	0.17g/L
二水合氯化钙（$CaCl_2 \cdot 2H_2O$）	0.15g/L
三水合磷酸氢二钾（$K_2HPO_4 \cdot 3H_2O$）	0.76g/L
碳酸钾（K_2CO_3）	0.53g/L
氯化钠（NaCl）	0.33g/L
氯化钾（KCl）	0.75g/L
1%盐酸溶液	调节 pH 至（6.8±0.1）

6.4.3 试验过程

（1）取样

距离布边 15cm，避开褶皱和疵点进行取样，试样大小为 100mm×40mm。耐汗渍色牢度取样三块，一块用于耐碱性汗渍色牢度测试，一块用于耐酸性汗渍色牢度测试，最后一块作为原样进行变色牢度评级。耐水和耐唾液色牢度则只需取两块试样。

（2）组合试样

取样后进行组合试样，组合试样的方式详细见色牢度试验通则。

常用的单纤维贴衬织物有羊毛、棉、丝、亚麻、苎麻、黏胶纤维、聚酰胺纤维、聚酯纤维、聚丙烯纤维、二醋酯纤维等。如要选择单纤维贴衬织物，这三种色牢度检测的规定是一样的，即第一块贴衬织物选择与试样同类的纤维，第二块则按表 6-7 进行选择。如是多组分混纺，选用前两种主要成分的纤维种类作为单纤维贴衬织物。如是纯纺面料，则按执行标准中的单纤维贴衬织物来选择。其他种类纤维可参照同类或相近纤维使用。

表 6-7　单纤维贴衬织物

第一块	第二块
棉	羊毛
羊毛	棉
丝	棉
麻	羊毛
黏胶纤维	羊毛
醋酯纤维	黏胶纤维
聚酰胺纤维	羊毛或棉
聚酯纤维	羊毛或棉
聚丙烯腈纤维	羊毛或棉

（3）浸渍及加压

组合试样制作好后，用百分之一天平称量，按照 50:1 的浴比，注入相关试剂，在室温下放置 30min。在浸渍的过程中，应不时掀压、拨动，以确保试样和贴衬织物，尤其是羊毛纤维能被试液均匀且完全润湿。取出试样，用两个玻璃棒夹去组合试样上多余的残液后，将其置于两块玻璃棒或聚丙烯酸树脂板之间。根据标准规定，一组试验装置一次只能放置 10 块组合试样。如单次测定时组合试样不足 10 块，也一样要将 11 块平板放入试验装置中。码放整齐后，放上重锤，旋紧螺母。如果是进行耐汗渍色牢度测定时，浸渍碱性试样的组合试样和浸渍酸性试剂组合试样，应分开放在不同的试验装置上。

（4）烘燥

将试验装置水平或垂直地放入恒温箱中，在（37±2）℃的条件下保持 4h。之后取出组合试样，将其展开，悬挂在不超过 60℃ 的空气中干燥。

需要注意，在耐水色牢度检测中，从烘箱取出组合试样时，应认真检查，如发现有组合试样有干燥的迹象，应弃去并重新测试。以耐汗渍色牢度为例，具体测试过程见码 6-13。

码 6-13　耐汗渍色牢度的测试

6.4.4　试验结果评级

在评定之前，可拆开缝合的短边，以便进行试样的变色和贴衬织物的沾色评定。如果是使用多种纤维贴衬织物，应对每种纤维的沾色都进行评定并记录，同时应注明使用的多种纤维贴衬织物类型。在确定试样沾色级数时，以最差的级数作为最终结果。

《国家纺织品基本安全技术要求规范》中，婴幼儿产品的耐水、耐碱汗渍、耐酸汗渍的变色和沾色牢度均要求达到 3-4 级，而直接接触皮肤和非直接接触皮肤产品则只需达到 3 级即可。

织物耐汗渍色牢度的检测对于服装类产品尤为重要，因为纺织品长时间紧贴着皮肤，与汗液接触可能会使染料从纺织品转移到皮肤上，甚至通过皮肤被人体吸收而危害健康。

> **思考与练习题**

一、思考题

耐汗渍色牢度的检测步骤是什么？

码 6-14　参考答案 6.4 节

二、练习题

1. 碱性汗液和酸性汗液无须现配现用。（　　　）

2. 人工唾液需要避光保存。（　　　）

3. 在使用耐汗渍色牢度仪时，浸渍后进行加压四份试样组合，需使用（　　　）块树脂极。

A. 4　　　　　　　B. 5　　　　　　　C. 10　　　　　　　D. 11

6.5　纺织品耐光色牢度的检测

☞ **知识目标**

1. 了解耐光色牢度测试的意义和检测设备

2. 掌握耐光色牢度测试方法与步骤

☞ **能力目标**

1. 能正确进行耐光色牢度试样的取样

2. 能依据产品标准选择测试条件进行耐光色牢度的测试及评级

☞ **素养目标**

1. 培养学生规范测试操作能力

2. 培养学生质量意识

【信息导入】

新闻链接：北京消协通报：15 个品牌床上用品样品检测不达标

信息来源：中国青年网　发布日期：2024-07-24

7 月 22 日，北京市消费者协会官方微信公众号发布通报称，经测试 80 件床上用品发现，某品牌样品的耐光色牢度不符合标准要求。

【新知讲授】

纺织品耐光色牢度（日光）试验是评估染色织物在日光照射下保持原来色泽能力的重要测试。该试验可评估染色织物在日光照射下的颜色稳定性，即色泽保持能力。这直接关系到纺织品的耐久性和外观质量。

国家推荐适用的标准 GB/T 8427—2019《纺织品　色牢度试验　耐人造光色牢度：氙弧》，是将纺织品试样与一组蓝色羊毛标样一起在人造光源下按照规定条件曝晒，然后将试样变色与蓝色羊毛标样变色进行对比，评定色牢度。

6.5.1　试验设备

耐日晒色牢度检测设备通常有空冷式（图 6-11）和水冷式（图 6-12）两种，分别采用空气冷却和三级水冷却的方式来控制设备的温度。但如果设备温度过高，会自动停止测试。

图 6-11　空冷式耐日晒牢度仪　　　　图 6-12　水冷式耐日晒牢度仪

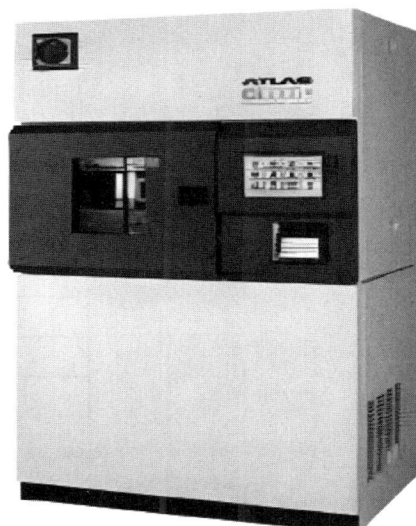

6.5.2　蓝色羊毛标样

蓝色羊毛标样有两组，使用不同的蓝色羊毛标样获得的测试结果不可互换。

149

第一组蓝色羊毛标样是由欧洲研制。这些标样是用标准规定的蓝色染料染成的蓝色羊毛织物，编号为1~8。编号1表示色牢度低，编号8表示色牢度高。每一较高编号蓝色羊毛标样的耐光色牢度比前一编号约高一倍。

第二组蓝色羊毛标样是由美国研制，蓝色羊毛标样编号为L2~L9。这八个蓝色羊毛标样是用CI媒介蓝1（CI mordant blue 1）染色的羊毛和用CI可溶性还原蓝8（CI solubilised vat blue 8）染色的羊毛以不同混纺比特制而成的，每一较高编号蓝色羊毛标样的耐光色牢度比前一编号约高一倍。

6.5.3　试验过程

国家标准GB/T 8427—2019《纺织品　色牢度试验　耐人造光色牢度：氙弧》中，共规定了五种不同测试方法，以方法1为例介绍耐人造光色牢度检测过程，具体测试过程见码6-15。

（1）取样

依据标准取样，样品尺寸不小于45mm×10mm。对于织物试样，应将其紧附于白纸卡上；对于纱线试样，则将其紧密卷绕于白纸卡或平行排列固定于白纸卡上；对于散纤维试样，则将其梳压整理成均匀薄层固定于白纸卡上。每一曝晒和未曝晒区域面积不应小于10mm×8mm。

码6-15　耐人造光色牢度测试

为了便于操作，可将一个或多个试样和相同尺寸的蓝色羊毛标样一同装样，示意图如图6-13（封2彩图3）所示，置于一个或多个白纸卡上。图6-13中1表示遮盖区域，2表示蓝色羊毛标样或试样。

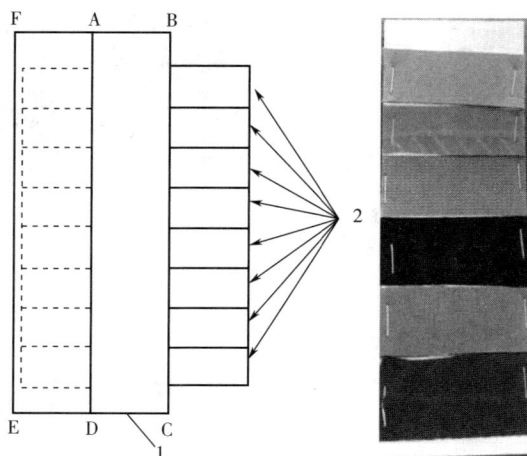

图6-13　装样图示意图

遮盖物应与试样和蓝色羊毛标样的未曝晒面紧密接触，使曝晒和未曝晒部分之间界限分明，但不应压得太紧。试样的尺寸和形状应与蓝色羊毛标样相同，以免在对曝晒与未曝晒部分目测评级时，因面积较大的试样对照面积较小的蓝色羊毛标样而会出现较大的评定偏差。

对于较厚的试样，应对蓝色羊毛标样进行调整，例如在蓝色羊毛标样下衬垫硬卡，以使光源至蓝色羊毛标样的距离与光源至试样表面的距离相同，但应避免遮盖物将试样未曝晒部分表面压平。

对于具有绒面结构的较厚纺织品，因其小面积不易评定，所以曝晒面积应不小于 50mm×40mm，最好选择更大面积。

（2）遮盖试样

用适当的遮盖物遮盖装有标样的白纸卡，使标样的曝晒和未曝晒部分的面积均不小于 10mm×8mm。将试样和蓝色羊毛标样排列在白纸卡上。用遮盖物 ABCD 遮盖试验卡中间的三分之一区域。不必将蓝色羊毛标样和试样放在同一个试验卡上，但试验卡应放在合适的试样夹内。

（3）试验

将装好的试验卡放入试验舱内，并使其在表 6-8 中选定的曝晒条件下进行第一阶段曝晒，直到目标蓝色羊毛标样的未曝晒和曝晒部分的色差达到灰色样卡 4 级。在此阶段注意光致变色的可能性（具体可参考 GB/T 8431）。

表 6-8　曝晒条件

曝晒循环	曝晒循环 A1	曝晒循环 A2	曝晒循环 A3	曝晒循环 B
条件	通常条件	低湿极限条件	高湿极限条件	—
对应气候条件	温带	干旱	亚热带	—
蓝色羊毛标样	1~8			L2~L9
黑标温度/℃	47±3	62±3	42±3	65±3
黑板温度/℃	45±3	60±3	40±3	63±3
有效湿度	大约 40% 有效湿度（当蓝色羊毛标样 5 的变色达到灰色样卡 4 级时，可实现该有效湿度）	低于 15% 有效湿度（当蓝色羊毛标样 6 的变色达到灰色样卡 3-4 级时，可实现该有效湿度）	大约 85% 有效湿度（当蓝色羊毛标样 3 的变色达到灰色样卡 4 级时，可实现该有效湿度）	低湿（湿度控制标样的色牢度为 L6~L7）
仓内相对湿度	符合有效湿度要求			(30±5)%
辐照度	当辐照度可控时，辐照度应控制为 (42±2) W/m² （波长在 300~400nm）或 (1.10±0.02) W/m² （波长在 420nm）			

注　该试验条件的仓内空气温度为 (43±2)℃。
　　由于试验仓空气温度与黑标温度和黑板温度不同，所以不宜采用试验仓空气温度控制。
　　当曝晒的湿度控制标样变色达到灰色样卡 4 级时，评定蓝色羊毛标样的变色，据此确定有效湿度。
　　宽波段（300~400nm）和窄波段（420nm）的辐照度控制值是基于通常设置，但不表明在所有类型设备中均等效。必要时需咨询设备制造商其他控制波段的等效辐照度。

移开原遮盖物，并用另外一个遮盖物遮盖 FBCE 区域（图 6-13），仅曝晒试验卡的右边三分之一部分。宜用新遮盖 FBCE 替换遮盖物 ABCD，以避免漏光产生不良影响。如果增加遮盖物 ADEF，该遮盖物宜足够大并与原有遮盖物重叠，确保 AD 边缘上没有漏光。将试验卡放回试验舱内继续进行第二阶段曝晒，直到目标蓝色羊毛标样曝晒和未曝晒部分的色差达到灰色样卡 3 级。

6.5.4　试验结果评级

移开所有遮盖物，试样和蓝色羊毛标样露出试验后的各个分段面，根据所选方法，不同分段面曝晒不同时间，且一处未受到曝晒。

在对试样变色和蓝色羊毛标样变色比较时，应使用评级遮框遮挡试样，以方便评级。在评级箱的 D_{65} 光源下，比较试样变色与蓝色羊毛标样的相应变色，如果使用其他光源应经相关方同意并在试验报告中注明。对于使用蓝色羊毛标样的方法，试样的耐光色牢度即为显示相似变色（试样曝晒和未曝晒部分的目测色差）的蓝色羊毛标样的号数。如果试样所显示的变色更近于两个相邻蓝色羊毛标样的中间级数，则应评定为一个中间级数，例如 3-4 级或 L2-L3 级。级数应只限于整级或中间级。

耐人造光色牢度的检测，是通过人造氙弧灯测试纺织品在长时间光照下的抗褪色、抗变色能力，为产品颜色的耐久性提供科学依据。

➢思考与练习题

一、思考题

目前常见的日晒牢度仪应如何控制温度？

码 6-16　参考答案 6.5 节

二、练习题

1. 耐光色牢度等级分为 5 级。（　　　）

2. 蓝色羊毛标样有 2 组，每组有 8 个不同等级的耐光性能，不同组别的羊毛标准的测试结果可以互换。（　　　）

三、拓展题

查阅资料，分析如何选择蓝色羊毛标样。

6.6　纺织品耐光、汗复合色牢度的检测

☞ **知识目标**

1. 理解耐光、汗复合色牢度测试的意义

2. 掌握耐光、汗复合色牢度测试方法与步骤

☞ 能力目标

1. 能正确进行耐光、汗复合色牢度试样的取样

2. 能根据标准进行耐光、汗复合色牢度的测试及评级

☞ 素养目标

1. 培养学生规范测试操作能力

2. 培养规范处理化学试剂能力，提高安全与环保意识

【信息导入】

新闻链接：502 款服装不合格，多个品牌上质量黑榜

信息来源：《南方都市报》　发布日期：2023-08-21

广东省市场监督管理局进行服装质量抽查，发现某品牌 1 款针织上衣存在耐光、汗复合色牢度项目不合格情况，该款针织上衣被列为此次不合格服装产品之一。

【新知讲授】

织物耐光、汗复合色牢度的检测是评估纺织品在人体汗液和日光共同作用下保持原来色泽能力的重要测试。耐光汗色牢度是将经过人工汗液处理后的试样与蓝色羊毛标样同时放在耐光试验机中，并在规定条件下曝晒。当蓝色羊毛标样的褪色达到终点后，取出试样，用灰色样卡或仪器评定其变色级数。测试使用国家标准 GB/T 14576—2009《纺织品　色牢度试验　耐光、汗复合色牢度》。

6.6.1　试验汗液

国家标准 GB/T 14576 中共规定了两种酸性汗液的配方和一种碱性汗液的配方。酸性汗液 1 的配方来自标准 AATCC TM 15（表 6-9），酸汗液 2 和碱汗液配方来自标准 GB/T 3922。汗液的制备，需要准确称量试剂的用量，用三级水溶解，注意调节溶液的 pH。三种汗液均需要现配现用。

表 6-9　酸汗液 1 配方

试剂名称	用量
L-组氨酸盐酸盐一水合物（$C_6H_9O_2N_3 \cdot HCl \cdot H_2O$）	0.5g/L
氯化钠（NaCl）	5.0g/L
磷酸氢二钠二水合物（$Na_2HPO_4 \cdot 2H_2O$）	1g/L
85%乳酸（$CH_3CHOHCOOH$）	1g/L

注　溶液的 pH 应为 4.3±0.2。

6.6.2　试验过程

（1）取样

取样时应距离布边 15cm 以上，避开褶皱和疵点，试样尺寸取决于试样数量及所用耐光

试验机试样架的形状和尺寸，试样尺寸不小于 45mm×10mm。每种汗液对应制备一块试样。

如试样是织物，应紧附于防水白板上；如试样是纱线，则紧密卷绕于防水白板上，或平行排列固定于防水白板上；如试样是散纤维，则梳压整理成均匀薄层固定于防水白板上。

（2）称重

称取试样质量，精确至 0.01g。

（3）浸渍汗液

将试样放入一适宜的容器中，加入 50mL 新配制的汗液。将试样完全浸没于汗液中，在室温下浸泡（30±2）min，其间应对试样稍加揿压和搅动，以保证试样完全润湿。

从汗液中取出试样，去除试样上多余的汗液，然后称取试样的质量，使其带液率为（100±5）%。

（4）制样

将浸泡过汗液的试样固定在防水白板上，且不遮盖试样。把蓝色羊毛标样 4 固定在另一块白板上，注意不要让其被汗液浸湿，然后按 GB/T 8427 的规定进行遮盖。将固定好试样和蓝色羊毛标样的白板分别装在试样架上，由于试样测试有一定的带液率，因此要求试样放置需要按照颜色规律进行排列。

（5）测试

将装有试样和蓝色羊毛标样的试样架置于耐光试验机的曝晒舱内，按照 GB/T 8427 或 FZ/T 01096 规定的任一个曝晒条件（表 6-7）进行曝晒，曝晒条件事先应由有关各方商定。连续曝晒，直到蓝色羊毛标样 4 的变色达到灰卡 4-5 级或由有关各方事先商定的褪色等级，此时用灰色样卡或仪器评定，曝晒即可终止。

6.6.3 试验结果评级

取出试样，用室温的三级水清洗 1min，然后悬挂在温度不超过 60℃的空气中晾干，之后进行评级，评级方法类似耐光色牢度的评级。

目前对纺织品的色牢度监管日益强化，像防晒衣、运动服等功能性服装成为抽检的重点，耐光、汗复合色牢度的要求趋于严格。耐光、汗复合色牢度测试是平衡纺织品美观性、安全性与耐久性的关键环节，它既为生产工艺改进提供科学依据，又为消费者权益和行业规范提供保障。

> **思考与练习题**

一、思考题

简述耐光、汗复合色牢度的测试步骤。

码 6-17　参考答案 6.6 节

二、练习题

1. 耐光、汗复合色牢度试样可以随机排列在白板上。（　　　）

2. 耐光、汗复合色牢度测试中，浸渍汗渍液需要加入（　　　）mL。

A. 30　　　　　　B. 40　　　　　　C. 50　　　　　　D. 100

3. 不同的汗渍液的测试样可以放在同一块白板上。（　　　）

三、拓展题

对比耐人造光色牢度和耐光、汗复合色牢度检测步骤的区别。

6.7 纺织品潜在酚黄变的检测

☞ **知识目标**

1. 理解织物潜在酚黄变机理与风险

2. 掌握织物潜在酚黄变检测的测试方法与步骤

☞ **能力目标**

1. 能正确制备试验测试包

2. 识别测试误差来源，掌握复测及校准规范

3. 能准确进行耐潜在酚黄变的结果评级

☞ **素养目标**

1. 规范处理含酚试纸及测试废弃物，遵守实验室化学试剂管理规范，提高环保与安全意识

2. 培养标准化操作习惯，避免因操作失误造成结果偏差

【信息导入】

新闻链接：上海多家品牌公司的 17 批次服装不合格—比较试验·抽检—中国消费网

信息来源：中国消费网　发布日期：2025-02-20

上海市市场监管局对多地区、多家企业不同批次的秋冬风衣大衣进行抽查。在检测结果中，某家公司的女式大衣酚黄变指标不合格，酚黄变实测为 3-4 级（标准值应≥4 级），与标准要求不符。该项目不合格，会导致服装（尤其是白色和浅色产品）在包装、运输或贮存过程中发生黄变现象，影响产品的外观。

【新知讲授】

潜在酚黄变是指纺织品在储存、运输或使用过程中，因接触含酚类物质（如包装材料中的抗氧化剂 BHT）并与氮氧化物（NO_x）反应，导致织物表面逐渐泛黄的现象。其核心机理是 BHT（2，6-二叔丁基-4-甲基苯酚）与空气中的 NO_x 反应生成 DTNP（2，6-二叔丁基-4-硝基苯酚），DTNP 在酸性条件下呈无色状态，但遇碱性物质或高温时会升华并引发黄变。

织物潜在酚黄变的测试方法是将各试样和控制织物夹在含有 BHT 的试纸中，置于玻璃板间并叠加在一起，用不含 BHT 的聚乙烯薄膜将其裹紧形成一个测试包，在规定的压力下，放入恒温箱或烘箱中一定时间。之后用评定沾色用灰色样卡评定试样的黄变级数，以此评估试样产生酚黄变的可能性。测试采用国家标准 GB/T 29778—2013《纺织品　色牢度试验　潜在酚黄变的评估》。

6.7.1　试验设备

潜在酚黄变检测的仪器主要有玻璃板、恒温箱或烘箱以及试验装置。

玻璃板的尺寸为（100±1）mm×（40±1）mm×（3±0.5）mm。玻璃板在使用之前需要彻底清洁，注意不要残留清洁剂（如乙醇）。恒温箱或烘箱的试验温度保持在（50±3）℃。试验装置由一副不锈钢架组成，配有质量为（5.0±0.1）kg、底部尺寸至少为115mm×60mm 的重锤，且重锤能与不锈钢架装配在一起。试验装置的结构应保证试验中移开重锤后试样所受压力不变。类似 GB/T 3922 汗渍色牢度检测使用的试验装置相同，如图 6-14 所示。

图 6-14　潜在酚黄变试验装置

6.7.2　试验材料

试验材料包含试纸、控制织物和聚乙烯薄膜。

试纸尺寸为（100±2）mm×（75±2）mm，在 20℃时单位面积质量为（88±7）g/m²，纤维素成分大于 98%。经过浓度小于 0.1% 的 BHT 溶液处理，用评定沾色用灰色样卡评级时，使控制织物的黄变级数等于或小于 3 级。每次试验需使用新的试纸，试纸用可密封的铝箔包装，储存在阴凉干燥的环境或经调湿的实验室中，开封后试纸的使用期限为 6 个月。

控制织物的尺寸为（100±2）mm×（30±2）mm，为白色聚酰胺纤维织物，按本方法试验后变黄。

聚乙烯薄膜，不含 BHT，厚度约为 63μm，尺寸最小为 400mm×200mm。

6.7.3　试验过程

（1）取样

选取能够代表样品的试样一块，或按相关方协商取样，试样尺寸约为 100mm×30mm。对于纱线或纤维，取足量的纱线或散纤维，手工梳压成尺寸约为 100mm×30mm 的薄片。对于织物，试样尺寸约为 100mm×30mm。潜在酚黄变测试的过程见码 6-18。

码 6-18　潜在酚黄变色牢度测试

（2）准备测试包

准备仪器和材料，取 7 块玻璃板、最多 6 张试纸、最多 5 块试样以及 1 块控制织物，如图 6-15 所示。

将各试样和控制织物分别夹在沿长度方向对折的试纸中间，形成最多六份夹心组合试样。接着将这些组合试样分别置于两块玻璃板之间，各组合试样间均由一块玻璃板隔开。当被测试样少于五块时，仍需七块玻璃板和一块控制织物。

将叠放好的一组玻璃板、试纸、试样和控制织物，用三层聚乙烯薄膜裹紧，再用胶带密封形成一个测试包。将测试包放在试验装置中，并施加（5.0±0.1）kg 的重锤，以使试样承受相应的压力。每个试验装置可同时放置三个测试包，且这些测试包彼此叠放在一起。

图 6-15　测试试验包

1—7 块玻璃板　2—5 块试样
3—1 块控制织物　4—6 张试纸

（3）测试

将装有测试包的试验装置放在恒温箱或烘箱里，在（50±3）℃的温度下放置 16h±15min。一定时间后从恒温箱或烘箱取出试验装置，再取下测试包，冷却，用于评定黄变等级。

6.7.4　试验结果评级

由于某些纺织材料在试验过程中产生的色变与空气接触后可能很快发生改变，因此需要在打开测试包的 30min 内完成对各试样的评定。

先用评定沾色用灰色样卡评定控制织物的泛黄程度，若黄变级数等于或小于 3 级，证明试验有效；若黄变级数大于 3 级，则需取新的试样和控制织物重新试验。如果试样出现黄变不匀或有黄斑，建议重新试验。可用评定沾色用灰色样卡或仪器评定试样的黄变级数。

潜在酚黄变测试通过科学评估氧化稳定性和黄变风险，为材料选择、工艺优化及质量管控提供关键支持，同时保障产品合规性和市场竞争力。

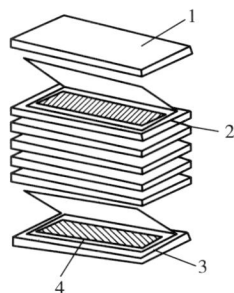

> **思考与练习题**

一、思考题

潜在酚黄变色牢度的测试步骤是什么？

二、练习题

1. 潜在酚黄变色牢度测试中，一个测试包最多可放（　　）块试样。

A. 3　　　　　　　B. 5　　　　　　　C. 7　　　　　　　D. 10

码 6-19　参考答案 6.7 节

2. 潜在酚黄变色牢度测试中，每个试样装置中，可同时放（　　）个测试包。

A. 2　　　　　　　B. 3　　　　　　　C. 4　　　　　　　D. 5

3. 潜在酚黄变色牢度测试中，每个测试包都需要放一块控制织物。（　　）

三、拓展题

潜在酚黄变色牢度如何进行评级。

➤本章小结

本章主要介绍织物色牢度的方法原理、测试条件、仪器设备、操作步骤、技术要求和结果处理等内容。通过对耐摩擦色牢度、耐皂洗色牢度、耐汗渍色牢度、耐唾液色牢度、耐水色牢度，耐光色牢度以及耐光、汗复合色牢度和潜在酚黄变色牢度等几个常规色牢度检测项目的介绍，帮助读者学习方法标准的使用，了解常见方法标准所包含的内容，并熟悉和掌握以上几个检测项目的测试原理和操作步骤。本章的难点是不同标准下色牢度检测后的评级方法，以及评级的准确性。

【知识拓展】 不同纺织品的色牢度检测项目

纺织品因用途不同，对色牢度的要求也不尽相同。色牢度检测的项目有很多种，通常会根据纺织品的用途及品质要求，选择性进行色牢度项目的检测。

不同纺织品因其用途和使用场景的差异，对色牢度的要求存在显著区别。

对于服装类，例如贴身衣物，测试的色牢度项目主要有耐摩擦色牢度、耐汗渍色牢度和耐皂洗色牢度；运动及特殊场景纺织品，测试耐光、汗复合色牢度，对于泳衣，则需测试耐氯化水色牢度；对于婴幼儿及敏感人群纺织品，要求测试耐唾液色牢度。家纺产品例如床品、毛巾等，主要测试耐皂洗色牢度、耐摩擦色牢度；而家纺产品中的窗帘和户外及功能性纺织品，则重点测试耐光色牢度。

色牢度测试可避免染料脱落引发皮肤刺激或过敏，满足 GB 18401、REACH 等法规强制要求；可提升产品耐用性，减少因褪色、沾色导致的退货率；通过针对性测试（如耐氯水色牢度泳装色牢度测试、耐光色牢度户外服色牢度测试），优化产品设计；获取 OEKO-TEX®、AATCC 等国际认证，打通出口贸易壁垒。

码 7-1　本章 PPT

第7章 / 生态纺织品检测

【思维导图】

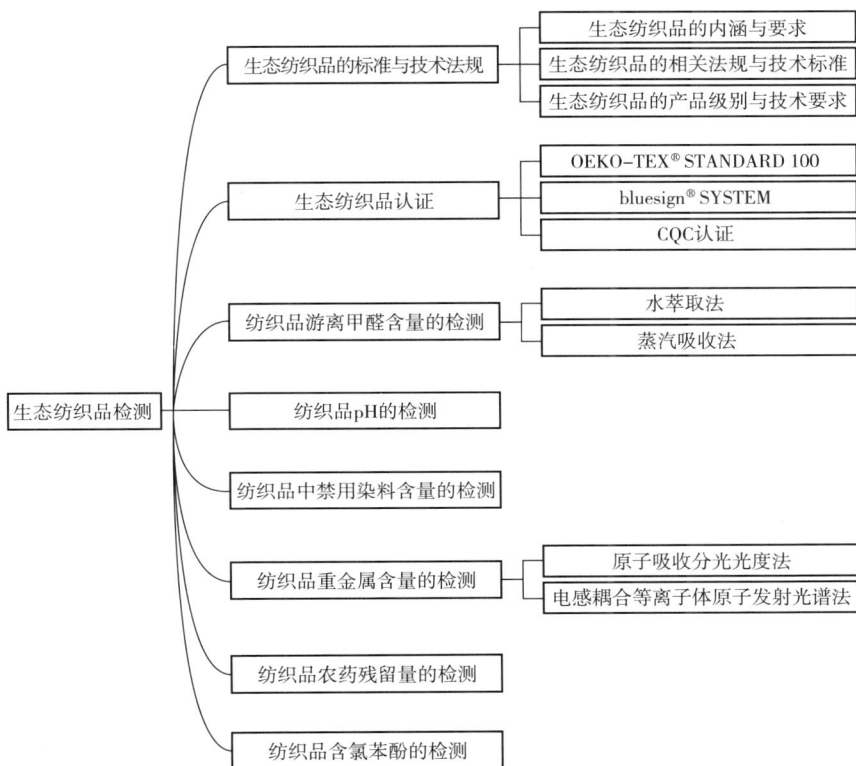

7.1　生态纺织品的标准与技术法规

☞ 知识目标

1. 掌握 OEKO-TEX® STANDARD 100《生态纺织品》标准与我国推荐性国家标准 GB/T 18885《生态纺织品技术要求》的异同

2. 理解生态纺织品的内涵

3. 理解生态纺织品的要求

4. 熟悉生态纺织品的技术要求

☞ 能力目标

能判定产品是否为生态纺织品

159

☞ **素养目标**

1. 增强学生绿色环保的意识

2. 使学生具有对纺织产业发展方向的长远认识格局

☞ **思政目标**

使学生领悟到我国坚持把可持续发展作为建设制造强国着力点的深刻意义

【信息导入】

新闻链接：欧盟关于可持续产品生态设计（ESPR）的法规生效

信息来源：贸企通中国促贸会服务企业平台　发布日期：2024-7-30

据欧盟委员会 2024 年 7 月 18 日官方报道，《可持续产品生态设计条例》（ESPR）于 2024 年 7 月 18 日生效，该条例是欧盟委员会开发更具环境可持续性、循环性产品的基石。条例旨在改善欧盟市场上产品的循环性和环境可持续性，促进可持续的商业模式，加强欧盟经济的整体竞争力和复原力。

生效的《可持续产品生态设计法规》（ESPR）将推出数字产品护照（DPP），这是 ESPR 的新措施之一。DPP 是产品、组件和材料的数字"身份证"。DPP 的实施将意味着未来各国企业进入欧盟市场需要为产品提供数字护照。这一规则与已引入数字护照的其他欧盟法规保持一致，并将共享 ESPR 下建立的数字护照基础设施。

【新知讲授】

7.1.1　生态纺织品的内涵与要求

"生态纺织品"的概念源于"OEKO-TEX® STANDARD 100"。从广义上讲，生态纺织品是指纤维从种植、养殖、生产到产品加工的全过程都要符合生态性要求，保证纺织品可回收处置且可自然降解，废物处理时释放的物质对环境无害的产品，即"全生态纺织品"。狭义的生态纺织品指采用对周围环境无害或少害的原料制成的对人体健康无害或达到某个国际性生态纺织品标准的产品，可被视为"有限生态纺织品"。

"全生态纺织品"是一种理想化的生态纺织品概念，但是在目前科技水平下很难完全达到"全生态"的要求；"有限生态纺织品"是在现有科技水平下可以实现的生态纺织品要求。随着经济发展、科技进步，"有限生态纺织品"的限量标准及监控手段会逐步提高，进而向"全生态纺织品"方向发展。

生态纺织品必须符合以下要求：

①在生态纺织品的生命周期中，符合特定的生态环境要求，对人体健康无害，对生态环境无损害或损害很小；

②从面料到成品的整个生产加工产业链中，不存在对人体产生危害的污染，服装面料、辅料及配件不能含有对人体产生有害的物质，或这种物质不得超过相关产品所规定的限度；

③在穿着或使用过程中，纺织品或服装产品不能含有可能对人体健康有害的分解物质，

或这类中间体物质不得超过相关产品所规定的限度；

④在使用或穿用后的纺织品或服装产品废弃物处理不得对环境造成污染；

⑤纺织品或服装产品必须经过法定部门检验，获得相应的环保标志。

7.1.2　生态纺织品的相关法规与技术标准

（1）OEKO-TEX® STANDARD 100

OEKO-TEX® STANDARD 100《生态纺织品标准》，是目前国际上最具有权威性和广泛影响力的生态纺织品标准之一。该标准规定了生态纺织品中禁用和限用有害物质的种类及其限量。OEKO-TEX® STANDARD 100 同时也是全球通用的、独立的检测认证体系，它针对所有加工环节的纺织品原材料、半成品、成品以及所有辅料进行有害物质检测。标准中涉及的有害物质是指根据现有的科学知识，列出可能存在于纺织产品或辅料中，并在正常和特定的使用条件下释放超出规定的最高限量值，可能对人体健康造成某种影响的物质。OEKO-TEX® STANDARD 100 不仅涵盖了重要的法律法规要求，还包含对健康有害但不受法律管制的化学物质，以及与产品质量相关的参数（如色牢度、pH）。

OEKO-TEX® STANDARD 100 每年都会综合市场情况及发展趋势，结合各个地区法律的变化及最新科研成果进行部分修订。

（2）欧盟 Eco-Label 生态标志

Eco-Label 是一项生态认证计划，旨在鼓励消费者改变消费习惯，节约未来资源，并更加智能地使用能源。最早的纺织产品 Eco-Label 生态标签是根据 1999 年 2 月 17 日欧盟委员会 1999/178/EC 法令而建立的。目前，欧盟生态标签主要授予化妆品、吸收性卫生产品、服装和纺织品、鞋等 21 类产品。欧盟生态标签制度是一个自愿性制度。经 Eco-Label 认证的产品不仅要考虑对消费者的影响，还要考虑产品的原材料使用、运输、制造和包装环节。生态标签同时提示消费者，该产品符合欧盟规定的环保标准，是欧盟认可并鼓励消费者购买的"绿色产品"。

（3）《2008 年消费品安全改进法》（CPSIA）

《2008 年消费品安全改进法》于 2008 年 8 月 14 日通过，之后又进行了修订。这是一部消费品安全的标志性法规，它为美国消费品安全委员会（CPSC）修订和优化多项法则（包括消费品安全法）提供了新的重要标准及执行工具。CPSIA 主要包括有关铅、邻苯二甲酸盐、玩具安全、耐用婴幼儿产品、第三方测试与认证、追溯标签、进口商品、全地形车、民事和刑事处罚等内容的条款，同时也为公众提供了一个公开的、可查询危害报告的数据库——SaferProducts. gov（可公开搜索的伤害报告数据库）等。

（4）REACH 法规

欧盟议会和欧盟理事会分别于 2006 年 12 月 13 日和 12 月 18 日通过了欧盟化学品管理新法，即《关于化学品注册、评估、许可和限制规定》（简称 REACH）。REACH 法规适用于所有的化学物质，不仅涵盖在工厂中使用的化学物质，还包括日常生活中的物质。该法规将欧盟市场上约三万种化工产品及其下游的纺织、轻工、制药及众多行业的产品纳入欧盟统一的监管体系，对化学品的整个生命周期实行安全管理。

2025年4月3日，欧盟委员会概述了其修订REACH法规的最新提案。这些更新是更广泛的化学工业一揽子计划的一部分。修订旨在简化注册要求，通过新的审计工具改善执法，加快供应链沟通的数字化进程，并使风险管理程序现代化。

（5）GB/T 18885《生态纺织品技术要求》

GB/T 18885是我国以国家标准形式出现的第一部生态纺织品标准，现行标准为GB/T 18885—2020《生态纺织品技术要求》。该标准由国家市场监督管理总局和国家标准化管理委员会发布，于2021年5月1日实施。该标准规定了生态纺织品的术语和定义、产品分类、要求、试验方法、检验规则，适用于各类纺织品，包括纤维、纱线、织物、制品及其附件，新标准的编制原则是在保证符合强制性标准要求的基础上，尽可能与国际纺织品中有害物限量法规及技术标准接轨，以达到指导和引领的作用。

7.1.3　产品级别及技术要求

（1）产品级别

①在OEKO-TEX® STANDARD 100中，产品是按照其（未来）使用情况分级的。不仅成品需要认证产品级别，其在各个生产阶段的基础产品（纤维、纱线、织物）和辅料同样需要认证。通常，不同级别的产品需要符合不同的要求、采用不同的检测方法。该标准将产品级别分为四种，分别是婴幼儿产品（产品级别Ⅰ）、直接接触皮肤类产品（产品级别Ⅱ）、非直接接触皮肤类产品（产品级别Ⅲ）和装饰材料（产品级别Ⅳ）。

该标准中的产品级别Ⅰ是指36个月及以下的婴幼儿使用的所有物品、原材料和辅料；产品级别Ⅱ是指穿着时大部分面积与皮肤直接接触的物品（例如男女式衬衫、内衣、床垫等）；产品级别Ⅲ是指穿着时小部分面积与皮肤直接接触的物品（例如填充物等）；产品级别Ⅳ是指用于装饰的包括产品和辅料的所有制品，例如桌布、墙布、家具织物和窗帘、室内装饰织物以及地毯。

②GB/T 18885—2020《生态纺织品技术要求》中，按照产品（包括生产过程各阶段的中间产品）的最终用途和与人体接触时间的长短，将产品分为婴幼儿用品、直接接触皮肤用品、非直接接触皮肤用品和装饰材料四类，分类方式与OEKO-TEX® STANDARD 100相同。

（2）技术要求

①OEKO-TEX® STANDARD 100技术要求。OEKO-TEX® STANDARD100的考核范围广，部分考核项目严格。在OEKO-TEX® 2025年新规中，通过OEKO-TEX® ORGANIC COTTON加强有机棉认证，并将其纳入OEKO-TEX® MADE IN GREEN认证范围，在OEKO-TEX®

STANDARD 100 中实施更严格的无双酚 A（BPA）限量值，并在 OEKO-TEX® LEATHER STANDARD 中对皮革供应链提出更严格的透明度要求。此外，OEKO-TEX® ECO PASS-PORT 中新增了大宗化学品和生物降解性验证。修订后的标准于 2025 年 4 月 1 日生效。

②GB/T 18885—2020 技术要求。在标准 GB/T 18885—2020 中，检测项目包含 pH、甲醛含量、可提取重金属、总铅、总镉、镍释放、杀虫剂总量、有害染料、邻苯二甲酸酯、有机锡化合物、氯化苯和氯化甲苯总量、含氯苯酚、多环芳烃、全氟及多氟化合物、残余溶剂、残余表面活性剂和润湿剂、其他化学残余、抗菌整理剂、阻燃整理剂、紫外光稳定剂、色牢度等。

从上面对比中不难看出，我国推荐的国家标准 GB/T 18885—2020 虽与国际标准 OEKO-TEX® STANDARD 100（2025 版）接轨，但技术要求上仍有一定差距。因此企业若希望向绿色环保的方向长久发展，应充分了解新标准的技术要求，积极做好应对举措。

➢思考与练习题

一、思考题

1. 什么是生态纺织品？

2. 我国生态纺织品的产品分类是怎样的？和 OEKO-TEX® STANDARD 100 中的产品分类是否相同？

二、拓展题

你还能列举出哪些生态纺织品有关的标准？

码 7-2 参考答案 7.1 节

7.2 生态纺织品认证

☞ **知识目标**

1. 掌握生态纺织品标签类型

2. 理解生态纺织品认证的意义

3. 熟悉 OEKO-TEX® STANDARD 100 首次认证流程

☞ **能力目标**

能准确识别生态纺织品标签

☞ **素养目标**

使学生具有纺织生产管理规范的意识

☞ **思政目标**

使学生意识到生态纺织品认证对于我国经济高质量发展的重要性

【信息导入】

新闻链接：全球有机纺织品标准国际工作组发布认证实体尽职调查手册

信息来源：江苏省质量和标准化研究院　发布日期：2023 年 10 月 19 日

为促进纺织行业可持续发展、人权和商业道德，2023 年 9 月，全球有机纺织品标准（GOTS）国际工作组与 UpRights 基金会联合发布《GOTS 认证实体尽职调查手册》。

该手册基于经合组织《服装和鞋类行业负责任供应链尽职调查指南》（2018 年版）和《联合国工商业与人权指导原则》（UNGPs）等公认的国际框架，为获得 GOTS 认证的实体提供了将尽职调查流程纳入其运营的明确指导，以帮助其遵守相关国家和地区的尽职调查法律，例如德国《供应链法》、法国《警戒法》以及即将出台的欧盟立法。手册将引导认证实体建立和完善其管理体系，确保其采用全面的尽职调查方法，以识别并积极预防和有效减轻对人权和环境的潜在不利影响。

【新知讲授】

7.2.1　OEKO-TEX® STANDARD 100 生态纺织品认证

OEKO-TEX® STANDARD 100 是针对纺织产品生产各个环节的原材料、中间体和辅料的全球标准化、独立的检测和认证体系。其首次认证流程如下：

①申请。申请企业填写申请表并提供具有代表性的产品样品用于检测。

②测试。根据客户的应用要求制定单独的测试计划，并在实验室完成客户提供的样品测试，之后向申请企业发送详细的测试报告。

③符合性声明/质量保证体系。如果申请企业提交的产品样品符合所需的 OEKO-TEX® STANDARD 100 标准，申请企业必须签署一份符合性声明，表明其当前生产的产品符合测试的样品材料。此外，申请企业还须提供证据证明其拥有质量保证体系，以确保其产品在颁发证书的整个期限内的生态质量。

④现场审核。OEKO-TEX®专家将在生产场所进行现场审核，确认所有认证细节。

⑤证书。上述流程都通过后，认证机构将向申请企业颁发证书，允许其申请认证的产品使用 OEKO-TEX® STANDARD 100 标签标记和宣传产品。OEKO-TEX® STANDARD 100 的证书（图 7-1）有效期为一年，到期后可以通过申请延长一年。

使用 OEKO-TEX® STANDARD 100 标签时，必须标有证书编号（或二维码）和证书签发机构（图 7-2），且必须与证书上的信息保持一致，证书上未列出的

图 7-1　证书

产品不得加贴标签。证书持有者可向其 OEKO-TEX® 证书签发机构免费索取不同语言版本和文件格式的数码打印文件，也可以自助在 OEKO-TEX® 门户网站随时下载含有证书编号的标签模板。

图 7-2　示例标签

7.2.2　bluesign® 认证

bluesign® 认证（图 7-3）成立于 2000 年，总部位于瑞士，在我国台湾、香港、上海设有办事处，旨在降低整个纺织供应链对环境的影响，并转向可持续发展的纺织生产及产品。该认证代表整个生产链环保与安全，涵盖对消费者健康、生产工人安全、废品排放的环保认证。

其认证标准主要涵盖五个方面的原则：

①资源生产力。资源生产力致力于利用最少的资源，做到质量最优化和产品增值，并将对环境的影响降至最低。

②消费者安全。这个不仅意味着纺织品要高品质、对健康无害，而且要在生产过程中保证应用可持续性原则。

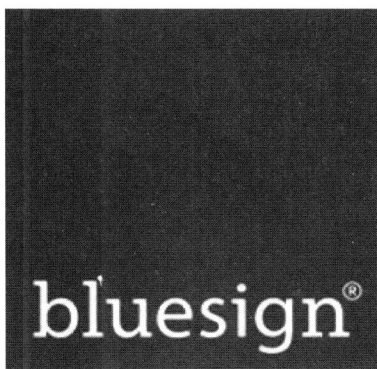

图 7-3　bluesign® 标志

③废气排放。在整个生产过程中，废气排放需要遵守严格的控制限度。使用低排放部件，优化能源使用，减少二氧化碳排放。

④废水排放。废水排放的目标是将净化水排入自然循环，使其对河流、湖泊和海洋的污染降到最低。为了达到这个目的，可以使用环保成分，并优化生产和废水处理工艺。

⑤职业健康与安全。职业健康与安全事关纺织业员工们的健康和安全，它意味着可以依据法规检测并改进可能存在的局部缺陷。

bluesign® CHEMICAL ASSESSMENT 化学品评定主要评估化学品对环境排放、工人暴露和消费者安全三方面的影响，评定方法参考文件 bluesign® CRITERIA 化学品评定准则。bluesign® CHEMICAL ASSESSMENT 涵盖多种评估向度，包括混合物中的物质限制与禁用、混合物的全球化学品统一分类和标签制度（GHS）分类、其他环境参数（AOX 等）、废气排放数据、职业健康与安全（OH&S）限值、消费者安全限值。

该认证评估结果包括三种：

①符合评定准则，无任何限制（"蓝色评级"化学产品）。

②符合评定准则，但使用时必须采取特定措施，或者不适合所有产品或工序（"灰色评级"化学产品）。

③不符合评定准则（"黑色评级"化学产品）。

7.2.3 CQC 认证

CQC 认证是由中国质量认证中心开展的，其认证依据标准 CQC 51-026789《生态纺织品环保认证规则》，该认证规则适用于各类生态纺织品的环保认证，包括纤维、纱线、织物、制品及附件等，并对纺织品的有害染料、甲醛、重金属、整理剂、异味等有害物质提出了管理规定。

生态纺织品的环保认证模式为产品检验+初始工厂检查+获证后监督。认证的基本环节包括认证的申请、产品检验、初始工厂检查、认证结果评价与批准、获证后的监督和证书到期复审。必要时，产品检验与初始工厂检查可同时进行。

一般情况下，初始工厂检查结束后 12 个月内安排年度监督，每次年度监督检查间隔不超过 12 个月。若认证证书有效期届满，需要延续使用的，认证委托人应当在届满前 6 个月内提出认证委托。

CQC 认证证书样本示意图如图 7-4 所示，CQC 认证标志图如图 7-5 所示。

图 7-4　CQC 认证证书样本示意图

图 7-5　CQC 认证标志图

➤ **思考与练习题**

一、思考题

1. 生态纺织品的认证有何意义？

2. OEKO-TEX® STANDARD 100 的认证流程是什么？

码 7-3　参考答案 7.2 节

二、拓展题

生态纺织品认证对企业的挑战具体体现在哪些方面？

7.3 纺织品游离甲醛含量的检测

码 7-4 实训单 7.3 节

☞ **知识目标**

1. 理解织物上游离甲醛含量测定的技术原理

2. 掌握织物上游离甲醛含量测定的测定与评价方法

☞ **能力目标**

1. 能独立准确地完成织物上游离甲醛含量的测定

2. 能准确地对织物上游离甲醛含量进行评价

☞ **素养目标**

1. 提高学生的动手操作和结果分析能力

2. 培养学生细致严谨的检测态度

☞ **思政目标**

1. 使学生具有诚实守信的职业道德和追求公平正义的社会责任意识

2. 使学生具有严谨细致、实事求是、诚实守信的职业作风

【信息导入】

新闻链接：市消协抽测床上用品 某品牌 1 件样品甲醛超标

信息来源：北京市消费者协会 发布日期：2024 年 7 月 24 日

北京市消费者协会发布了 80 件床上用品比较试验结果。据介绍，本次比较试验的样品由工作人员以普通消费者的身份，从天猫、京东等 7 个电商平台购买了 80 件样品，样品单价从 130 元至 3499 元不等，涵盖床上用品市场主流产品。

不合格项目中，产品使用说明不合格涉及的品牌最多。

【新知讲授】

7.3.1 纺织品甲醛的来源与危害

采用含甲醛的树脂整理剂对纺织品进行抗皱、防缩、免烫等整理，或在储存过程中将不含甲醛与含甲醛的织物进行混放，都有可能造成织物的甲醛含量超标。在使用过程中，织物释放出的游离甲醛含量一旦超过一定浓度，将可能出现呼吸道刺激和水肿、眼刺激、头痛、过敏性皮炎、色斑、坏死甚至危及生命等症状。

我国于 2003 年 1 月 1 日起实施强制性国家标准 GB 18401《国家纺织产品基本安全技术规范》，对甲醛限量作出要求。现行标准 GB 18401—2010 中明确了织物上游离甲醛含量测定方法采用 GB/T 2912.1—2009《纺织品 甲醛的测定 第 1 部分：游离甲醛和水解的甲醛

（水萃取法）》。

7.3.2 水萃取法

GB/T 2912 分为三个部分，分别为第 1 部分：游离和水解的甲醛（水萃取法）、第 2 部分：释放的甲醛（蒸汽吸收法）和第 3 部分：高效液相色谱法。本小节主要介绍水萃取法。

（1）试验原理

试样在 40℃ 水浴中萃取一定时间，萃取液用乙酰丙酮显色后，在 412nm 波长下，用分光光度计测定甲醛的吸光度，并对照标准甲醛工作曲线，计算出样品中甲醛的含量。

（2）试剂准备

①乙酰丙酮试剂（纳氏试剂）。在 1000mL 容量瓶中加入 150g 乙酸铵，用 800mL 水溶解，然后加 3mL 冰乙酸和 2mL 乙酰丙酮，用水稀释至刻度，最后用棕色瓶储存。使用前必须储存 12h，有效期为六周。

②甲醛原液。用蒸馏水或三级水将 3.8mL 质量浓度约 37% 的甲醛溶液稀释至 1L，制备成浓度约 1500μg/mL 的甲醛原液。用亚硫酸钠法或碘量法标定甲醛原液的标准浓度，备用，有效期为四周。

③甲醛标准液。吸取 10mL 甲醛原液放入 200mL 容量瓶稀释定容，制备成约 75μg/mL 的甲醛标准溶液备用。

④甲醛校正溶液。分别取 1mL、2mL、5mL、10mL、20mL、30mL、40mL 甲醛标准溶液至 500mL 容量瓶中，稀释成约 0.15μg/mL、0.30μg/mL、0.75μg/mL、1.5μg/mL、3.00μg/mL、4.5μg/mL 和 6.00μg/mL 浓度的甲醛校正溶液备用。在实际试验中，一般每次制备以上五种浓度的甲醛校正溶液。

（3）试样处理与取样

将 1g（精确至 10mg）试样剪碎，放入 250mL 的碘量瓶或具塞三角烧瓶中，加 100mL 三级水或蒸馏水，盖紧盖子，放入（40±2）℃ 水浴中振荡（60±5）min，用过滤器过滤至另一个碘量瓶或具塞三角烧瓶中，供检测用。

需注意的是，试样一般为至少两块平行样。

（4）试验步骤

用单标移液管各吸取 5mL 蒸馏水、过滤后的样品溶液和系列甲醛校正液，分别放入试管中，再分别加入 5mL 的乙酰丙酮显色剂。之后，将所有试管放在温度为（40±2）℃ 的水浴中，显色（30±5）min，取出后在常温下避光冷却（30±5）min，用 5mL 蒸馏水加等体积的乙酰丙酮作空白对照，用 10mm 的比色皿在分光光度计 412nm 波长处测定系列甲醛校正液和萃取液的吸光度。具体操作请见码 7-5。

码 7-5　纺织品
甲醛的测定

（5）结果计算与表示

①绘制标准工作曲线。以甲醛含量为横坐标，吸光度为纵坐标，根据一份空白试液和至少五份不同浓度的甲醛校正液的浓度和吸光度的数值，绘制出一条过原点的直线，即可得到游离甲醛含量测试的标准工作曲线。标准工作曲线每使用一段时间后，需要重新进行校正、测绘。

②甲醛含量测算。将两份试样的显色液放入分光光度计的吸收池内，测出其吸光度。根据其吸光度和标准工作曲线确定对应的甲醛含量。根据式（7-1）可求算织物上萃取出的甲醛含量。

$$F = \frac{C \times 100}{m} \tag{7-1}$$

式中：F——从织物上萃取的甲醛含量，mg/kg；

　　C——读自校正曲线上的萃取液的甲醛含量，μg/mL；

　　m——试样质量，g。

将求得的两份试样的值进行平均，计算结果修约至整数，即为测定结果。

如果甲醛含量太低，可以将试样重量调整至 2.5g。

该方法适用于测定游离甲醛含量为 20～3500mg/kg 的纺织品。GB/T 18885—2020 中明确了不同纺织产品甲醛含量的限值，即婴幼儿用品低于 20mg/kg，直接接触皮肤用品低于 75mg/kg，非直接接触皮肤用品低于 150mg/kg，而装饰用品低于 300mg/kg。

➢思考与练习题

思考题

1. 对于在我国境内生产、销售的纺织品，其甲醛含量有何要求？　码7-6　参考答案 7.3 节

2. 在标准 GB/T 2912.1 中，哪些试剂需要现配现用？

3. 标准 GB/T 2912 测定的甲醛含量有何限制？当纺织品中的甲醛含量过低时，可以采取什么方法提高检测的准确性？

4. 检测织物上游离甲醛含量时是否需要调湿？对测试的大气环境有什么要求？

7.4　纺织品 pH 的检测

☞ **知识目标**

1. 认识纺织品 pH 超标的来源与危害

2. 理解织物 pH 测定的技术原理

3. 掌握织物 pH 的测定和评价方法

码7-7　实训单 7.4 节

☞ 能力目标

1. 能独立准确地完成织物 pH 的测定

2. 能准确地对织物 pH 进行评价

☞ 素养目标

1. 提高学生的动手操作和结果分析能力

2. 使学生具有细致严谨的检测态度

【信息导入】

新闻链接：天纺标取得纺织品 pH 检测设备专利，提高纺织品 pH 检测结果的准确性

信息来源：金融界　发布日期：2024-06-18

天纺标检测认证股份有限公司取得一项名为"一种纺织品 pH 检测设备"的专利，授权公告号 CN221148570U，申请日期为 2023 年 10 月。本实用新型专利所述的一种纺织品 pH 检测设备，使得烧杯能够自动摇晃，避免手动摇晃，使烧杯内部的溶液能够晃动均匀并充分混合，可以提高纺织品 pH 检测结果的准确性。

【新知讲授】

7.4.1　纺织品 pH 超标的来源与危害

人体皮肤表面呈弱酸性环境，pH 为 5.5~6.0。酸性环境可以抑制某些致病菌的生长繁殖，防止外界病菌的侵入，起到保护皮肤免遭感染的作用。如果 pH 过酸或过碱，人体的弱酸性环境将受到破坏，从而引起皮肤瘙痒或过敏。

纺织品在染整加工后易残留酸碱化学品和助剂等，如果化学助剂用量高或水洗后处理不充分，会使纺织品的 pH 超标，进而影响纺织品的服用性能。

标准 GB 18401—2010《国家纺织产品基本安全技术规范》中，对纺织品的 pH 范围进行了规定，并明确了纺织品 pH 测定方法采用 GB/T 7573—2009《纺织品　水萃取液 pH 值的测定》。

7.4.2　纺织品 pH 的检测

纺织品 pH 的检测一般参考标准 GB/T 7573—2009《纺织品　水萃取液 pH 值的测定》。

（1）试验原理

该试验采用蒸馏水或去离子水煮沸试样，水萃取测定纺织品水萃取液的 pH 液冷至室温后，用带有玻璃电极的 pH 计（图 7-6）测定其 pH。

（2）试样处理与取样

从批量大样中选取有代表性的实验室样品，其数量应满足全部测试样品。将样品剪成约 5mm×5mm 的碎片，以

图 7-6　pH 计示意图

便样品能够迅速润湿。每个测试样品准备三个平行样，每个平行样重量约（2.00±0.05）g。

（3）试验步骤

①准备蒸馏水或 0.1mol/L 氯化钾溶液和用于校准 pH 计的缓冲溶液。

②在室温下将三份平行样分别放入三个具塞三角烧瓶中，各加入 100mL 去离子水，并用手轻轻摇动，以使试样充分润湿。然后将其放在振荡器上振荡 2h±5min，即得到试样的水萃取液。

③采用两点校正法对 pH 计进行校正。

④将校正过的 pH 计上的玻璃电极浸没到第一份萃取液中，并使电极浸没到液面下至少 10mm，用玻璃棒轻轻地搅拌浴液直到 pH 示值稳定。第一份萃取液所测得的数值不需记录。之后用同样的方法测试第二份、第三份萃取液的 pH，此时，需记录后两次的测试值。

（4）结果计算与表示

将第二份萃取液和第三份萃取液的 pH 作为测量值。如果两个 pH 测量值之间差异（精确到 0.1）大于 0.2，则另取其他试样重新测试，直至得到两个有效的测量值，并计算其平均值，结果保留一位小数。具体操作见码 7-8。

码 7-8　纺织品 pH 的测定

GB/T 18885—2020 中明确了不同纺织产品 pH 的范围，其中婴幼儿用品和直接接触皮肤用品的 pH 为 4.0~7.5，非直接接触皮肤用品和装饰用品的 pH 为 4.0~9.0。

➤**思考与练习题**

思考题

1. pH 计是如何校正的？

码 7-9　参考答案 7.4 节

2. pH 计测试水萃取液的 pH 时，如何减少温度对测试数值的影响？

3. 在 GB/T 7573—2009 中，测试的 pH 结果是如何处理的？

7.5　纺织品禁用染料含量的检测

☞ **知识目标**

1. 认识纺织品禁用染料的危害

2. 理解织物禁用染料含量测定的技术原理

3. 掌握织物禁用染料含量的测定和评价方法

☞ **能力目标**

1. 能独立准确地完成织物禁用染料含量的测定

2. 能准确地对织物禁用染料含量进行评价

☞ **素养目标**

1. 提高学生的动手操作和结果分析能力

2. 使学生具有细致严谨的检测态度

【信息导入】

新闻链接：两项鞋类强制性国家标准修订升级

信息来源：市场监管总局　发布日期：2024-06-13

为提升鞋类产品安全性，保护消费者健康安全，市场监管总局（国家标准委）近日修订发布《鞋类通用安全要求》（GB 25038—2024）、《童鞋安全技术规范》（GB 30585—2024）两项强制性国家标准（以下分别简称鞋类强标、童鞋强标）。

【新知讲授】

7.5.1　纺织品中的禁用染料

（1）偶氮染料

偶氮染料广泛用于纺织品、服装、皮革制品、家居布料等染色及印花工艺。当纺织品、服装和皮革制品与人体直接接触后，某些类型的偶氮染料与人体正常代谢物（如汗液）混合，能形成致癌的芳香胺化合物而再被人体吸收，对人体危害极大。这部分偶氮染料就是可致癌的偶氮染料。需要指出的是目前使用的偶氮染料达 3000 种之多，其中大部分的偶氮染料都是安全的，受禁的只是小部分偶氮染料。

GB/T 18885—2020《生态纺织品技术要求》中规定了还原条件下染料中不允许分解出的芳香胺（表 7-1）。OEKO-TEX® STANDARD 100 和 Eco-label 也均对此作出了明确规定。

表 7-1　GB/T 18885—2020 规定的还原条件下染料中不允许分解出的芳香胺

序号	芳香胺名	CAS 登记号
1	4-氨基联苯	92-67-1
2	联苯胺	92-87-5
3	4-氯-邻甲基苯胺	95-69-2
4	2-萘胺	91-59-8
5	邻氨基偶氮甲苯	97-56-3
6	2-氨基-4-硝基甲苯	99-55-8
7	对氯苯胺	106-47-8

序号	芳香胺名	CAS 登记号
8	2,4-二氨基苯甲醚	615-05-4
9	4,4′-二氨基二苯甲烷	101-77-9
10	3,3′-二氯联苯胺	91-94-1
11	3,3′-二甲氧基联苯胺	119-90-4
12	3,3′-二甲基联苯胺	119-93-7
13	3,3′-二甲基-4,4′-二氨基二苯甲烷	838-88-0
14	2-甲氧基-5-甲基苯胺	120-71-8
15	4,4′-亚甲基-二-（2-氯苯胺）	101-14-4
16	4,4′-二氨基二苯醚	101-80-4
17	4,4′-二氨基二苯硫醚	139-65-1
18	邻甲苯胺	95-53-4
19	2,4-二氨基甲苯	95-80-7
20	2,4,5-三甲基苯胺	137-17-7
21	2-氨基苯甲醚	90-04-0
22	2,4-二甲基苯胺	95-68-1
23	2,6-二甲基苯胺	87-62-7
24	4-氨基偶氨苯	60-09-3
25	苯胺	62-53-3

（2）致癌染料

致癌染料是指未经还原等化学反应即会诱发人体癌变的染料，GB/T 18885—2020 中规定的致癌染料（表 7-2）主要有 15 种。

表 7-2　GB/T 18885—2020 致癌染料

中文名称	染料索引结构号	CAS 登记号
C. I. 酸性红 26	16150	3761-53-3
C. I. 碱性红 9	42500	569-61-9
C. I. 直接黑 38	30235	1937-37-7
C. I. 直接蓝 6	22610	2602-46-2
C. I. 直接红 28	22120	573-58-0
C. I. 分散蓝 1	64500	2475-45-8
C. I. 分散黄 3	11855	2832-40-8
C. I. 碱性紫 14	42510	632-99-5
C. I. 分散橙 11	60700	82-28-0

中文名称	染料索引结构号	CAS 登记号
C. I. 颜料红 104	77605	12656－85－8
C. I. 颜料黄 34	77603	1344－37－2
C. I. 溶剂黄 1（苯胺黄/4-氨基偶氮苯）	11100	60－09－3
C. I. 直接棕 95	—	16071－86－6
C. I. 直接蓝 15	—	2429－74－5
C. I. 酸性红 114	—	6459－94－5

（3）致敏染料

致敏染料在 5.3 中做了介绍，在此不再赘述。

7.5.2　检测依据

（1）GB/T 17592—2024《纺织品　禁用偶氮染料的测定》

该标准方法是将纺织样品在柠檬酸盐—氢氧化钠缓冲溶液介质中，用连二亚硫酸钠还原分解以产生可能存在的致癌芳香胺，随后用适当的液—液分配柱提取溶液中的芳香胺，浓缩后用合适的有机溶剂定容，采用配有质量选择检测器的气相色谱仪（GC/MSD）进行测定。必要时，选用另外一种或多种方法对异构体进行确认，用配有二极管阵列检测器的高效液相色谱仪（HPLC/DAD）或气相色谱/质谱仪进行定量。

（2）GB/T 20382—2006《纺织品　致癌染料的测定》

该标准方法是通过将样品经甲醇萃取后，用高效液相色谱—二极管阵列检测器法（HPLC/DAD）对萃取液进行定性、定量测定。

（3）GB/T 20383—2006《纺织品　致敏性分散染料的测定》

具体内容详见 5.3。

（4）其他国内外用于禁用染料检测的标准

①ISO 14362.1：2017《纺织品中某些源自偶氮染料的芳香胺测定方法　第 1 部分：无需萃取的某些偶氮染料测定》。

②GB/T 19942—2019《皮革和毛皮　化学试验　禁用偶氮染料的测定》。

7.5.3　纺织品中禁用染料的检测方法

纺织品中禁用染料含量的测定主要通过色谱检测来完成，有气相色谱法、液相色谱法和气相色谱—质谱联用分析法等。

下面介绍 GB/T 17592—2024《纺织品　禁用偶氮染料的测定》检测方法。

（1）试剂和材料

①柠檬酸盐—氢氧化钠缓冲溶液，浓度为 0.06mol/L，pH 为 6.0。

②连二亚硫酸钠水溶液，有效浓度为 200mg/mL，配制后 1h 内使用。

③硅藻土，多孔颗粒状，于 600℃灼烧 4h，冷却后贮存于干燥器备用。

④芳香胺标准品，1~24 号芳香胺、苯胺和 1,4-苯二胺，可获取的最高纯度。

⑤芳香胺标准储备溶液，芳香胺质量浓度为 300μg/mL（或更高浓度），用乙腈或其他合适溶剂配制。

⑥芳香胺标准工作溶液，芳香胺质量浓度为 15μg/mL，用乙腈或其他合适的溶剂稀释芳香胺标准储备溶液。

⑦芳香胺定量标准工作溶液，芳香胺质量浓度为 2μg/mL~50μg/mL，用乙腈或其他合适的溶剂稀释芳香胺标准储备溶液。

内标溶液（IS）浓度为 1.0mg/mL。其中，内标物有三种，IS1：萘-d8，CAS 号为 1146-65-2；IS2：2,4,5-三氯苯胺，CAS 号为 636-30-6；IS3：蒽-d10，CAS 号为 1719-06-8。

⑧联苯胺-d8，CAS 号为 92890-63-6，用内标溶液配制成质量浓度 0.5mg/mL 的溶液。

⑨氢氧化钠水溶液，质量分数为 10%。

⑩其他试剂有：水。符合 GB/T 6682，三级；乙腈，色谱纯；甲醇，色谱纯；叔丁基甲醚，分析纯。

（2）GC-MS 条件的选择

色谱柱的规格为 DB-35MS（0.5μm），35m×0.25mm，或相当者；进样口温度为 260℃；载气为氦气；升温程序为：60℃保持 1min，以 10℃/min 的速率升温至 170℃，保持 4min；以 10℃/min 的速率升温至 210℃，保持 2min；以 10℃/min 的速率升温至 280℃，保持 3min；以 5℃/min 的速率升温至 310℃，保持 2min；进样量为 0.5μL；质谱接口温度为 280℃；电离方式为电子轰击电离（EI）；电离能量设定为 70eV。

GC-MS 装置示意图如图 7-7 所示，GC-MS 装置系统示意图如图 7-8 所示。

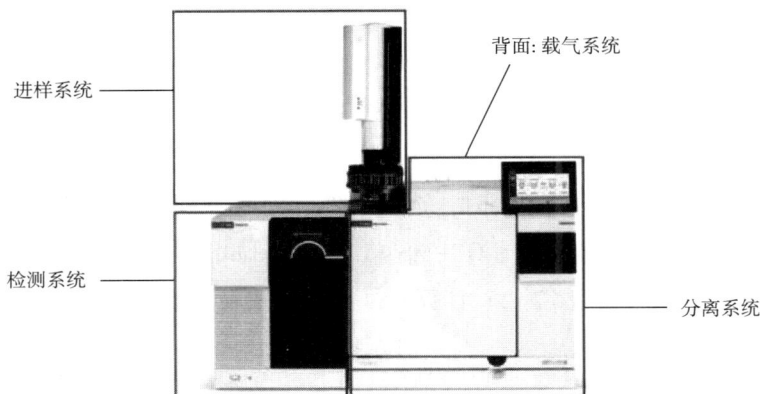

图 7-7　GC-MS 装置示意图

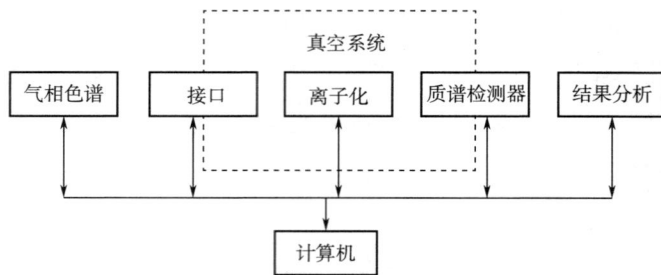

图 7-8　GC-MS 装置系统示意图

（3）试样的制备和处理

取有代表性试样，剪成约 5mm×5mm 的小片并混合。从混合样中称取 1.0g，精确至 0.01g，置于反应器中，加入 15mL 预热到（70±2）℃的柠檬酸盐—氢氧化钠缓冲溶液，将反应器密闭，用力振摇，使所有试样浸于液体中，置于已预热至（70±2）℃的水浴中保温（30±1）min，使所有的试样充分润湿。然后，打开反应器，加入 3.0mL 连二亚硫酸钠溶液，并立即密闭振摇，将反应器再于（70±2）℃水浴中保温 30min，取出后 2min 内冷却至室温。

（4）萃取和浓缩

①萃取。首先在反应器中加入 0.2mL 氢氧化钠水溶液，剧烈振摇。随后将反应液转移至硅藻土柱静置吸附 15min 并在反应器中加入 10mL 叔丁基甲醚，剧烈振摇。待 15min 吸附完成后，立即将叔丁基甲醚和试样一同倒入硅藻土柱中。再加入 10mL 叔丁基甲醚冲洗反应器，将洗液转移至硅藻土柱中，最后将 60mL 叔丁基甲醚直接加入硅藻土柱中。收集洗脱液于 100mL 具标准磨口的圆底烧瓶或适用于真空旋转蒸发器的玻璃容器中。

②浓缩。在不高于 50℃的真空旋转蒸发器中将叔丁基甲醚洗脱液浓缩至近 1mL（不可蒸干）。如需要更换其他溶剂，则采用低流速惰性气体缓慢吹至近干。具体操作见码 7-10。

（5）气相色谱/质谱定性分析

①定性分析。对于浓缩的提取液或残余物，立即用叔丁基甲醚或乙腈定容至 2.0mL，经滤膜过滤后及时上机分析。如果 24h 内不能进样分析，应于 -18℃以下冷冻保存。分析时，通过比较试样与标样的保留时间及特征离子进行定性。必要时，选用另外一种或多种方法对异构体进行确认。26 种芳香胺标准物质和内标物化合物的 GC-MS 总离子流图如图 7-9 所示。

码 7-10　纺织品禁用偶氮染料的测定样品制备

②定量分析。内标法按式（7-2）计算，外标法按式（7-3）计算。

$$\rho_s = \frac{A_i \rho_e V A_{isc}}{A_{is} V_1 A_{iss}}$$

（7-2）

式中：ρ_s——试样中芳香胺 i 的质量浓度，μg/mL；

A_i——样液中芳香胺 i 的峰面积；

ρ_e——标准工作溶液中芳香胺 i 的质量浓度，$\mu g/mL$；

V——样液最终定容体积，mL；

A_{isc}——标准溶液中内标的峰面积；

A_{is}——标准工作溶液中芳香胺 i 的峰面积；

V_1——核查程序中芳香胺溶液体积，mL；

A_{iss}——内标的峰面积。

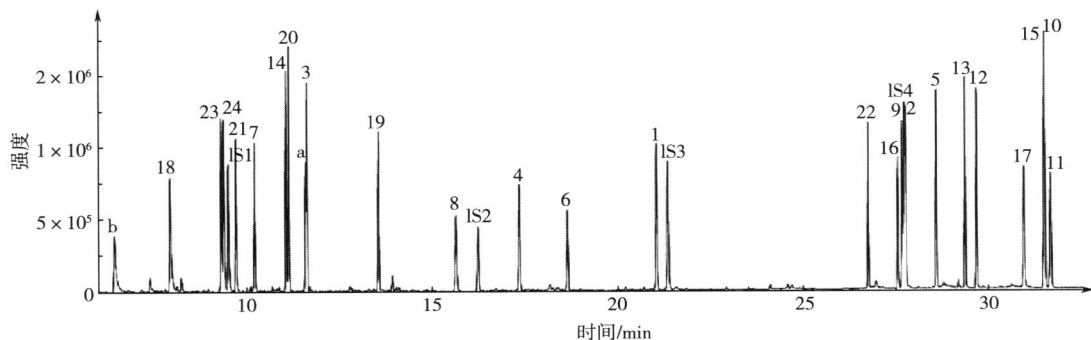

图 7-9　26 种芳香胺标准物质和内标物化合物的 GC-MS 总离子流图

a—1,4—苯二胺　b—苯胺　IS1—萘-d8　IS2—2,4,5—三氯苯胺　IS3—蒽-d10　IS4—联苯胺-d8

1~24—标准 GB/T 17592—2024 表 B.1 中序号 1~24 号芳香胺

$$\rho_s = \frac{A_i \rho_e V}{A_{is} V_1} \tag{7-3}$$

式中：ρ_s——试样中分解出芳香胺 i 的质量浓度含量，$\mu g/mL$；

A_i——样液中芳香胺 i 的峰面积；

ρ_e——标准工作溶液中芳香胺 i 的质量浓度，$\mu g/mL$；

V——样液最终体积，mL；

A_{is}——标准工作溶液中芳香胺 i 的峰面积（或峰高）；

V_1——核查程序中芳香胺溶液体积，mL。

➤思考与练习题

思考题

1. 在 GB/T 17592 中，禁用偶氮染料的测定包括哪几个过程？

2. 标准 GB 18401 中的致癌芳香胺染料包括哪些？

码 7-11　参考答案 7.5 节

7.6 纺织品重金属含量的检测

☞ **知识目标**

1. 理解织物重金属含量测定的技术原理

2. 掌握织物重金属含量的测定和评价方法

☞ **能力目标**

1. 能够按照相关检测标准完成织物重金属含量的测定

2. 能准确地对织物重金属含量进行评价

☞ **素养目标**

使学生具有社会责任意识

【信息导入】

新闻链接：以新供给引领新消费：让每一件纺织品"生生不息"

信息来源：中国工业新闻网　发布日期：2024 年 8 月 23 日

2024 年 8 月 22 日，在 2024 年长丝织造行业绿色发展专题研讨会上，中国纺织工业联合会副会长端小平指出，中国纺织行业是全球绿色发展的重要参与者、贡献者、推进者，坚定不移走生态优先、节约集约、绿色低碳的高质量发展道路。在"双碳"目标的指引下，中国纺织行业"降碳、减污、扩绿、增长"一体发展，技术创新、产品创新、管理创新、模式创新卓有成效，中国纺织行业绿色发展已成气候、引领风尚。

【新知讲授】

7.6.1 纺织品中的重金属

（1）纺织品重金属来源及危害

化学领域根据金属的密度把金属分成重金属和轻金属，常把密度大于 $5g/cm^3$ 的金属称为重金属。纺织品中的重金属来源包括：加工过程中使用的涂料、染料、氧化剂、阻燃剂、防霉抗菌剂、媒染剂等化学试剂以及在动物和植物纤维生长过程接触到含重金属物质和服装辅料中含有的重金属等。某些重金属是人体所需要的微量元素，但当其浓度超过一定阈值时，就会对人体产生毒性甚至危及生命。由于儿童对重金属的吸收能力远高于成人，因此重金属对儿童的危害尤为严重。

（2）纺织品重金属限量

GB/T 18885—2020 以及 OEKO-TEX® STANDARD 100 对纺织品中可能对人体健康引起伤害的可萃取重金属（如铅和镉）的总量以及镍的释放量进行了限定和详细说明，具体限量值在 7.1.3 中已作说明，在此不再赘述。

7.6.2　检测依据

（1）原子吸收分光光度法

该方法是将试样用酸性汗液萃取，在对应的原子吸收波长下，用石墨炉原子吸收分光光度计测量萃取液中镉、钴、铬、铜、镍、铅、锑的吸光度，用火焰原子吸收分光光度计测量萃取液中铜、锑、锌的吸光度，对照标准工作曲线确定相应重金属离子的含量，可计算出纺织品中酸性汗液可萃取重金属含量。

（2）电感耦合等离子体原子发射光谱法

该方法是将试样用酸性汗液萃取后，用电感耦合等离子体原子发射光谱仪在相应分析波长下测定萃取液中铅、镉、砷、铜、钴、镍、铬、锑八种重金属元素的发射强度，对照标准工作曲线确定各重金属离子的浓度，可计算出试样中可萃取重金属含量。

（3）其他检测方法

①六价铬分光光度法。

②砷、汞原子荧光分光光度法。

7.6.3　纺织品中重金属含量的检测方法

本小节主要介绍原子吸收分光光度法和电感耦合等离子体原子发射光谱法两种检测方法。

7.6.3.1　原子吸收分光光度法

（1）仪器和装置

①石墨炉原子吸收分光光度计。附有镉、钴、铬、铜、镍、铅、锑空心阴极灯。

②附有铜、锑、锌空心阴极灯的火焰原子吸收分光光度计。

③150mL 具塞三角烧瓶。

④恒温水浴振荡器。其温度为（37±2）℃，振荡频率为 60 次/min。

集全自动火焰和石墨炉系统于一体的原子吸收光谱仪的示意图如图 7-10 所示，在检测时可以根据需要进行选择仪器和装置。

图 7-10　原子吸收光谱仪

（2）试剂

①人工酸性汗液。根据 GB/T 3922 的规定配制酸性汗液。此溶液由 5.0g/L NaCl、2.2g/L 磷酸二氢钠二水合物及 0.5g/L 的 L-组氨酸盐酸盐一水合物组成，并用 0.1mol/L 的 NaOH 溶液调 pH 为 5.5，但要注意此溶液要现配现用。

②单元素标准储备溶液（100μg/mL）。称取 0.203g 氯化镉（$CdCl_2 \cdot 5H_2O$）、2.630g 无水硫酸钴（$CoSO_4$）（使用含七个结晶水的硫酸钴在 500~550℃灼烧至恒重）、0.283g 重铬酸钾（$K_2Cr_2O_7$）、0.393g 硫酸铜（$CuSO_4 \cdot 6H_2O$）、0.448g 硫酸镍（$NiSO_4 \cdot 6H_2O$）、0.440g 硫酸锌（$ZnSO_4 \cdot 7H_2O$）分别溶于水中，然后分别转移到 1000mL 容量瓶中，定容至刻度。0.160g 硝酸铅［$Pb(NO_3)_2$］用 10mL 硝酸溶液（1+9）溶解，移入 1000mL 容量瓶中，定容至刻度。0.274g 酒石酸锑钾（$C_4H_4KO_7Sb \cdot 1/2H_2O$）溶于盐酸溶液（10%），移入 1000mL 容量瓶中，用盐酸溶液（10%）定容至刻度。

③标准工作溶液（10μg/mL）。根据需要，分别移取适量镉、铬、铜、镍、铅、锑、锌、钴标准储备溶液中的一种或几种置于加有 5mL 浓硝酸的 100mL 容量瓶中，用水稀释至刻度，摇匀，配制成浓度为 10μg/mL 的单标或混标标准工作溶液。

（3）测定分析

①萃取液制备。取有代表性样品，样品面积剪碎至 5mm×5mm 以下，混匀，称取 4g 试样两份（供平行试验），精确至 0.01g，置于具塞三角烧瓶中。加入 80mL 酸性汗液，将纤维充分浸湿，再放入恒温水浴振荡器中振荡 60min 后取出，静置冷却至室温，过滤后作为样液供分析用。具体操作见码 7-12。

码 7-12　纺织品重金属的测定样品制备

②测定。将标准工作溶液用水逐级稀释成适当浓度的系列工作溶液。分别在 228.8nm（Cd）、240.7nm（Co）、357.9nm（Cr）、324.7nm（Cu）、232.0nm（Ni）、283.3nm（Pb）、217.6nm（Sb）、213.9nm（Zn）波长下，用石墨炉原子吸收分光光度计，按浓度由低至高的顺序测定系列工作溶液中镉、钴、铬、铜、镍、铅、锑的吸光度；或用火焰原子吸收分光光度计，按浓度由低至高的顺序测定系列工作溶液中铜、锑、锌的吸光度，以吸光度为纵坐标，元素浓度（μg/mL）为横坐标，绘制工作曲线。

按所设定的仪器及相应波长，测定空白溶液和样液中各待测元素的吸光度，从工作曲线上计算出各待测元素的浓度。

原子吸收石墨炉方法（Cd）和原子吸收火焰方法（Pb）的待测元素的吸光度—浓度的曲线图如图 7-11 所示。

（4）结果计算

试样中可萃取重金属元素 i 的含量，按式（7-4）计算：

$$X_i = \frac{(c_i - c_{io}) \times V \times F}{m} \qquad (7-4)$$

式中: X_i——试样中可萃取重金属元素 i 的含量,mg/kg;

c_i——样液中被测元素 i 的浓度,μg/mL;

c_{io}——空白溶液中被测元素 i 的浓度,μg/mL;

V——样液的总体积,mL;

m——试样的质量,g;

F——稀释因子。

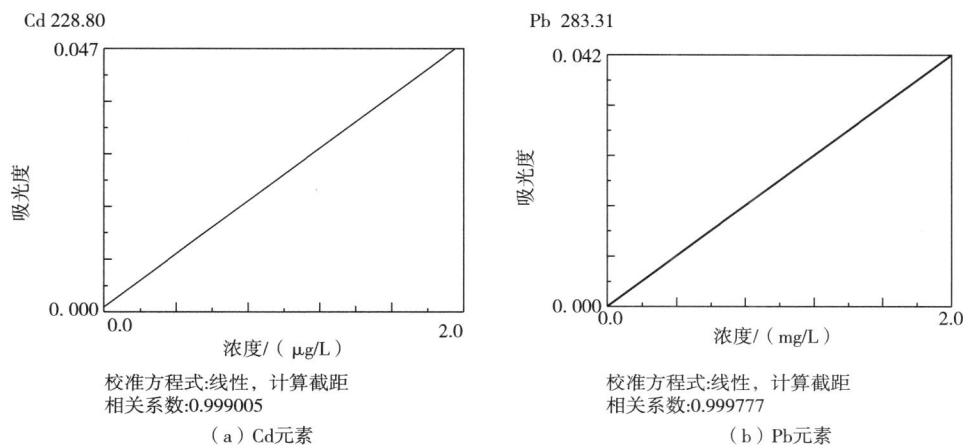

Cd 228.80

Pb 283.31

校准方程式:线性,计算截距
相关系数:0.999005
（a）Cd元素

校准方程式:线性,计算截距
相关系数:0.999777
（b）Pb元素

图 7-11 待测元素的吸光度—浓度的曲线图

取两次测定结果的算术平均值作为试验结果,计算结果精确到小数点后两位。

7.6.3.2 电感耦合等离子体原子发射光谱法

（1）仪器和装置

①电感耦合等离子体原子发射光谱仪（ICP）。该仪器需要使用纯度>99.9%氩气,以提供稳定清澈的等离子体焰炬在仪器合适的工作条件下进行测定。电感耦合等离子体原子发射光谱仪（ICP）如图 7-12 所示。

②具塞三角烧瓶。容量为 150mL。

③恒温水浴振荡器。该仪器参数设置为（37±2）℃,振荡频率为 60 次/min。

（2）试剂

①人工酸性汗液的配制同原子吸收分光光度法。

②单元素标准储备溶液（100μg/mL）。镉、钴、

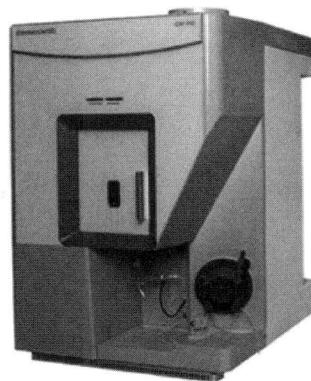

图 7-12 电感耦合等离子体
原子发射光谱仪（ICP）

铬、镍、铅、锑、铜的标准储备溶液同原子吸收分光光度法,另增加砷的标准储备溶液:称取 0.132g 于硫酸干燥器中干燥至恒重的三氧化二砷,温热溶于 1.2mL 氢氧化钠溶液（100g/L）,移入 1000mL 容量瓶中,定容至刻度。

③标准工作溶液（10μg/mL）。根据需要，分别移取适量砷、镉、铬、铜、镍、铅、锑、钴标准储备溶液中的一种或几种置于加有 5mL 浓硝酸的 100mL 容量瓶中，用水稀释至刻度，摇匀，配制成浓度为 10μg/mL 的单标或混标标准工作溶液。

（3）测定分析

①萃取液制备。操作同原子吸收分光光度法中的萃取液制备。

②测定。将标准工作溶液用水逐级稀释成适当浓度的系列工作溶液。根据试验要求和仪器情况，设置仪器的分析条件。点燃等离子体焰炬，待焰炬稳定后，在相应波长下，按浓度由低至高的顺序测定系列工作溶液中各待测元素的光谱强度。以光谱强度为纵坐标，元素浓度（μg/mL）为横坐标，绘制工作曲线。

按所设定的仪器条件，测定空白溶液和样液中各待测元素的光谱强度，从工作曲线上计算出各待测元素的浓度。

（4）结果计算

试样中可萃取重金属元素 i 的含量，按式（7-5）计算：

$$X_i = \frac{(c_i - c_{io}) \times V}{m} \qquad (7-5)$$

式中：X_i——试样中可萃取重金属元素 i 的含量，mg/kg；

c_i——样液中被测元素 i 的浓度，μg/mL；

c_{io}——空白溶液中被测元素 i 的浓度，μg/mL；

V——样液的总体积，mL；

m——试样的质量，g。

取两次测定结果的算术平均值作为试验结果，计算结果精确到小数点后两位。

➤**思考与练习题**

思考题

1. 原子吸收分光光度法和电感耦合等离子体原子发射光谱法
适用的检测范围有何异同？

码7-13　参考答案7.6节

2. 若检测的纺织品的重金属含量满足我国生态纺织品标准要求，那么该纺织品在进行出口贸易时该检测项目也一定是合格的吗？

7.7　纺织品农药残留量的检测

☞ **知识目标**

1. 理解织物农药残留量测定的技术原理

2. 掌握织物农药残留量的测定和评价方法

☞ **能力目标**

1. 能够按照相关检测标准完成织物农药残留量的测定

2. 能准确地对织物农药残留量进行评价

☞ **素养目标**

1. 提高学生的动手操作和结果分析能力

2. 使学生具有细致严谨的检测态度

【信息导入】

新闻链接：中国农业科学院棉花研究所崔金杰研究员团队填补国际新烟碱类杀虫剂安全评估棉田数据空白

信息来源：中国农业科学院棉花研究所　发布日期：2022 年 6 月 16 日

中国农业科学院棉花研究所崔金杰研究员团队开展了中国棉田花期新烟碱类杀虫剂残留分析与蜜蜂安全评估研究，研究结果为国际新烟碱类安全评估补充了关于棉田研究的重要数据。相关研究结果以 "Residue status and risk assessment of neonicotinoids under real field conditions：Based on a two-year survey of cotton fields throughout China" 为题发表在国际环境科学领域知名期刊《环境技术与创新》（*Environmental Technology & Innovation*）（IF=5.263）上。

研究团队连续两年采集和分析了十个省份主要棉区的 396 份棉花样品。结果表明，几乎所有的棉花样品中均检验出新烟碱类残留，且多种新烟碱类残留的概率大于单一新烟碱残留。以新疆为主的大部分棉区新烟碱类残留处于最低浓度水平（10.0ng/g）。

研究结果填补了国际上棉田新烟碱类残留数据的空白，促进了新烟碱类杀虫剂的安全评价和科学使用。

【新知讲授】

7.7.1　农药在纺织品生产与储存中的使用现状

纺织品中残留的农药主要来源于农业生产中使用的各种药剂和纺织品在储存过程中为防霉、防蛀等使用的特种处理剂。目前，纺织品中残留的农药主要包括有机氯类、有机磷类、拟除虫菊酯类等。

随着人们环保和健康意识的不断提高，国家、社会和大众对纺织品及服装的安全性和健康性给予了越来越多的关注，对纺织品中农药残留的检测手段和检测水平提出了更高的要求，这促进了农药残留检测技术的快速发展。

7.7.2　检测依据

（1）GB/T 18412.1—2006《纺织品　农药残留量的测定　第 1 部分：77 种农药》

本标准方法是通过将试样经正己烷—乙酸乙酯（1+1）超声波提取，提取液浓缩后，经氟罗里硅土（Florisil）固相柱净化，洗脱液经浓缩并定容后，用气相色谱—质谱测定和确证，外标法定量。

（2）其他标准

①GB/T 18412.2—2006《纺织品　农药残留量的测定　第2部分：有机氯农药》。

②GB/T 18412.3—2006《纺织品　农药残留量的测定　第3部分：有机磷农药》。

③GB/T 18412.4—2006《纺织品　农药残留量的测定　第4部分：拟除虫菊酯农药》。

④GB/T 18412.5—2008《纺织品　农药残留量的测定　第5部分：有机氮农药》。

⑤GB/T 18412.6—2006《纺织品　农药残留量的测定　第6部分：苯氧羧酸类农药》。

⑥GB/T 18412.7—2006《纺织品　农药残留量的测定　第7部分：毒杀芬》。

7.7.3　纺织品中农药残留的检测方法

本节主要介绍国家标准GB/T 18412.1—2006《纺织品　农药残留量的测定　第1部分：77种农药》。

（1）仪器和装置

①配有质量选择检测器（MSD）的气相色谱—质谱仪。

②工作频率40kHz的超声波发生器。

③旋转蒸发器。

④7.5cm×1.5cm（内径）且内装4cm高无水硫酸钠的无水硫酸钠。

⑤100mL具塞锥形瓶。

⑥100mL具塞浓缩瓶。

（2）试剂

①正己烷。

②乙酸乙酯。

③丙酮。

④乙腈。

⑤甲苯。其中①至⑤试剂均为残留级。

⑥无水硫酸钠。无水硫酸钠需在650℃灼烧3h，冷却后贮于干燥器中备用。

⑦1.0g氟罗里硅土（Florisil）固相柱。

⑧77种农药标准品。农药标准品纯度>97%，具体明细见标准GB/T 18412.1—2006附录A。

⑨标准储备液。分别准确称取适量的每种农药标准品，用少量丙酮溶解并配制成浓度为3.9500～1000μg/mL的标准储备液。

⑩标准中间工作溶液。分别准确移取一定体积的各农药标准储备液，可根据需要用丙酮稀释成浓度为5～50μg/mL的混合标准中间工作液。

⑪混合标准工作溶液。准确移取一定体积的标准中间工作溶液，可根据需要用丙酮稀释成适用浓度的混合标准工作溶液。

应当注意的是，在 0~4℃ 的温度条件下，标准储备溶液的保存有效期为 12 个月，标准中间工作溶液的保存有效期为 6 个月，混合标准工作溶液的保存有效期为 3 个月。

（3）测定分析

①提取。取代表性样品，尺寸剪至 5mm×5mm 以下，混匀。称取 2.0g 试样（精确至 0.01g），放入置于 100mL 具塞锥形瓶中，加入 50mL 以 1∶1 混合的正己烷—乙酸乙酯，于超声波发生器中提取 20min。将提取液过滤。残渣再用 30mL 以 1∶1 混合的正己烷—乙酸乙酯超声提取 5min，合并滤液，经无水硫酸钠柱脱水后收集于 100mL 浓缩瓶中，于 40℃ 水浴旋转蒸发器浓缩至近干，加入 3mL 以 1∶3 混合的乙腈—甲苯溶解残渣。

②净化。用 5mL 以 1∶3 混合的乙腈—甲苯预淋洗氟罗里硅土（Florisil）固相柱，将提取样液移入净化柱中，用 2mL 以 1∶3 混合的乙腈—甲苯（1+3）洗涤容器并入柱中，重复两次，再用 15mL 以 1∶3 混合的乙腈—甲苯进行洗脱。收集全部洗脱液于 100mL 浓缩瓶中，于 40℃ 水浴中旋转浓缩至近干，用丙酮溶解并定容至 2.0mL，供气相色谱—质谱确证和测定。具体操作见码 7-14。

码 7-14　纺织品农药残留量的测定样品制备

③气相色谱—质谱条件。气相色谱—质谱的条件应保证色谱测定时被测组分与其他组分能够得到有效分离。以下参数可作为示例参考：

色谱柱的规格为 DB-5 MS 30m×0.25mm×0.1μm；色谱柱温度变化为：先 50℃ 保温 2min，再以 10℃/min 升温至 180℃ 保温 1min，再以 3℃/min 升温至 270℃ 保温 10min；其中进样口温度为 270℃；色谱—质谱接口温度为 280℃；载气为纯度>99.999% 的氦气，流速为 1.2mL/min；电离方式为 EI；电离能量为 70eV；

测定方式选择离子检测方式，定量和定性检测参见 GB/T 18412.1—2006 附录 B；定量测定的选择离子检测方式的质谱参数参见 GB/T 18412.1—2006 附录 C；

进样方式为无分流进样，1.5min 后开阀；进样量为 1μL。

④色谱测定。根据样液中被测物含量情况，选定浓度相近的标准工作溶液，对标准工作溶液与样液等体积参插进样测定，标准工作溶液和待测样液中每种农药的响应值均应在仪器检测的线性范围内。

（4）结果计算

试样中每种农药残留按式（7-6）计算。

$$X_i = \frac{(A_i \times c_i) \times V}{A_{is} \times m} \qquad (7\text{-}6)$$

式中：X_i——试样中农药 i 的含量，μg/kg；

$\quad A_i$——样液中农药 i 的峰面积（或峰高）；

c_i——标准工作溶液中农药 i 的浓度，mg/L；

V——样液最终体积，mL；

A_{is}——标准工作溶液中农药 i 的峰面积（或峰高）；

m——最终样液代表的试样量，g。

➤思考与练习题

思考题

1. 哪些纺织品可能有农药残留超标的风险？

2. 标准 GB/T 18412.1 中的农药残留检测流程包括哪些？

码 7-15　参考答案 7.7 节

7.8　纺织品含氯苯酚的检测

☞ 知识目标

1. 理解织物含氯苯酚测定的技术原理

2. 掌握织物含氯苯酚的测定和评价方法

☞ 能力目标

1. 能够按照相关检测标准完成织物含氯苯酚的测定

2. 能准确地对织物含氯苯酚进行评价

☞ 素养目标

1. 提高学生的动手操作和结果分析能力

2. 使学生具有细致严谨的检测态度

【信息导入】

新闻链接：2024 全国低碳日，纺织行业发布碳中和标准

信息来源：中国纺织工业联合会　发布日期：2024 年 5 月 15 日

2024 年 5 月 15 日为全国低碳日，主题是"绿色低碳　美丽中国"，在这个具有重要意义的日子，中国纺织工业联合会已制定《纺织行业碳中和工厂创建和评价技术规范》《碳中和纺织品评价技术规范》《纺织品碳标签技术规范》三项团体标准，这一行为标志着中国纺织行业迈出了推动绿色转型的重要一步，将发挥标准在引领绿色低碳发展、促进产业转型升级中的重要作用，必将推动传统生产力向新质生产力转变，促进产业高质量发展。

【新知讲授】

7.8.1　纺织品中含氯苯酚的类型及其危害性

纺织品中的含氯苯酚主要用作防腐、防霉、防蛀剂，特别是在皮革等纺织品行业中。

含氯苯酚包括 2,4,6-三氯苯酚、2,3,5,6-四氯苯酚和五氯苯酚等，其中三氯苯酚具有一定的防霉效果，五氯苯酚在过去曾普遍用于皮革的生产中，但其对人体和环境有害，因此被多个国家和地区限制使用。

7.8.2　检测依据

（1）GB/T 18414.1—2006《纺织品含氯苯酚的测定　第 1 部分：气相色谱—质谱法》

本标准方法是采用碳酸钾溶液提取试样，提取液经乙酸酐乙酰化后以正己烷提取，用配有质量选择检测器的气相色谱仪（GC-MSD）测定，采用选择离子检测进行确证，并用外标法定量。

（2）GB/T 18414.2—2006《纺织品　含氯苯酚的测定　第 2 部分：气相色谱法》

本标准方法是采用丙酮提取试样，提取液浓缩后用碳酸钾溶液溶解，经乙酸酐乙酰化后以正己烷提取，用配有电子俘获检测器的气相色谱仪（GC-ECD）测定，并外标法定量。

新版（2025 版）于 2025 年 2 月 28 日发布，并将于 2027 年 3 月 1 日实施。该标准方法通过将试样在氢氧化钾/甲醇溶液中超声萃取后，由乙酸酐衍生和正己烷提取，再经气相色谱—质谱测定，以内标法定量。

（3）其他检测标准

①ISO 17070—2015《皮革——化学试验——四氯苯酚、三氯苯酚、二氯苯酚、氯酚—同分异构体和五氯苯酚含量的测定》。

②SN/T 0193.1—2015《出口皮革及皮革制品中五氯苯酚残留量检验方法　第 1 部分：液相色谱—质谱/质谱法》。

7.8.3　纺织品中含氯苯酚的检测方法

本节主要介绍国家标准 GB/T 18414.1—2006《纺织品　含氯苯酚的测定　第 1 部分：气相色谱质谱法》。

（1）仪器和装置

①配有质量选择检测器（MSD）的气相色谱仪。

②工作频率为 40kHz 的超声波发生器。

③转速为 4000r/min 的离心机。

④150mL 分液漏斗。

⑤100mL 具塞锥形瓶。

⑥10mL 具塞离心管。

（2）试剂

①无水硫酸钠。无水硫酸钠需在 650℃下灼烧 4h，冷却后储存于干燥器中备用。

②0.1mol/L 的碳酸钾溶液。其制备方法是取 13.8g 无水碳酸钾溶于水中，定容

至 1000mL。

③标准储备溶液及混合标准工作溶液。其制备方法是分别准确称取适量的 2,3,5,6-四氯苯酚（$C_6H_2Cl_4O$）标准品和五氯苯酚（$C_6H_2Cl_5O$）标准品，再用碳酸钾溶液配制成浓度为 100μg/mL 的标准储备液，从而可以根据需要用碳酸钾溶液稀释成适当浓度的混合标准工作液。

应当注意的是，在 0~4℃ 的温度条件下，标准储备溶液的保存有效期为 6 个月，混合标准工作溶液的保存有效期为 3 个月。

④其他试剂。正己烷、乙酸酐、无水碳酸钾、20g/L 硫酸钠溶液、2,3,5,6-四氯苯酚（$C_6H_2Cl_4O$）标准品（纯度≥99%）和五氯苯酚（$C_6H_2Cl_5O$）标准品（纯度≥99%）。

（3）测定分析

①试样的处理。取代表性样品，尺寸剪至 5mm×5mm 以下，混匀。称取 1.0g 试样（精确至 0.01g）置于 100mL 具塞锥形瓶中，加入 80mL 碳酸钾溶液，在超声波发生器中提取 20min。随后将提取液抽滤，残渣再用 30mL 碳酸钾溶液超声提取 5min，最后合并滤液。

②乙酰化。将滤液置于 150mL 分液漏斗中，加入 2mL 乙酸酐，振摇 2min；随后准确加入 5.0mL 正己烷，再振摇 2min，静置 5min，弃去下层。正己烷相再加入 50mL 硫酸钠溶液洗涤，弃去下层。将正己烷相移入 10mL 离心管中，加入 5mL 硫酸钠溶液，具塞，振摇 1min，最后以 4000r/min 离心 3min，并完成正己烷相供气相色谱—质谱确证和测定。具体操作见码 7-16。

码 7-16 纺织品含氯苯酚的检测测定分析

③准工作液的制备。准确移取一定体积的适用浓度的标准工作溶液于 150mL 分液漏斗中，用碳酸钾溶液稀释至 110mL，加入 2mL 乙酸酐，振摇 2min，准确加入 5.0mL 正己烷，再振摇 2min，并静置 5min，弃去下层。正己烷相再加入 50mL 无水硫酸钠洗涤，弃去下层。将正己烷相移入 10mL 离心管中，加入 5mL 硫酸钠溶液，具塞，振摇 1min，以 4000r/min 离心 3min，正己烷相供气相色谱—质谱确证和测定。

④气相色谱—质谱条件。色谱柱的规格为 DB-17 MS 30m×0.25mm×0.1μm；色谱柱温度为 50℃ 保温 2min；开温程序为以 30℃/min 升温至 220℃ 保温 1min，以 6℃/min 升温至 260℃ 保温 1min；进样口温度：270℃；色谱—质谱接口温度为 260℃；载气为纯度>99.999% 的氦气，流速为 1.4mL/min；电离方式为 EI；电离能量为 70eV；测定方式选择离子检测方式，参见 GB/T 18414.1—2006 附录 B；进样方式为无分流进样，1.2min 后开阀；进样量为 1μL。

⑤色谱测定。根据样液中被测物含量的情况，选定浓度相近的标准工作溶液，按上述气相色谱条件进行色谱分析。标准工作溶液和待测样液中，五氯苯酚乙酸酯和 2,3,5,6-四氯苯酚乙酸酯的响应值均应在仪器检测的线性范围内。五氯苯酚乙酸酯和 2,3,5,6-四氯苯酚乙酸酯标准物的离子色谱图和气相色谱—质谱图示意图如图 7-13~图 7-15 所示。

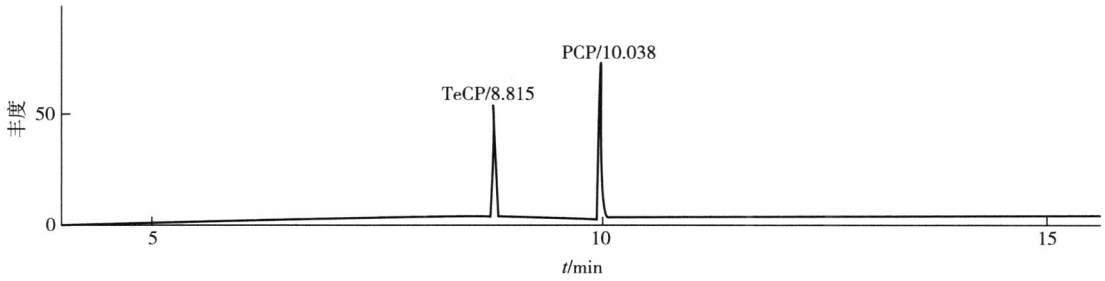

图 7-13　含氯苯酚乙酸酯标准物气相色谱—质谱选择离子色谱图（GC-MSD）

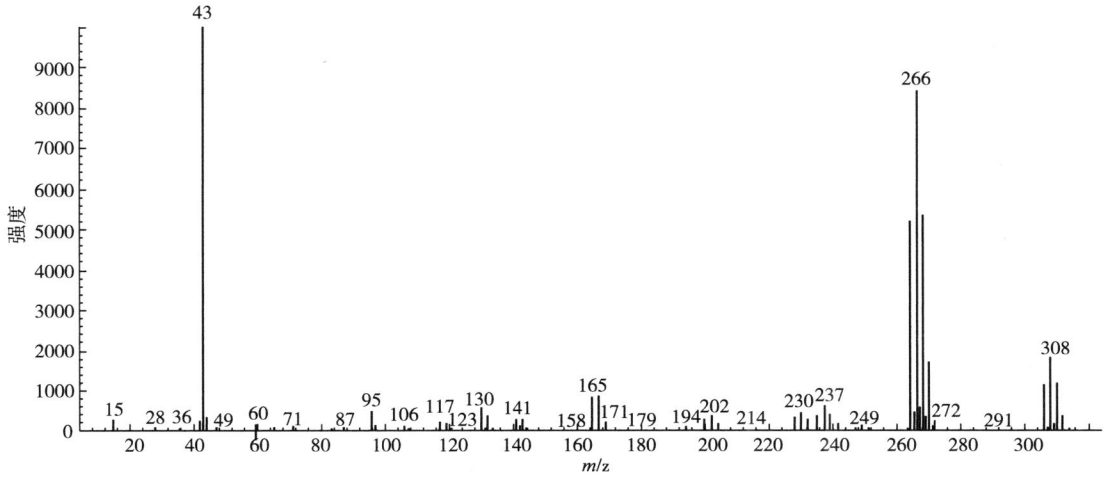

图 7-14　五氯苯酚乙酸酯标准物的气相色谱—质谱

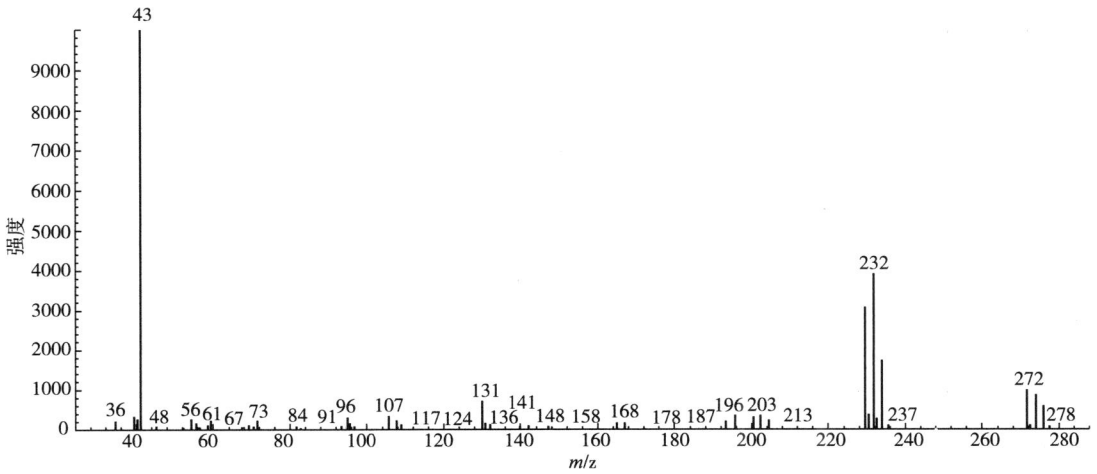

图 7-15　2,3,5,6-四氯苯酚乙酸酯标准物的气相色谱—质谱

（4）结果计算

试样中含氯苯酚含量按式（7-7）计算。

$$X_i = \frac{(A_i \cdot c_i) \times V}{A_{is} \cdot m} \qquad (7-7)$$

式中：X_i——试样中含氯苯酚 i 的含量，mg/kg；

$\quad\quad A_i$——样液中含氯苯酚乙酸酯 i 的峰面积（或峰高）；

$\quad\quad c_i$——标准工作溶液中含氯苯酚 i 的浓度，mg/L；

$\quad\quad V$——样液最终体积，mL；

$\quad\quad A_{is}$——标准工作溶液中含氯苯酚乙酸酯 i 的峰面积（或峰高）；

$\quad\quad m$——最终样液代表的试样量，g。

（5）测定低限、回收率与精密度

①测定低限。本方法的测定低限 2,3,5,6-四氯苯酚和五氯苯酚均为 0.05mg/kg。

②回收率。在样品中添加 0.05~2.00mg/kg 的 2,3,5,6-四氯苯酚和五氯苯酚时，回收率为 85%~110%。

③精密度。在同一实验室，由同一操作者使用相同设备，按相同的测试方法，并在短时间内对同一被测对象相互独立进行测试，获得的两次独立测试结果的绝对差值不大于这两个测定值的算术平均值的 10%。在满足上述条件的情况下，两个独立测试结果中大于这两个测定值的算术平均值的 10% 的情况概率不超过 5%。

在 GB/T 18414—2025 中，试样的准备包括萃取和乙酰化两个过程，其中萃取过程是将制备的 1g 试样置于提取瓶中，加入 20mL 萃取溶液后，密闭塞子，在（70±5）℃水浴的超声波发生器中萃取 2h±5min。乙酰化过程是将萃取结束后的提取瓶取出，冷却至室温，加入 2mL 乙酸酐，用涡旋仪涡旋振荡 1min，再加入 2.0mL 正己烷，用机械振荡器在常温下机械振荡 30min 后，静置分层，加入适量无水硫酸钠，取部分上层清液经有机相针式过滤头过滤到进样瓶，供 GC-MS 测定。

GB/T 18414—2025 中的萃取液制备方法为：分别移取适量的内标储备溶液，加入适量甲醇，用氢氧化钾溶液配制成含 10μg/内标物的氢氧化钾/甲醇（体积比 1:1）萃取溶液。

➤思考与练习题

思考题

1. 纺织品中的含氯苯酚来源主要有哪些？

2. 在标准 GB/T 18414.1 中，纺织品含氯苯酚的检测流程包括哪些？

码 7-17　参考答案 7.8 节

➤本章小结

本章主要介绍生态纺织品的相关检测内容，包括生态纺织品的标准与技术法规、生态纺织品认证、织物上游离甲醛含量的检测、织物 pH 的检测、禁用染料含量的检测、重金属含量的检测、农药残留量的检测以及含氯苯酚的检测。本章的难点是农药残留量的检测以及含氯苯酚的测定分析。

【知识拓展】

1. OEKO-TEX® ECO PASSPORT：标准化的独立检测认证体系，针对纺织品生产过程中使用的化学品、染料和助剂进行认证，分步骤验证流程确保化学品及其成分满足可持续性、安全性和法规合规性的特定要求。

2. OEKO-TEX® STeP：一个独立认证体系，让纺织链中的企业通过公正中立的第三方，可清楚地展示他们对可持续生产的承诺，为供应链中生产设施的可持续生产和工作条件，创造一个长期实施以及持续优化的基础环境。其模块化结构可实现在企业所有相关领域，对可持续性管理程度进行综合全面的分析与评估。

3. OEKO-TEX® MADE IN GREEN：一种可追溯的产品标签，仅适用以下纺织品和皮革制品：

①采用通过有害物质检验的材料生产制成。

②在环境友好的工厂生产。

③在安全且有社会责任的工作场所生产。

4. OEKO-TEX® ORGANIC COTTON：全球通用、独立的检测认证体系，适用于所有加工阶段的纺织原材料、半成品和成品以及辅料。认证范围包括供应链可追溯性、转基因棉检测、有害物质检测以及有机种植的来源证明。

【思维导图】

```
功能性纺织品检测
├─ 纺织品舒适性能
│  ├─ 纺织品透气性能的检测
│  ├─ 纺织品透湿性能的检测
│  │  ├─ 吸湿法
│  │  └─ 蒸发法
│  ├─ 纺织品防水透湿性能的检测
│  │  ├─ 静水压法
│  │  ├─ 沾水法
│  │  └─ 倒杯法
│  └─ 纺织品吸湿速干性能的检测
│     ├─ 单项组合试验法
│     │  ├─ 吸水率
│     │  ├─ 滴水扩散时间
│     │  ├─ 干燥速率
│     │  └─ 芯吸高度
│     └─ 动态水分传递法
└─ 纺织品防护性能
   ├─ 纺织品抗静电性能的检测
   │  ├─ 电晕充电法
   │  └─ 手动摩擦法
   ├─ 纺织品抗紫外线性能的检测
   └─ 纺织品阻燃性能的检测
```

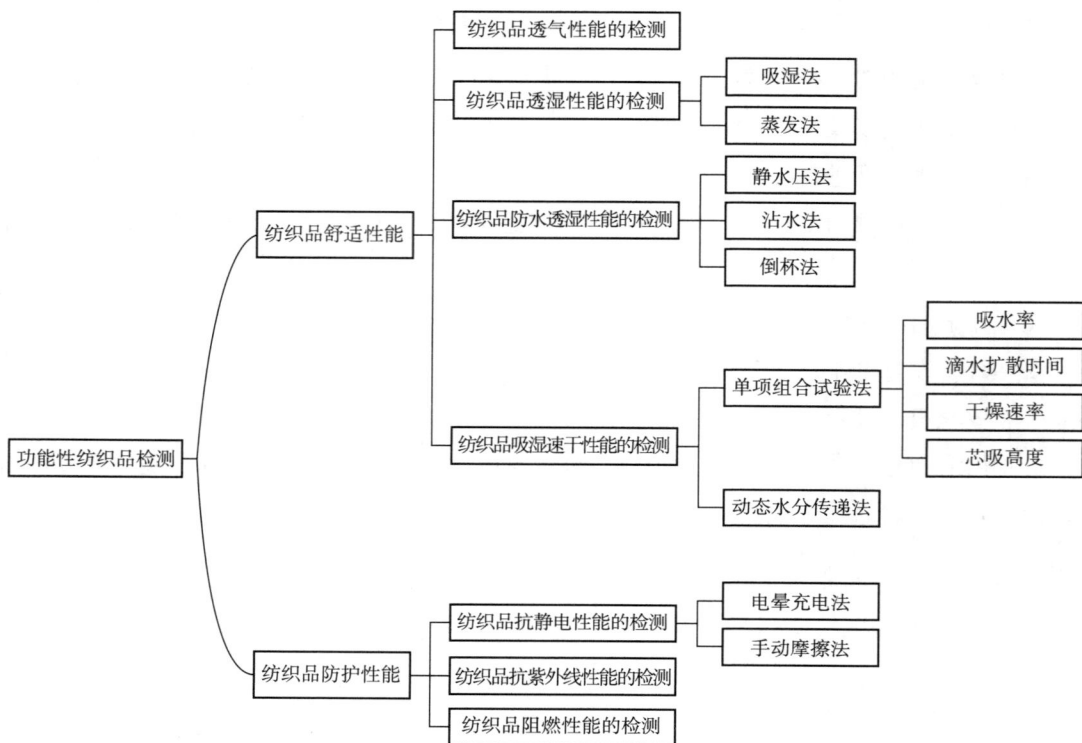

8.1　纺织品舒适性能的检测

☞ **知识目标**

1. 了解测试纺织品舒适性能的相关标准

2. 理解纺织品透湿性能、透湿性能、防水透湿性能、吸湿速干性能的定义

3. 掌握纺织品透气性能、透湿性能、防水透湿性能、吸湿速干性能的测试原理和方法

☞ **能力目标**

能按照相关标准独立完成纺织品透气性能、透湿性能、防水透湿性能、吸湿速干性能的测试

码 8-2　实训单 8.1 节

☞ **素养目标**

1. 能规范操作相关检测设备

2. 能正确地对纺织品舒适性能测试的结果进行处理和评价

【信息导入】

新闻链接：优化消费环境标准化在行动

信息来源：中国质量报　发布日期：2025 年 3 月 12 日

2024 年以来，市场监管总局（国家标准委）围绕消费品重点领域发布国家标准 618 项，通过强化标准引领，深入推动消费品领域产品和服务质量提升，为高质量发展创造更为有利的消费环境。着力增进民生福祉，加大特殊消费群体用品标准供给。充分考虑婴童的生长发育特点、老年人的身体机能变化，以及残疾人使用产品的特殊需求，发布童鞋安全技术规范、适老家具通用技术要求等 57 项国家标准，全面提升产品的健康、安全和舒适性能，切实保障婴童、老年人和残疾人的合法权益。

【新知讲授】

随着时代的发展、经济消费水平的提高和审美意趣的提升，纺织品流行的主题已从单纯的造型款式逐渐朝着热湿舒适、触觉舒适等发展为中心进行转移。舒适性主要是指人与环境之间生理、心理及物理之间的协调愉悦状态，以及在穿着过程中影响人体生理状态及心理感觉的各种性能，涉及人体神经生理、热生理和生物力学特征及人的感觉心理等。比如人体在寒冷或热的环境中或在剧烈运动时，须借助服装加以调节自身的体温来保持体感上的舒适性。本节主要介绍纺织品的透气性、透湿性、防水透湿性和吸湿速干性和瞬间接触凉感性等舒适性能测试。

8.1.1　纺织品透气性能的检测

要评定纺织品的透气性、防风性如何，国际上有很多测试标准供参考。常用的如 ISO 9237：1995、GB/T 5453—1997《纺织品　织物透气性的测定》和 ASTM D737—2018《纺织织物透气性的标准试验方法》。我国于 2025 年 2 月 28 日发布了织物透气性检测的新标准 GB/T 5453—2025，现行标准 GB/T 5453—1997 将于 2027 年 3 月 1 日废止。新旧两版标准均适用于多种纺织织物及制品。相较于现行标准，新标准增加了样品预处理和校正工具的要求，并增加了家用纺织品的推荐压差。

（1）试验原理

在规定的压差条件下，测定一定时间内垂直通过试样给定面积的气流流量，计算出透气率。气流速率可直接测出，也可通过测定流量孔径两面的压差换算而得。

（2）试验步骤

①取样。如果客户或有关方没有明确要求，取样时就从批样中剪取长至少 1m 的全幅宽织物，注意要避开布边、褶皱和明显疵点，在样品上随机选取 10 次进行测量。如果需要，

可按照 GB/T 8629—2017 中 A 型洗衣机 4N 程序的规定执行，洗涤剂选用"标准洗涤剂 3"，连续洗涤 3 次后悬挂晾干，添加 1 次洗涤剂，或者按照利益双方商定的方法、干燥条件和次数进行洗涤。

②参数设置。试样应先按照 GB/T 6529 进行预调湿和调湿，之后在标准大气条件下进行试验。首先选取圆形通气孔，有 5cm²、20cm²、50cm² 或 100cm² 的可供选择。本项标准推荐的试验面积是 20cm²。

在压降选择上，一种是适用于服用纺织品和家用纺织品的 100Pa，另一种是适用产业用纺织品的 200Pa。如果上述两种压降不适用，可协商后选用 50Pa 或 500Pa。选用的试验面积和压降应在报告中注明。

③测试。测试前，使用校正板对仪器进行校正。透气仪（图 8-1）参数设置好后，将试样正面朝向气流进口，放置在试样圆台上。夹持试样时，应采用足够的张力使试样平整又不发生变形。启动设备，使空气通过试样并自行调节流量，使试样两面的压力逐渐接近规定值 1min 后或达到稳定值后，记录气流流量，具体操作方法请见码 8-3。

图 8-1　织物透气性测试仪

一般来说，只需测试织物的一面，但如果织物正反两面的透气率有较大差异时，应两面都进行测试并记录。

对于测试结果如果存有异议，仲裁时的测试环境采用二级标准大气即可。

码 8-3　纺织品
透气性能测试

（3）结果计算与表示

计算测定气流量的平均值和变异系数（至最邻近的 0.1%）。设备上如无法直接读取透气率，可利用式（8-1）和式（8-2）计算，其中式（8-2）主要用于稀疏织物、非织造布等透气率较大的织物。

$$R = \frac{q_v}{A} \times 167 \tag{8-1}$$

$$R = \frac{q_v}{A} \times 0.167 \tag{8-2}$$

式中：R——透气率，mm/s；

q_v——评级气流量，dm²/min 或 L/min；

A——试验面积，cm²。

需要补充说明的是，在新标准中，透气率 R 取所有测定值的算术平均值，修约至 3 位有效数字，计算变异系数并修约至 0.1%，上述修约结果均按 GB/T 8170 执行。

8.1.2　纺织品透湿性能的检测

纺织品透湿性能是指水以蒸汽的形式透过面料的性能，即面料对气态水的通透能力。服装的透湿性能越强，人体运动时散发的汗液能以水蒸气的形式通过织物传导到外面的能力越强，穿着体验越舒适。透湿性能的高低决定了有多少水分可以通过织物以蒸汽形式输送，是皮肤舒适和干燥的关键。纺织品透湿性能的好坏不仅起到调节人体体温的作用，对穿着舒适度、对皮肤刺激、运动服的整体性能、面料的坚固性和使用寿命等也有重要影响。

目前纺织品透湿性的测试有 ASTM E96/E96M-16、ISO 11092、BS 7209、JIS L 1099 以及 GB/T 12704 等标准。本小节主要介绍我国织物透湿性的测试标准，分别是 GB/T 12704.1—2009《纺织品　纺织品透湿性试验方法　第 1 部分：吸湿法》和 GB/T 12704.2—2009《纺织品　纺织品透湿性试验方法　第 2 部分：蒸发法》。

8.1.2.1　吸湿法

该项方法标准规定了采用吸湿法测定织物透湿性的方法，适用于厚度在 10mm 以内的各类织物，但不适用于透湿率大于 2900g/（m^2·24h）的织物。

（1）试验原理

把盛有干燥剂并封以织物试样的透湿杯放置于规定温度和湿度的密封环境中，根据一定时间内透湿杯质量的变化计算试样透湿率、透湿度和透湿系数。

透湿率用 WVT 表示，指的是在试样两面保持规定的温湿度条件下，规定时间内垂直通过单位面积试样的水蒸气质量，以 [g/（m^2·h）] 或 [g/（m^2·24h）] 为单位。透湿度用 WVP 表示，指的是在试样两面保持规定的温湿度条件下，单位水蒸气压差下，规定时间内垂直通过单位面积试样的水蒸气质量，以 [g/（m^2·Pa·h）] 为单位。而透湿系数则用 PV 表示，指的是在试样两面保持规定的温湿度条件下，单位水蒸气压差下，单位时间内垂直透过单位厚度、单位面积试样的水蒸气质量，以 [g·cm/（m^2·s·Pa）] 为单位。

（2）试验步骤

①试样的准备和调湿。按照取样原则在已经过调湿的样品上进行取样。每个样品至少剪取三块直径为 70mm 的圆形试样。如果样品两面材质不一样，如涂层织物等，一般会在两面各取三块样，且在报告中说明。试样取好后，可以在试样上标注正反面。对于精确度要求较高的试验，可以增加一个空白试验。

②干燥剂。首先在清洁干燥的透湿杯（图 8-2）内装入已提前在 160℃的烘箱中干燥 3h，粒度为 0.63~2.5mm，约 35g 的无水氯化钙。装干燥剂时应一边装一边振荡，使干燥剂均匀平铺，同时干燥剂在透湿杯内的填装高度距杯口约 4mm。如果有做空白试验，其透湿杯中不需要添加干燥剂。

装好干燥剂后，将试样的反面朝上放置在透湿杯上，依次装上垫圈、压环并旋上螺帽后，再用乙烯胶粘带从侧面封住压环、垫圈和透湿杯，组成试验组合体。盖上透湿杯的杯盖后，称量确保由试样、干燥剂、透湿杯及其附件组成的组合体质量不超过210g，即符合试验要求。

图 8-2　透湿杯和杯盖

③试验参数。在试验开始前，先设置好设备的温湿度，本部标准推荐了三种温湿度条件，分别是温度为（38±2）℃和相对湿度为（90±2）%、温度为（23±2）℃和相对湿度为（50±2）%以及温度为（20±2）℃和相对湿度为（65±2）%。一般是优先采用第一种温湿度条件。

④测试。填装好干燥剂后，就迅速将试验组合体水平放置到设备的试验箱内。1h后打开试验箱，同样迅速地盖上其对应的杯盖并放置在20℃左右的硅胶干燥器中平衡30min后再根据试样编号逐一在电子天平上称量每个试验组合体的质量，并做好记录。

称量完后，应轻微振动透湿杯，使杯内结块的干燥剂松散并更好地上下混合，确保杯内干燥剂充分发挥效用。振动时应尽量避免干燥剂与试样接触。之后除去杯盖，再次将试验组合体放入试验箱内，1h后取出，按前文所述的要求再次进行试验组合体质量的称量。具体的测试操作请见码 8-4。

码 8-4　纺织品透湿性能吸湿性测试

（3）结果的计算与表示

透湿率根据式（8-3）进行计算，试验结果以三块试样的平均值表示，结果修约至三位有效数字：

$$\mathrm{WVT} = \frac{(\Delta m - \Delta m')}{A \cdot t} \tag{8-3}$$

式中：Δm——同一试验组合体两次称量之差，g；

　　$\Delta m'$——空白试样的同一试验组合体两次称量之差，g，如未增加空白试验，此次计为0；

　　A——有效试验面积，本项标准中此值为 0.00283 m^2；

　　t——试验时间，h。

透湿度根据式（8-4）计算，结果修约至三位有效数字：

$$\mathrm{WVP} = \frac{\mathrm{WVT}}{\Delta p} = \frac{\mathrm{WVT}}{P_{\mathrm{CB}}(R_1 - R_2)} \tag{8-4}$$

式中：Δp——试样两侧水蒸气压差，Pa；

　　　P_{CB}——在试验温度下的饱和水蒸气压力，Pa；

　　　R_1——试验时试验箱的相对湿度，%；

　　　R_2——透湿杯内的相对湿度，%，一般可按 0 来计算。

透湿系数按式（8-5）计算，结果修约至两位有效数字。

$$PV = 1.157 \times 10^{-9}WVP \cdot d \tag{8-5}$$

式中：d——试样厚度，cm。

对于两面不同的试样，分别测试试样的两面，分别计算每一面的透湿率、透湿度和透视系数，并在试验报告中说明。

（4）注意事项

如果是涂层织物取样，所取的试样应平整、均匀，且不得有孔洞、针眼、皱褶或划伤等缺陷。另外在试验过程中，取出试验组合体进行质量称量要迅速，每个试验组合体称量的时间尽量不超过 15s。值得注意的是干燥剂的吸湿总增量不得超过 10%。

8.1.2.2　蒸发法

GB/T 12704.2—2009 规定了用蒸发法测定织物透湿性的方法，包括了正杯法和倒杯法。同样也是仅适用于厚度在 10mm 以内的各类片状织物。其中，倒杯法仅适用于防水透气性织物的测试。

（1）试验原理

把盛有一定温度蒸馏水并封以织物试样的透湿杯放置于规定温度和湿度的密封环境中，根据一定时间内透湿杯质量的变化计算出试样透湿率、透湿度和透湿系数。

（2）试验步骤

该部标准的取样与 GB/T 12704.1—2009 的方法和要求相同，在此不再赘述。试验条件也有三种选择，但优先推荐采用温度为（38±2）℃、相对湿度为（50±2）% 的试验条件，另外两种温湿度条件与吸湿法相同。

首先，无论是正杯法还是倒杯法，都是先用量筒准确量取 34mL 与试验条件温度相同的蒸馏水，并倒入清洁干燥的透湿杯内备用。倒入蒸馏水后，观察杯内的液面，一般距杯口约 10mm。

其次，如果采用正杯法，应将试样反面朝下放置在透湿杯上，依次装上垫圈、压环，旋上螺帽，再用乙烯胶粘带从侧面封住压环、垫圈和透湿杯，组成试验组合体。为确保试验组合体的整体质量不超过 210g，可以先快速地在电子天平上称量确认。

最后，迅速地将试验组合体水平放置在规定试验条件的试验箱内。经过 1h 平衡后，根据试样编号快速完成试验组合体的质量称量，并做好记录，结果精确到 0.001g。完成称量后将试验组合体再次送回试验箱内，再过 1h 后重复质量称量的程序。具体操作见码 8-5。

码 8-5　纺织品透湿性
测试——正杯法

如果是采用倒杯法，则应将试样的反面朝上放置在透湿杯上。为防止倒杯法试验过程中，水从缝隙中渗出，同时也为增加整个试验组合体的密封性，可以在杯沿涂上一层薄薄的凡士林，再依次装上垫圈、压环，旋上螺帽后用乙烯胶粘带从侧面封住垫圈、压环和透湿杯，组成试验组合体。然后迅速将整个试验组合体倒置后水平放置在已达规定试验条件的试验箱内（码8-6），接下来的操作程序，与正杯法一致。

码8-6　纺织品透湿性
测试——倒杯法

（3）结果计算与表示

蒸发法透湿率、透湿度和透湿系数的结果计算与表示与吸湿法一致。

8.1.3　纺织品防水透湿性能的检测

随着户外运动和功能性纺织品市场的快速发展，消费者逐渐关注纺织品防水透湿的性能。防水透湿性的纺织品，需要具备防水、透气、保暖等多种功能，同时还应保持织物柔软舒适的穿着体验。

为规范市场秩序，提高产品质量，2021年出台了国家标准GB/T 40910—2021《纺织品　防水透湿性能的评定》。本部标准规定了纺织品防水透湿性能的试验方法、评定和标示，适用于各类织物及其制品。简单来说，防水透湿性能指的是纺织品既能抵抗被水润湿和渗透，又能让水蒸气排出的性能。所以，可以用抗静水压等级、沾水等级和透湿率来综合表征该项性能。而静水压、沾水等级和透湿率这三个性能指标可以分别根据GB/T 4744、GB/T 4745和GB/T 12704.2—2009中的倒杯法进行测试。

8.1.3.1　静水压法

静水压性能指标的测试依照GB/T 4744—2013《纺织品　防水性能的检测和评价　静水压法》执行。该项标准规定了采用静水压试验测定织物防水性能的方法，并给出了防水性能的评价，适用于各类织物，包括复合织物及其制品。在本部标准中，织物抵抗被水渗透的程度用抗静水压等级来表征。

（1）试验原理

以织物承受的静水压来表示水透过织物所遇到的阻力。在标准大气条件下，试样的一面承受持续上升的水压，直到另一面出现三处渗水点为止，记录第三处渗水点出现时的压力值，并以此评价试样的防水性能。

（2）试样处理与取样

样品的调湿和试验用大气按GB/T 6529的规定执行。如经相关方同意，也可以在室温或实际环境下进行。

调湿后，按照取样原则在织物不同部位裁取至少五块试样。根据仪器设备要求，试样上面或下面承受上升水压的试验面积为$100cm^2$。一般的试验，试样是不能有很深的褶皱或折痕的，但如果是需要测定接缝处静水压值，那么在裁取或选择试样时，应尽量使接缝位于试样的中间位置。

（3）试验步骤

将试样水平夹持在静水压仪（图 8-3）上，使试样的正面与水面接触。如果无法确定织物正面，则应分别测验织物两面并分别报出结果；如果织物是单层涂层的，则使涂层面与水面接触。

图 8-3　静水压仪示意图

试验过程中，以（6.0±0.3）kPa/min 的水压上升速率对试样施加持续递增的水压，并观察渗水现象。待试样上刚出现第三处水珠时，记录此时的静水压值作为本次测试的结果。在观察过程中，需要注意以下几点。首先，不考虑那些形成以后不再增大的细微水珠；其次，在织物同一处渗出的连续性水珠不作累计；最后，如果第三处水珠出现在夹持装置的边缘，且导致第三处水珠的静水压值低于同一样品其他试样的最低值，则剔除此数据，并增补试样另行试验，直到获得正常的测试结果为止。具体测试操作见码 8-7。

但在实际试验的过程中，并未次次都能出现三处水珠，也常发生织物充水胀鼓或爆裂喷水的现象。遇到这样的试验现象，应记录织物充水胀鼓或爆裂喷水时的静水压值，并在报告中说明。

码 8-7　纺织品防水性能测试静水压法

（4）结果评价

取每个试样有效测试结果的平均值 P，保留一位小数，单位为 kPa 或 cmH$_2$O。如果是接缝试样，应将有接缝试样和无接缝试样的测试结果分别计算结果，并给出样品的抗静水压等级或防水性能评价（表 8-1）。

表 8-1　抗静水压等级和防水性能评价

抗静水压等级	静水压值 P/kPa	防水性能评价
0	$P<4$	抗静水压性能差
1	$4\leqslant P<13$	具有抗静水压性能
2	$13\leqslant P<20$	
3	$20\leqslant P<35$	具有较好的抗静水压性能
4	$35\leqslant P<50$	具有优异的抗静水压性能
5	$50\leqslant P$	

表 8-1 是在试验过程中水压以 6.0kPa/min 上升速率得出的评价方法，如果采用不同的水压上升速率，所测得的静水压值则有所不同。

8.1.3.2　沾水法

沾水等级的测试依照 GB/T 4745—2012《纺织品　防水性能的检测和评价　沾水法》执行。本项标准规定了采用沾水试验测定织物防水性能的方法，并给出了防水性能的评价，适用于经过或未经过防水整理的织物，但不适用于测定织物的渗水性，也不适用于预测织物的防雨渗透性能。

（1）试验原理

将试样安装在环形夹持器上，保持夹持器与水平呈45°，试样中心位置距喷嘴下方有一定的距离，用一定量的蒸馏水或去离子水喷淋试样。喷淋后，通过试样外观与沾水现象描述及图片的比较确定织物的沾水等级，并以此评价织物的防水性能。

（2）试样处理与取样

样品在GB/T 6529的规定下进行调湿。如果相关方允许，也可以在室温下进行调湿和试验。调湿后，从织物的不同部位至少取三块试样，每块试样的尺寸至少为180mm×180mm。取样时要注意距布边15cm，且避开褶皱或疵点。

（3）试验步骤

一般来说，试验须在标准大气条件下进行。将试样正面朝上，夹于喷淋装置（图8-4）的环形夹持上，并使织物的经向或织物长度方向与水流方向平行。用250mL温度为（20±2）℃的蒸馏水或去离子水通过试验装置的喷嘴对试样进行持续25~30s的喷淋。喷淋结束后，立即将夹有试样的夹持器拿开，使织物正面向下几乎呈水平状态，然后对着一个固体硬物轻轻敲打一下夹持器，接着水平旋转夹持器180°后，再轻轻敲打夹持器一下。敲打结束后，通过试样外观与沾水现象描述及图片（图8-5）的比较，评定织物的沾水等级。

图8-4　喷淋装置示意图

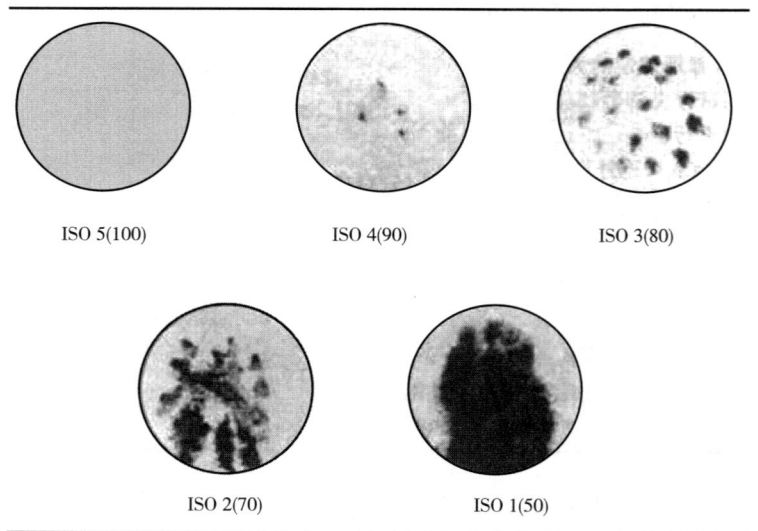

ISO 5(100)　ISO 4(90)　ISO 3(80)

ISO 2(70)　ISO 1(50)

图8-5　喷淋后试样外观与沾水现象图片

（4）结果评定

沾水法是用织物的沾水等级来对织物表面抵抗被水润湿程度的评价。沾水等级分为五级，用阿拉伯数字表示。5 级最好，表示经过喷淋之后，试样表面完全未被水润湿；1 级最差，表示经过喷淋之后，整个试样表面完全润湿。如果试样经喷淋后，表面现象介于两级之间，可以以半级来表示，如 3-4 级。对于渗色织物，通过试样外观较难观察比对，可以根据文字描述（表 8-2）来对其沾水等级进行评级。

表 8-2　沾水等级描述

沾水等级	沾水现象描述
0	整个试样表面完全润湿
1	受淋表面完全润湿
1-2	试样表面超出喷淋点处润湿，润湿面积超出受淋表面一半
2	试样表面超出喷淋点处润湿，润湿面积约为受淋表面一半
2-3	试样表面超出喷淋点处润湿，润湿面积少于受淋表面一半
3	试样表面喷淋点处润湿
3-4	试样表面等于或少于半数的喷淋点处润湿
4	试样表面有零星的喷淋点处润湿
4-5	试样表面没有润湿，有少量水珠
5	试样表面没有水珠或润湿

测试结束后，对每一块试样进行评级。评级后取三块试样沾水等级的平均值，并将其修约至最接近半级或整数级，作为该样品沾水等级的最终结果。该项标准也给出了织物的沾水等级与其防水性能评定的具体对应关系（表 8-3）。

表 8-3　防水性能的评价

沾水等级	防水性能评价
0	不具有抗沾湿性能
1	不具有抗沾湿性能
1-2	抗沾湿性能差
2	抗沾湿性能差
2-3	抗沾湿性能较差
3	具有抗沾湿性能
3-4	具有较好的抗沾湿性能
4	具有很好的抗沾湿性能
4-5	具有优异的抗沾湿性能
5	具有优异的抗沾湿性能

8.1.3.3　倒杯法

纺织品防水透湿性能中的透湿率这个性能指标可以根据 GB/T 12704.2—2009 中的倒杯法进行测试。该测试方法在 8.1.2.2 中已做了详细的说明，在此不再赘述。

8.1.3.4 纺织品防水透湿性能的评定

要评价纺织品使用后是否还具有防水透湿性能，应按照 GB/T 12704.2—2009 的规定，采用 A 型洗衣机 4N 程序连续洗涤三次，干燥程序采用悬挂晾干；或者按产品使用说明或有关商定的洗涤和干燥方式执行，洗涤次数不少于三次。测试后再次进行评定。

（1）防水透湿性能的等级

纺织品防水透湿性能等级根据指标要求程度（表 8-4）分为Ⅰ级、Ⅱ级和Ⅲ级。在进行纺织品评定考核时，要考核不同面料和接缝处的静水压，结果按最低进行评定。

表 8-4　防水透湿性能评定

项目			Ⅲ级	Ⅱ级	Ⅰ级
洗前	静水压/kPa	≥	50	35	20
	沾水等级	≥	4-5	4	3
	透湿率/［g/（m² · 24h）］	≥	8000	5000	3000
洗后	静水压/kPa	≥	40	30	15
	沾水等级	≥	3-4	3	—

（2）防水透湿性能的标识

如果纺织品经检测评定后确实具有防水透湿性能，应该在产品的使用说明上标有相关的标准编号，即 GB/T 40910—2021 以及相应的性能与等级，比如防水透湿Ⅲ级、防水透湿Ⅱ级、防水透湿Ⅰ级。

8.1.4　纺织品吸湿速干性能的检测

纺织品吸湿性能是指纤维从气态环境中吸收水分的能力，与纤维的种类、纤维表面的化学物质有关。吸湿性能好的织物穿着舒适；吸湿性能差的织物容易让人感觉闷、不透气，产生不适感。如果织物吸湿性能好，但无法将吸收到纤维材料上的水汽快速地蒸发掉，织物则会因为吸收过多的水汽而发潮，甚至粘贴在皮肤上，产生黏腻感，不但影响美观，还有可能导致感冒。

吸湿速干服装作为近年来发展较快的一类功能性纺织品，已经广泛地应用于内衣、运动服饰、户外服饰、休闲服饰等领域。其核心在于当人体在剧烈活动后产生大量的汗液，身着的服装可以迅速地吸收皮肤表面的汗水，并迅速传导到织物表面并挥发，从而保持身体的干爽，以达到一个舒适的服装内环境状态。可见，吸湿速干就是一个汗液或水分历经吸湿、导湿和蒸发三个步骤的过程。纺织品如要具备吸湿速干性能，则需要同时具备吸湿性、排汗性和速干性。

国外与纺织品吸湿速干性能相关的标准主要有 ISO 11092：2014《纺织品　生理效应　稳态条件下耐热和耐水蒸气性能的测定》、BS 4554《纺织物润湿性试验方法》、AATCC 79—2010《纺织品吸水性测定》等。我国也于 2008 年、2009 年分别制定了 GB/T 21655.1

《纺织品　吸湿速干性的评定　第 1 部分：单项组合试验法》和 GB/T 21655.2《纺织品吸湿速干性的评定　第 2 部分：动态水分传递法》。随着生产技术的发展以及消费市场的高质量发展，GB/T 21655.2 于 2019 年进行了修订、2020 年 1 月 1 日开始实施；GB/T 21655.1 在 2023 年也进行了修订和实施。

8.1.4.1　单项组合试验法

GB/T 21655.1—2023 中所描述的单项试验组合试验，给出了一种通过测定纺织品吸水率、滴水扩散时间、干燥速率和芯吸高度等单项试验来综合评定纺织品的吸湿速干性能，单项组合试验法是一种适用于各类纺织产品吸湿速干性能的试验方法。

（1）试验原理

通过测定织物在规定条件下的吸水率、滴水扩散时间、干燥速率和芯吸高度来模拟水分在织物中吸收、扩散和干燥等过程，以综合表征织物的吸湿速干性能。该试验方法中的吸水率是指试样在水中完全浸润后取出至无滴水时，试样所吸取的水分质量占试样原始质量的百分率。滴水扩散时间是指将水滴在试样上，从水滴接触试样至其完全扩散并渗透至织物内所需要的时间。干燥速率是指单位时间内试样水分的蒸发量。芯吸高度则是试验材料毛细效应的度量，即垂直悬挂的纺织品材料一端被水浸湿时，水通过毛细管作用，在一定时间内沿纺织材料上升的高度。

（2）试样处理与取样

在评价纺织品的吸湿速干性能时，需要先对产品洗前和洗后的相关性能做平行试验，再综合前后的测试结果来进行综合评定。所以，进行试验的样品要准备两份，一份作为洗前样品，需要先在 GB/T 6529 规定的标准大气条件下进行调湿；另一份作为洗后样品，则无须调湿，但应按照 GB/T 8629—2017 中 A 型标准洗衣机 4N 程序连续洗涤五次，使用标准洗涤剂 3，洗后自然晾干执行。如果各方协商同意，也可以根据协议的洗涤次数进行洗涤，但洗涤次数不得少于五次。

样品准备好后，在标准大气条件下且无风的位置进行试验。每份样品裁取三块尺寸不小于 10cm×10cm 的试样用于吸水率的试验、三块试样（尺寸只需能固定在试样夹持器上即可）用于滴水扩散时间的试验、三块试样用于干燥速率的试验，以及按 FZ/T 01071 的规定裁取六块长度不小于 250mm、宽度约为 30mm 的试样，其中三块试样的长边平行于织物经向（或纵向），另外三块试样的长边平行于织物的纬向（或横向），用于芯吸高度的试验。

因为吸水率和干燥速率这两个试验的测试结果均与织物的质量有关，所以在裁剪用于这两个试验的试样时，要确保裁剪后，试样的边纱在试验的过程中不会因为脱落而导致测试结果错误。

（3）试验步骤

①吸水率试验。先将用于洗前和洗后的吸水率试验的试样依次编号，用精度 1% 的电子天平称量原始质量并记录为 m_0。之后将试样放入盛有三级水的容器内，让试样吸水自然下

沉。如果试样不能自然下沉，可以将试样压入水中后抬起，如此反复2~3次。待试样完全浸润5min后取出，自然平展垂直地悬挂在悬挂装置上，让试样中的水分自然下滴。同时观察试样的滴水情况，待试样上两滴水的滴落间隔时间不低于30s，即可认为试样不再滴水。这时，要立即将试样放到电子天平上进行称量，并记录试样浸润并滴水后的质量 m。至此，试样吸水率的试验操作已完成，具体测试操作见码8-8。

②滴水扩散时间试验。取出用于洗前和洗后的滴水扩散时间试验的试样，将贴肤面朝上，平整地固定在试样夹持器上，注意放置夹持试样时不要使其受力变形。然后用滴管在试样上滴一滴（约0.05mL）三级水。滴液的时候，要注意滴管的角度和距离试样的高度。滴液时，滴管管口距离试样表面不要超过1cm，滴管的角度大约为45°即可。滴液后要立即使用计时器计时，同时观察水滴的扩散情况，待水滴接触试样表面至完全扩散时停止计时，并记录水滴扩散时间。具体测试操作见码8-9。

③干燥速率试验。同吸水率试验，用于干燥速率试验的试样先依次编号，再称量原始质量。接着移取（0.2±0.01）mL的水滴在试样的中心位置，待滴水全部被吸收后立即称取滴水润湿后的试样质量。随后迅速自然平整地垂直悬挂于标准大气中，利用连接电脑的称重设备每间隔（3±0.2）min称取一次质量 m_i 并自动记录。直至剩余水分质量降至总加水质量的10%以下时或者累计干燥60min后停止试验。具体测试操作请见码8-10。如果遇到水滴在试样上不能扩散的情况，一般待60s后，试样上的水滴仍不能渗入试样，则可以停止试验，并报告为"试样不能吸水，无法测定干燥速率"。

④芯吸高度试验。按FZ/T 01071规定，将试样一端垂直悬挂在毛细效应试验装置（图8-6）上，另一端浸入三级水中，用张力夹使试样保持垂直，并靠近且平行于标尺，使液面处于标尺的零位，同时计时。待30min后分别记录各个试样芯吸高度的最小值。具体测试操作请见码8-11。

（4）结果计算和评定

按式（8-6）计算每个试样的吸水率，用 A 表示。再分别计算洗前和洗后三块试样吸水率的平均值，结果修约至1%。

$$A = \frac{m - m_0}{m_0} \times 100\% \tag{8-6}$$

式中：m_0——试样的原始质量，g；

m——试样润湿后不再滴水时的质量，g。

码8-8 纺织品吸湿速干性能评定吸水率

码8-9 纺织品吸湿速干性能评定滴水扩散的时间

码8-10 纺织品吸湿速干性能评定干燥速率的检测

码8-11 纺织品吸湿速干性能评定芯吸高度的检测

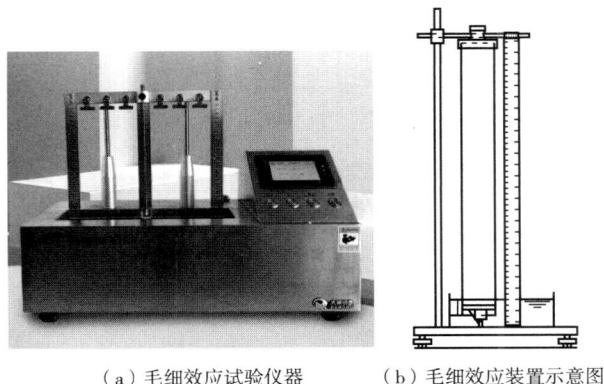

（a）毛细效应试验仪器　　　（b）毛细效应装置示意图

图 8-6　毛细效应试验装置

滴水扩散时间试验的测试结果如果小于 1s，记录扩散时间<1.0s；如果水滴扩散速度较慢，在一定时间内（如 60s）仍未完全扩散，则记录扩散时间大于设定时间（如>60s）。各块试样滴水扩散时间记录好后，再分别计算洗前和洗后的三块试样的平均滴水扩散时间，结果修约至 0.1s。

干燥速率可按式（8-7）来计算每块试样在每个称取时刻的水分蒸发量，单位为 g。再根据所获得的数据绘制"水分蒸发时间—水分蒸发量"关系曲线，利用最小二乘法进行拟合，求得线性回归方程，方程的斜率即为干燥速率。但该方法需要进行大量的计算，目前主要是利用电脑软件通过自动称量、自动记录来进行计算，结果更加高效和准确。求得每块试样的干燥速率后，再分别计算洗前和洗后三块试样的平均干燥速率，结果修约至 0.01g/h。

$$\Delta m_i = m - m_i \tag{8-7}$$

式中：Δm_i——试样从开始计时到某一时刻 i 的水分蒸发量，g；

　　　m——试样滴水润湿后的质量，g；

　　　m_i——试样在滴水润湿后某一时刻的质量，g。

芯吸高度则以两个方向的洗前和洗后样最小值的平均值作为测试结果，并修约至 1mm。最后比较经向（纵向）和纬向（横向）两个方向的芯吸高度，以较大者作为该项目试验结果。

评定纺织品是否具有吸湿速干性能时，要考核产品洗前和洗后的各项试验结果是否都达到相应等级的技术要求。吸湿速干性能（表 8-5）分为Ⅰ级、Ⅱ级和Ⅲ级。Ⅰ级表示纺织品具有吸湿速干性，Ⅱ级表示纺织品具有较好的吸湿速干性，Ⅲ级表示纺织品具有优异的吸湿速干性。

表 8-5　吸湿速干性能评定

项目	Ⅲ级	Ⅱ级	Ⅰ级
吸水率/%	≥150	≥100	≥80
滴水扩散时间/s	≤2	≤4	≤6

项目	Ⅲ级	Ⅱ级	Ⅰ级
干燥速率/（g/h）	≥0.40	≥0.30	≥0.20
芯吸高度/mm	≥110	≥90	≥80

对于执行本标准进行试验并且获得具有吸湿速干性能评定的纺织品，应在产品使用说明上标示出本标准的编号，即 GB/T 21655.1—2023 以及具体的性能等级。

8.1.4.2 动态水分传递法

GB/T 21655.2—2019 规定了采用液态水动态传递法测定纺织品吸湿速干性和吸湿排汗性的方法和评价指标，是一项适用于各类纺织产品的方法标准。

（1）试验原理

织物试样水平放置，测试液与其浸水面接触后，会发生液态水沿织物的浸水面扩散，并从织物的浸水面向渗透面传递，同时在织物的渗透面扩散，含水量的变化过程是时间的函数。当试样浸水面滴入测试液后，利用与试样紧密接触的传感器，测定液态水动态传递状况，计算得出一系列性能指标，以此评价纺织品的吸湿速干性和吸湿排汗性。

本试验要即时准确地获取试样含水量变化与时间的关系，有赖于液态水动态传递性能测试仪的灵敏传感器和计算机的数据采集功能。该测试仪示意图如图 8-7 所示。随着纺织品检测生产科技数智化的发展，液态水动态传递性能的试验更便捷，结果也更客观准确。

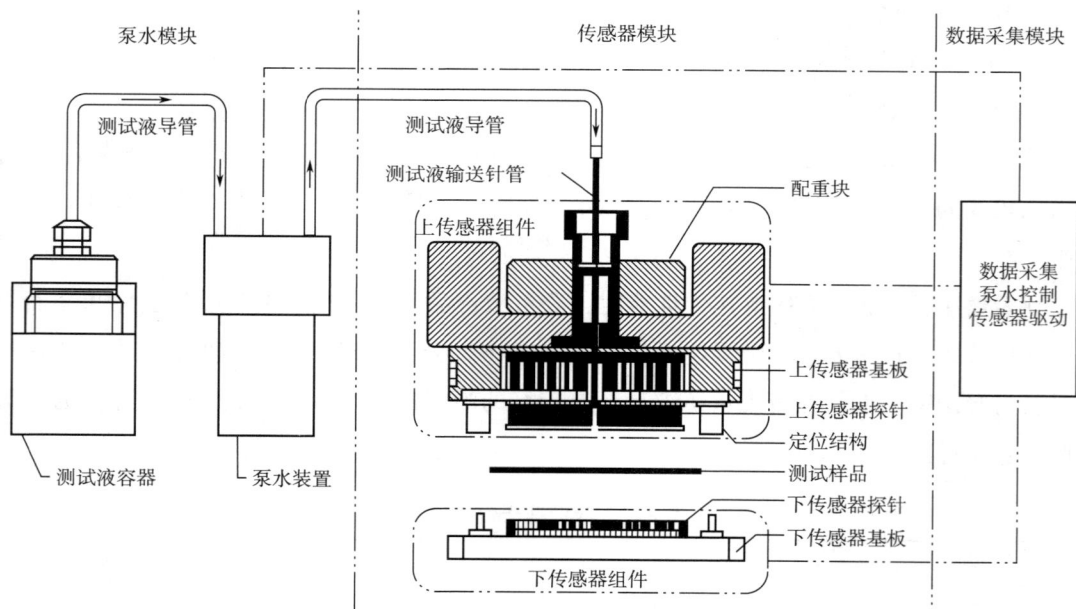

图 8-7 液态水动态传递性能测试仪示意图

（2）试样处理与取样

样品调湿和试样试验用大气均按照 GB/T 6529 的规定执行。与 GB/T 21655.1 一样，均需要准备一份洗前样品和一份洗后样品。洗涤方法按 GB/T 8629—2017 中 A 型洗衣机 4N 程序连续洗涤五次，或按有关各方商定的方法和次数进行洗涤，洗后在不超过 60℃ 的温度下干燥或自然晾干。

两份样品按照取样原则各裁剪尺寸为（90±2）mm×（90±2）mm 的试样五块备用。由于织物表面的不平整会影响试验结果，因此必要时，试样可采用压烫法烫平。

（3）试验步骤

首先用干净的镊子轻轻夹起待测试样，将其平整地置于仪器的两个传感器之间，并将试样的贴肤面作为浸水面。之后启动测试仪，在规定时间内向织物的浸水面滴入（0.22±0.01）g 的测试液。此时测试仪会自动开始记录时间与含水量的变化情况。整个测试过程的时间为 120s，数据采集频率不低于 10Hz。具体测试操作见码 8-12。

码 8-12　纺织品吸湿速干的评定动态水分传递法

通过电脑自动称量和记录设备，可以读取整个测试过程中试样含水量的变化，也可以读取任一时间点试样含水量的变化情况。第一块试样测试完成后，取出试样，并用干净的吸水纸吸取传感器板上多余的残留液，静置至少 60s 后，再进行第二块试样的测试，以确保第二块试样试验时，测试仪的传感器上没有残留液。

（4）结果计算和评定

通过测试仪的传感系统和数据采集系统，利用计算机的强大运算能力，可以快速获得洗前和洗后样品的平均吸水速率 A、液态水扩散速度 S 和单向传递指数 O、浸湿时间 T 和最大浸湿半径 R。吸水速率是指织物单位时间内含水量的增加率，即含水率变化曲线上斜率平均值，分为浸水面平均吸水速率 A_T 和渗透面平均吸水速率 A_B，单位用 %/s 表示。具体计算式如式（8-8）所示，数值修约至 0.1。

$$A = \sum_{i-T}^{t_p} \left(\frac{U_i - U_{i-1}}{t_i - t_{i-1}} \right) \Big/ \left[(t_p - T) \times f \right] \tag{8-8}$$

式中：A——平均吸水速率，分为浸水面平均吸水速率 A_T 和渗透面平均吸水率 A_B。若 $A<0$，
取 $A=0$；

T——织物开始吸收水分所需的时间。以含水量与时间的关系曲线上第一次出现斜率 $\geqslant \tan 15°$ 时的时间表示；

t_p——进水时间，s；

U_i——浸水面或渗透面含水率变化曲线在时间 i 时的数值；

F——数据采样频率。

液态水扩散速度是指织物表面浸湿后扩散到最大浸湿半径时沿半径方向液态水的累计

传递速度，分为浸水面液态水扩散速度 S_T 和渗透面液态水扩散速度 S_B，按式（8-9）计算，数值修约至 0.1，单位为 mm/s。而最大浸湿半径则是织物开始浸湿到规定时间结束时润湿区域最大半径。在含水率曲线中，从曲线的斜率第一次出现 $\geqslant \tan15°$ 到测试时间结束时润湿区域的最大半径。

$$S = \sum_{i=1}^{N} \frac{r_i - r_{i-1}}{t_i - t_{i-1}} \tag{8-9}$$

式中：S——液态水扩散速度，分为浸水面液态水扩散速度 S_T 和渗透面液态水扩散速度 S_B；

N——浸水面或渗透面最大浸湿测试环数；

r_i——测试环的半径，mm；

t_i，t_{i-1}——液态水从环 i-1 到环 i 的时间，s。

单向传递指数是表征液态水从织物浸水面传递到渗透面的能力，用织物两面吸水量的差值与测试时间之比表示，具体计算公式见式（8-10），数值修约至 0.1。

$$O = \frac{\int U_B - \int U_T}{t} \tag{8-10}$$

式中：O——单向传递指数；

t——测试时间，s；

$\int U_B$——渗透面的吸水量；

$\int U_T$——浸水面的吸水量。

通过计算机测算出的几个指标的值，按照要求（表 8-6）进行评级，级数越高，性能越好。评级时，浸水面和渗透面应分别评级。

表 8-6　性能指标分级

性能指标	1 级	2 级	3 级	4 级	5 级
浸湿时间 T/s	>120.0	20.1~120.0	6.1~20.0	3.1~6.0	≤3.0
吸水速率 A/（%/s）	0~10.0	10.1~30.0	30.1~50.0	50.1~100.0	>100.0
最大浸湿半径 R/mm	0~7.0	7.1~12.0	12.1~17.0	17.1~22.0	>22.0
液态水扩散速度 S/（mm/s）	0~1.0	1.1~2.0	2.1~3.0	3.1~4.0	>4.0
单向传递指数 O	<-50.0	-50.0~100.0	100.1~200.0	200.1~300.0	>300.0

评完级数后，如有需要，也可按动态水传递性能评定计时要求（表 8-7）来评定产品相应的性能。产品洗前和洗后的浸水面和渗透面的相应性能均要满足技术要求，才可在产品使用说明中明示为相应性能的产品。

表 8-7　性能评定技术要求

性能	项目	要求
吸湿速干性	浸湿时间	≥3 级
	吸水速率	≥3 级
	渗透面最大浸湿半径	≥3 级
	渗透面液态水扩散半径	≥3 级
吸湿排汗性	渗透面浸湿时间	≥3 级
	渗透面吸水速率	≥3 级
	单向传递指数	≥3 级

如果按本标准试验并评定为具有上表中相应的功能，那么在产品的使用说明上应标示出本标准的编号，即 GB/T 21655.2—2019。同时应标明产品的性能，如吸湿速干性或吸湿排汗性。

> **思考与练习题**

码 8-13　参考答案 8.1 节

一、练习题

1. 在检测织物透气性时，试验的面积宜选用＿＿＿＿＿＿＿。

2. 一般来说，在检测织物透气性时，会在试样上随机测试＿＿＿＿＿＿＿次。

3. 织物透湿性能检测时，推荐了三种温湿度测试条件，分别为 ＿＿＿＿＿＿＿、＿＿＿＿＿＿＿和＿＿＿＿＿＿＿。

二、拓展题

除了上述介绍的透气性和透湿性，你还列举出哪些织物舒适性呢？

8.2　纺织品防护性能的检测

☞ **知识目标**

1. 理解纺织品抗静电性能、抗紫外线性能和阻燃性能的定义

2. 了解测试纺织品抗静电性能、抗紫外线性能和阻燃性能的相关标准

3. 掌握纺织品抗静电、抗紫外线和阻燃性能的测试原理和方法

☞ **能力目标**

能按照相关标准独立完成纺织品抗静电性能、抗紫外性能和阻燃性能的测试

☞ **素养目标**

1. 能根据标准正确地对纺织品防护性能测试的结果进行处理和评价
2. 能规范、安全地操作相关检测设备

【信息导入】

新闻链接：当心功能性纺织品炒作概念

信息来源：《中国消费者报》 发布日期：2021年9月13日

近年来，有一定技术含量的功能性服装及纺织品热销，炒作的概念也是五花八门。科技正在"飞入寻常百姓家"，改变着我们穿衣方式。对此，专家提醒，消费者需要理性科学看待各种功能宣称，不要被所谓的"黑科技"忽悠了。

北京市消费者协会对部分速干类服装、防晒类服装及帽子、防晒类冰袖等功能性纺织产品开展比较试验，结果显示，在各大电商平台网购的71个品牌80件功能性服装样品中，有27件样品未达到相关标准要求，其中五件样品的防紫外性能未达到标准或标称要求，起不到防晒作用或防晒效果差。

【新知讲授】

纺织品的功能性，已和纺织品的安全性、生态性一样，成为消费者对纺织品的要求之一。根据功能性的不同，可将其划分为轻便使用型，如洗可穿等；安全保健型，如阻燃、抗静电、负离子保健等；运动舒适型，如吸湿速干、防风防水等；特殊职业功能型，如防火等。

8.2.1 纺织品抗静电性能的检测

化纤纺织品因电阻较高，不易导电，在日常使用过程中容易产生静电而影响穿着和使用的美观性和舒适性。如果是应用于生产作业场景的产业用纺织品，若不具备抗静电功能，可能会因为静电荷的大量积聚产生火花而发生爆炸甚至引起火灾等工业灾害。所以，纺织品的抗静电性能是服用纺织品和应用于电子、化工、矿冶等领域的产业用纺织品重要的检测项目。

目前国际上常用的抗静电性能检测标准有BS EN 1149-1《防护服 静电性能 第1部分：表面电阻率的测量用试验方法》、BS EN 1149-2《防护服 静电性能 第2部分：测量材料电阻的试验方法（回路电阻）》和BS EN 1149-3《防护服 静电性能 第3部分：电荷衰减量的试验方法》，有DIN 54345《纺织品检验 静电性能 电阻值的测定》以及AATCC 76《纺织品表面电阻试验方法》等。我国现行的纺织品抗静电性能检测标准也比较完善。其中产品标准就有GB 12014—2019《防护服装 防静电服》、GB/T 24249—2009《防静电洁净织物》、GB/T 22845—2009《防静电手套》、FZ/T 64011—2012《静电植绒织物》和FZ/T 24013—2020《耐久型抗静电羊绒针织品》等。方法标准主要有GB/T 12703，由八个部分组成，分别为电晕充电法、手动摩擦法、电荷量、电阻率、旋转机械摩擦法、纤维泄露电阻、动态静电压和水平机械摩擦法，从不同的测试项目来对纺织品进行抗静电性能的表征。测试项目虽多，但目前应用在服用纺织品上的抗静电性能检测主要采用的是电晕充电法、手动摩擦法和电荷量法。

8.2.1.1　电晕充电法

GB/T 12703.1—2021《纺织品　静电性能试验方法　第 1 部分：电晕充电法》是一部描述使用电晕充电法测定织物峰值电压的衰减量和衰减时间的试验方法。该部标准明确该试验方法虽然适用于纺织织物，但不适用于涉及个体安全及静电放电敏感装置防护和服装材料的评价。在这部标准中，并没有给出明确的防静电性能要求，仅仅只是在标准中的资料性附录里给出了结果评定作为参考。而这个评定参考也只是基于工业中防止纺织品产生贴附、静电放电不适感和颗粒状污染物的吸附等相关经验。

（1）试验原理

通过电晕充电装置对试样充电一定时间，在停止施加高压电瞬间，试样静电压值达到最大。随后，试样上的静电压值开始自然衰减，但不一定降到零。通过确定峰值电压和半衰期，或者峰值电压衰减到一定比例，来量化试样的静电性能。试样上外加电压衰减至峰值电压一定比例所需的时间为衰减时间，试样上外加电压衰减至峰值电压一半所需的时间为半衰期，用 HDT 表示。

（2）试样处理与取样

与大部分试验不同的是，如果相关方没有协商或规定的话，进行抗静电性能检测的样品一般在温度为（20±2）℃，相对湿度（40±4）%的大气条件下进行调湿和试验。

对于有要求水洗后检测的，样品可以选择 GB/T 8629—2017 中规定的标准洗涤剂 3 按照 4N 或 4M 程序在 40℃ 水温条件下循环洗涤三次后，采用自然干燥程序干燥。如果有要求干洗后检测的，则要按照 GB/T 19981.2 或 GB/T 19981.3 的要求干洗样品。

样品调湿后，为避免污染试样，操作时检测人员应该佩戴洁净、无绒毛的手套。按照取样原则剪取五个尺寸为（45±1）mm×（45±1）mm 的试样备用。

（3）试验步骤

试验前，将静电衰减测试仪（图 8-8）的试验电压设置为 -10kV。然后对静电衰减测试仪的电极位置进行测量和调整。根据标准要求，静电衰减测试仪上的放电针针尖与试样夹的距离为（18±1）mm，感应电极与试样夹的距离为（13±1）mm。调整好后，对试样进行消电处理。接着将试样置于垫片上，并用试样夹压紧。之后启动设备，驱动转动平台旋转。在转动平台转动的过程中，放电电极对试样持续施加 -10kV 的电压 30s。30s 后，放电电极停止施加电压。最后记录峰值电压及其随时间的衰减情况。具体操作请见码 8-14。

如果 120s 后仍未达到试样的半衰期，则停止试验，结果记录为">120s"。五块试样试验结束后，以其峰值电压和半衰期的算术平均值作为试验结果，并将其修约至两位有效数字。

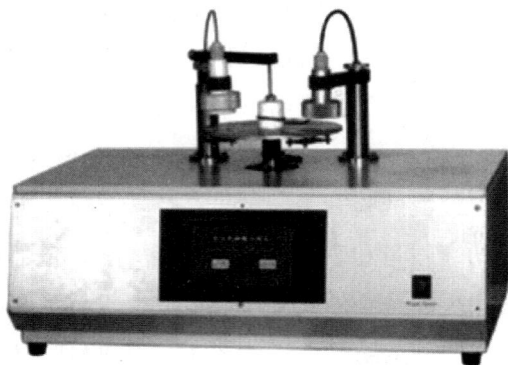

图 8-8　静电衰减测试仪示意图

码 8-14　纺织品抗静电性能
静电压半衰期检测

（4）结果评价

采用本标准检测获得的试验结果，可参考表 8-8 进行静电性能的评价。正如前文所述，该评价仅供参考，还需使用者根据产品实际应用情况来确认检测方法的适用性。

表 8-8　静电性能的评价

半衰期（HDT）/s	HDT≤10	10<HDT≤30	30<HDT≤60	HDT>30
抗静电性能评价	优异	较好	一般	差

8.2.1.2　手动摩擦法

GB/T 12703.2—2021《纺织品　静电性能试验方法　第 2 部分：手动摩擦法》是一项通过描述使用手动摩擦后使纺织品表面产生电荷面密度并进行测量后评价纺织材料静电性能的试验方法的标准。该项标准中明确了该测试方法适用于能够承受摩擦起电操作的各种成分和结构的织物，对于某些不能承受机械摩擦或织物可以选择 GB/T 12703.1—2021 进行测试。同样的，本项标准也不适用于涉及个体安全及静电放电敏感装置防护和服装材料的评价。

值得一提的是，通过该检测方法获得的测试结果受操作员的手法影响较大，且该影响难以消除。

（1）试验原理

试样与另一种织物经摩擦后带电，用法拉第筒实验装置（图 8-9）测量试样产生的电量，并计算电荷面密度。电荷面密度指的是试样与其他织物摩擦后，试样单位面积上所带的电量。

（2）试样处理与取样

本项标准的调湿、试验条件、样品水洗和干洗等要求均与 GB/T 12703.1—2021 中要求的一致。取样时剪取六个尺寸为（350±1）mm×（250±1）mm 的代表性

图 8-9　法拉第筒实验装置

试样。其中三个试样的长度方向平行于机织物的经向、针织物和非织造布的纵向，另外三个试样的长度平行于机织物的纬向、针织物和非织造布的横向。

对于含有条状或网格状导电纤维的织物，裁剪试样时应使导电纤维均匀地分布在试样的中心线周围，示意图如图 8-10 所示。试样裁剪好后，沿长度方向折叠试样，使未折叠部分长度为 260mm，并在距边 10mm 处将试样的折叠部分缝住，示意图如图 8-11 所示。

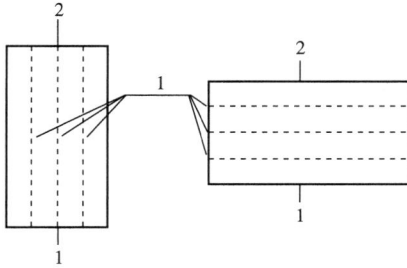

图 8-10　含导电纤维的试样的制备示意图

1—导电纤维　2—试样两个方向的虚拟的中心线

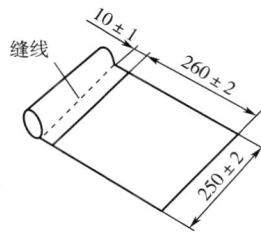

图 8-11　试样缝制示意图

（3）试验步骤

准备一块尺寸为 320mm×300mm、厚度为（3±0.2）mm 的铝板以及一块尺寸为（450±10）mm×（400±10）mm 的锦纶或腈纶摩擦布。将摩擦布从四面包裹住铝板并用胶带固定作为垫板。另外用木板、丙烯酸酯棒和橡胶支架制成一个底座备用。同样材质的摩擦布裁剪为（500±10）mm×（450±10）mm 的尺寸大小，将其沿着长度方向卷绕在一根外径为（32±0.2）mm、厚度为（3.1±0.2）mm、长度为（400±1）mm 的硬质聚氯乙烯管的周围，并将摩擦布的两端拉紧塞入管内固定好，作为试验过程中使用的摩擦棒。

将垫板放置在底座上，同时使地线接地。将一根由丙烯酸树脂制成的直径为 20mm，长度为 500mm 的绝缘棒插入试样的缝制的筒套内，然后将其放在垫板上，并将绝缘板置于栓柱外侧。

做好以上准备后，试验人员先用静电消除设备消除试样、垫板和摩擦棒上的静电，并在摩擦电荷测量装置的电容两端之间进行短路。完成后再次打开电路。取出摩擦棒，用手握住摩擦棒的两端，均匀地按压并拉动摩擦棒，示意图如图 8-12 所示。每次拉动的过程中不应转动摩擦棒，并尽量使拉动摩擦棒的频率控制在每秒钟摩擦试样一次，且使施加的压力控制在 40N 左右。重复拉动五次。每次重复拉动，应转动摩擦棒，使摩擦布上新的一面得以跟试样进行摩擦。摩擦过程中，试验人员

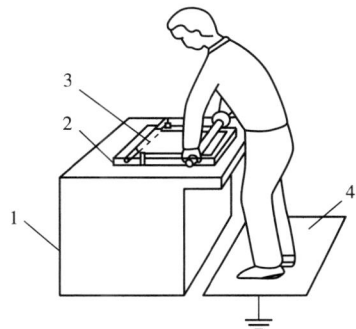

图 8-12　检测人员手动摩擦示意图

1—工作台　2—垫板和底座　3—试样

4—地面（通过导电鞋与地板连接）

应通过导电鞋与地板连接。

摩擦结束后应立即握住绝缘棒的一端向上提起绝缘棒，小心地将试样提起来，以免试样在垫板上滑动，并快速将试样揭离垫板并投入法拉第筒中。此时特别要注意，试验人员应与试样保持300mm以上的距离。另外，在试样投入法拉第筒前，应先对法拉第筒进行消电处理。具体测试操作请见码8-15。之后读取测量到的静电电压值，单位为V。

码8-15 纺织品抗静电手动摩擦法测试

同一块试样重复以上步骤五次，得出静电电压的平均值，然后根据式（8-11）来计算摩擦电荷面密度。

$$\sigma = \frac{CV}{A} \tag{8-11}$$

式中：σ——摩擦电荷面密度，$\mu C/m^2$；

C——法拉第筒总电容量，μF；

V——静电电压平均值，V；

A——试样摩擦面积，m^2。

完成后，将摩擦布更换另一种材质后重复上次的操作及测试。如果刚才选用的是锦纶，则此时更换为腈纶；反之亦然。第一块试样完成后，其他五块试样重复同样的操作。所有测试结束后，对每个测试样品的经向或纵向、纬向或横向、锦纶摩擦布和腈纶摩擦布的测试结果分别进行平均值的求算。将四个最终的平均值的绝对值进行比较，其中最大值作为试验结果，并修约至小数点后一位。

（4）结果评价

对于非耐久性抗静电纺织品，洗前电荷面密度要求不超过$7.0\mu C/m^2$；对于耐久型抗静电纺织品，洗前洗后电荷面密度均要求不超过$7.0\mu C/m^2$。

8.2.2 纺织品抗紫外线性能的检测

紫外线按辐射波长的不同，可分为UVA（315～400nm）、UVB（280～315nm）和UVC（280nm以下）三个波段。UVA也称为晒黑段，因为这个波段的紫外线很少被臭氧层吸收，大部分直达地面并穿透人体真皮，伤害皮肤的骨胶原蛋白和弹性蛋白，使皮肤老化、失去弹性，并出现皱纹和黑色素沉淀。UVB称为晒红段，这个波段的紫外线能被臭氧层吸收，只有极少量可以直达地面。但这个波段的紫外线对皮肤的伤害远大于UVA。因为它可以穿透表皮层，引起皮肤发红，产生黑色素和晒斑，甚至会造成灼烧。经研究表明，过量的UVB照射还可能诱发皮肤疾病，降低人体的免疫功能。至于UVC，则几乎被臭氧层吸收，对人体的影响可以忽略。

普通服装对紫外线虽然有一定的屏障作用，但对紫外线的遮挡率一般仅有50%左右。对于长期需要在强紫外线辐射环境下工作、活动的人群来说，穿着抗紫外线等级高的纺织品，可以减少紫外线对人体辐射的危害，降低罹患皮肤疾病甚至是皮肤癌的风险。所以，检测纺织品抗紫外线等级对提高纺织品质量、保护人体健康、指导抗紫外线纺织产品的生产和出口等具有重要意义。

目前国际上通用的纺织品抗紫外线等级检测标准包括 AATCC 183—2020《织物的红斑加权紫外线辐射的透射率或阻挡率》、AS/NZS 4399：2017《防晒服 评定和分类》和 EN 13758-1：2006《纺织品 太阳紫外线防护性能 第 1 部分：服装织物的试验（包含修改件 A1）》等。这些标准主要包括了纺织品抗紫外线的检测方法、等级分类和评定方法等内容，对纺织品生产与出口具有指导作用，也对规范抗紫外线性能产品、保障消费者权益和促进国际贸易具有重要意义。

我国在 1997 年制定了 GB/T 17032《纺织品 织物紫外线透过率的试验方法》，并于 2009 年更新版本内容。

8.2.2.1 纺织品防紫外线性能的检测

GB/T 18830—2009《纺织品 防紫外线性能的评定》规定了纺织品的防日光紫外线性能的试验方法、防护水平的表示、评定和标识，适用于评定在规定条件下织物防护日光紫外线的性能。织物防护紫外线的性能用紫外线防护系数来表征。紫外线防护系数也称为 UPF，指的是皮肤无防护时计算出的紫外线辐射平均效应与皮肤有织物防护时计算出的紫外线辐射平均效应的比值。

（1）试验原理

用单色或多色的 UV 射线辐射试样，收集总的光谱透射射线，测定出总的光谱透射比，并计算试样的 UPF 值。可以采用平行光束照射试样，用一个积分球收集所有透射光线，也可采用光线半球照射试样，收集平行的透射光线。

（2）试样处理与取样

本试验中的样品需进行调湿。调湿和试验用大气按照 GB/T 6529 执行。如果试验装置没有放在标准大气条件下，调湿后样品从密闭容器中取出至试验完成全过程不应超过 10min。

试验时，如果是匀质材料的样品，应在样品上至少取四个具有代表性的位置进行测试；如果是具有不同色泽或结构的非匀质材料的样品，则每种颜色或每种结构都至少要测试两个不同位置的 UPF。

（3）试验步骤

打开抗紫外透过性能测试仪（图 8-13），选择能提供 290~400nm 波长的 UV 光源，确保光束与试样表面垂直，允差在 ±5° 之间。将经调湿好的试样无张力、平整地放置在抗紫外透过性能测试仪的试样夹上，并确保试样尺寸能重复覆盖住测试仪上积分球入口前方的孔眼。此时，连接抗紫外透过性能测试仪的电脑设备以至少每 5nm 记录 1 次的频率自动记录 290~400nm 之间的透射比，并计算出该试样 UVA 透射比的算术平均值 T（UVA）$_i$

［式（8-12）］、UVB 透射比的算术平均值 T（UVB）$_i$［式（8-13）］和 UPF$_i$［式（8-14）］。然后，更换试样重复进行上述测试，直至所有试样测试完成。具体测试操作见码 8-16。

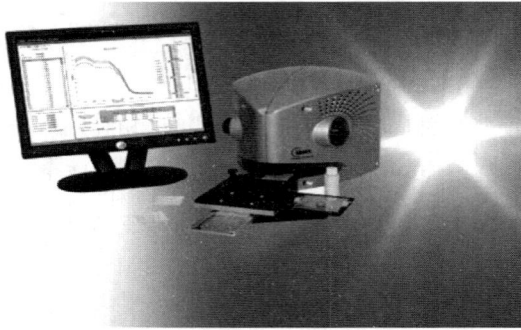

图 8-13 抗紫外透过性能测试仪   码 8-16 纺织品抗紫外线性能测试

$$T(\mathrm{UVA})_i = \frac{1}{m} \sum_{\lambda=315}^{400} T_i(\lambda) \tag{8-12}$$

$$T(\mathrm{UVB})_i = \frac{1}{k} \sum_{\lambda=290}^{315} T_i(\lambda) \tag{8-13}$$

$$\mathrm{UPF}_i = \frac{\displaystyle\sum_{\lambda=290}^{\lambda=400} E(\lambda) \times \varepsilon(\lambda) \times \Delta\lambda}{\displaystyle\sum_{\lambda=290}^{\lambda=400} E(\lambda) \times T_i(\lambda) \times \varepsilon(\lambda) \times \Delta\lambda} \tag{8-14}$$

式中：m——315～400nm 的测定次数；

k——290～315nm 的测定次数；

E（λ）——日光光谱辐射度，W/（m^2·nm）；

ε（λ）——相对的红斑效应；

T_i（λ）——试样 i 在波长为 λ 时的光谱透射比；

$\Delta\lambda$——波长间隔，nm。

（4）结果计算和评定

对于匀质材料的样品，平行试样测完后，计算紫外线防护系数的平均值 UPF$_{\mathrm{AV}}$［式（8-15）］和 UPF 的标准偏差 s［式（8-16）］，最后按式（8-17）计算出最终结果，并修约到整数。

$$\mathrm{UPF}_{\mathrm{AV}} = \frac{1}{n} \sum_{i=1}^{n} \mathrm{UPF}_i \tag{8-15}$$

$$s = \sqrt{\frac{\displaystyle\sum_{i=1}^{n} (\mathrm{UPF}_i - \mathrm{UPF}_{\mathrm{AV}})^2}{n-1}} \tag{8-16}$$

$$\mathrm{UPF} = \mathrm{UPF}_{\mathrm{AV}} - t_{\alpha/2,\,n-1} \frac{s}{\sqrt{2}} \tag{8-17}$$

在计算式（8-17）时，$t_{\alpha/2,n-1}$ 按规定（表8-9）代入计算。当样品的 UPF 值低于单个试样实测的 UPF 值中最低值时，以试样最低的 UPF 作为样品的 UPF 值报出。样品报出的 UPF 值大于 50 时，结果表示为"UPF>50"。

表 8-9　α 为 0.05 时 $t_{\alpha/2,n-1}$ 的测定值

试样数量	$n-1$	$t_{\alpha/2,n-1}$
4	3	3.18
5	4	2.77
6	5	2.57
7	6	2.44
8	7	2.36
9	8	2.30
10	9	2.26

对于非匀质材料样品，因为各种颜色和结构都进行了测试，所以应以其中最低的 UPF 值作为样品的 UPF 值报出。结果表示同上。

8.2.2.2　纺织品防紫外线性能的评定

当样品的 UPF>40，且 T（UVA）$_{AV}$<5% 时，可将其称为"防紫外线产品"。对于防紫外线产品应在标签上标示本标准的编号，即 GB/T 18830—2009。当 40<UPF≤50 时，应标为 UPF 40+；当 UPF>50 时，则标为 UPF 50+。最后，标示上还应注明"长期使用以及在拉伸或潮湿的情况下，该产品所提供的防护有可能减少"。

8.2.3　纺织品阻燃性能的检测

纺织品的燃烧性能与其纤维成分关系密切，不同的材料有不同的燃烧性能，比如棉纺织品燃烧时易产生火焰，而涤纶织物燃烧时火焰不易蔓延。纺织品一旦发生燃烧，不但会释放有害气体和烟雾，还容易引发火灾事故，甚至造成人员伤亡。为了降低纺织材料在燃烧时火焰传播的速度和烟雾的产生量，可以通过添加阻燃剂等措施来提高纺织品的阻燃性能。

目前国际上常见的相关标准有 ISO 6941：2023《纺织品　燃烧　垂直方向火焰传播测试》和 ISO 5658-2：2006《测量火焰沿垂直样品表面侧面蔓延的试验方法》等。我国相关的标准也有很多，如 GB/T 5455—2014《纺织品　燃烧性能　垂直方向损毁长度、阴燃和续燃时间的测定》、GB/T 14644—2014《纺织品　燃烧性能　45°方向燃烧速率的测定》和 GB 20286—2006《公共场所阻燃制品及组件燃烧性能要求和标识》等。

8.2.3.1　纺织品燃烧性能 45°方向燃烧速率的检测

GB/T 14644—2014 标准规定了采用 45°方向表面点火测定织物燃烧性能的试验方法，

以及燃烧性能的分级，适用于各类织物及制品。

（1）试验原理

在规定的条件下，对45°角放置的试样表面点火，根据火焰蔓延时间来评定试样的燃烧速率。对于绒面试样，底布的点燃作为燃烧剧烈程度的附加指标。在此部标准中，火焰蔓延时间具体指从点火开始到标志线断裂整个过程所需的时间，用 s 表示。而燃烧速率则指在规定的试验条件下，单位时间内火焰前沿扩展的距离。

（2）试验装置

本试验的试验装置有燃烧试验箱（图8-14）、刷毛装置、烘箱和干燥器。

燃烧试验箱由耐热及耐烟雾侵蚀的材料制成，尺寸为（370±10）mm×（220±10）mm×（350±10）mm，箱前部设有由耐热透明材料制成的观察门。观察门底部设有通风条，试验箱顶部后面均匀排列 11 个或 12 个通风孔。箱内配有试样架和试样夹。试样架用来支撑、固定试样夹，使试样夹的倾斜角为45°。而试样夹是由两块厚约2.0mm 的 U 形钢板组成，内框尺寸为152mm×38mm，将试样固定于两板中间，两边用夹子夹紧。

刷毛装置是用来制备试样的。非绒面织物不需使用刷毛装置。如果是绒面织物，则应将装好试样的试样夹放在刷毛装置的滑动架上，使绒面朝上，逆向刷毛一次后再进行试验。

图8-14　45°方向燃烧试验箱

（3）试样处理与准备

样品取样是根据织物燃烧速率最快的方向作为试样长度方向裁取的。如果无法确定样品燃烧速率最快的方向，要先进行预试验来确定出样品燃烧速率最快的方向和部位。一般情况下，绒面纺织品的火焰燃烧速率沿着织物表面绒毛逆向是最迅速的。对于服装，同一部位的所有各层以及接缝部位都宜进行预试验。如果预试验中试样经纬或横纵方向燃烧速率无区别的非绒面织物，宜以经（纵）向作为长度方向。

确定好长度方向后，在样品上裁取 5 块尺寸为 160mm×50mm 的试样，将其放置在试样夹的下夹板上，并使燃烧面朝上，试样长度方向的一端放置在试样夹顶部，再放上试样夹的上夹板，并用夹子夹紧上下夹板。

夹住试样夹的试样，如果是绒面的，要先用刷毛装置进行刷毛；非绒面的则可接着平放到（105±3）℃的烘箱内干燥，待（30±2）min 后取出，再放到干燥器中冷却。冷却不少于30min 后即可取出放置于燃烧试验箱中进行试验。

（4）试验步骤

将干燥器中装好试样的试样夹置于燃烧试验箱中的试样架上，用符合 GB/T 6836 要求

的 11.7×3tex 白色棉丝光缝纫线作为标志线穿过试样架平板的导丝钩，然后在刚穿出导丝圈

的标志线下方挂一质量为（30±5）g 的重锤，使标志线绷紧。接着将计时器调至零点，关闭燃烧试验箱门，点着燃烧器，使火焰与试样表面接触（1±0.05）s，同时启动计时器。当火焰烧到标志线时，重锤因线被烧断而下落，计时器停止计时。测试时，从干燥器取出试样到点燃试样的时间不得超过 45s。具体测试操作见码 8-17。

码 8-17　纺织品燃烧速率的测试

试样在燃烧时，应观察试样的燃烧状态，并做好记录。如果发生底边点火，应该重新进行测试。对于绒面样品，计时器停止后试样应该让其继续燃烧以确定基布是否燃烧熔融。

整个试验过程都必须在通风橱和无风的环境中进行。每次试验结束后，都要打开风扇将试验中产生的烟气排出。

（5）分级

根据表 8-10 对测试结果进行计算和分级。

表 8-10　燃烧性能的分级

试样数量		火焰蔓延时间（t_i）		燃烧等级
5 块 （1≤i≤5）	非绒面纺织品	无		1 级（正常可燃性）
		仅有 1 个	$t_i \geq 3.5$s	1 级（正常可燃性）
			$t_i < 3.5$s	另增加 5 块，按 10 块试样评级
		2 个及以上	$\bar{t} \geq 3.5$s	1 级（正常可燃性）
			$\bar{t} < 3.5$s	另增加 5 块，按 10 块试样评级
	绒面纺织品	不考虑火焰蔓延时间，基布未点燃		1 级（正常可燃性）
		无		1 级（正常可燃性）
		仅有 1 个	$t_i < 4$s，基布未点燃 $t_i \geq 4$s，不考虑基布	1 级（正常可燃性）
			$t_i < 4$s，同时一块基布点燃	另增加 5 块，按 10 块试样评级
		2 个及以上	0s< $\bar{t}$ <7s，仅有 1 块表面闪燃； $\bar{t}$ >7s，不考虑基布； 4s< $\bar{t}$ <7s，1 块基布点燃； $\bar{t}$ <4s，1 块基布点燃	1 级（正常可燃性）
			4s≤ $\bar{t}$ ≤7s，≥2 块基布点燃	2 级（中等可燃性）
			$\bar{t}$ <4s，≥2 块基布点燃	另增加 5 块，按 10 块试样评级

试样数量		火焰蔓延时间（t_i）		燃烧等级
10 块 （$1 \leqslant i \leqslant 10$）	非绒面纺织品	仅有 1 个		1 级（正常可燃性）
		2 个及以上	$\bar{t} \geqslant 3.5s$	1 级（正常可燃性）
			$\bar{t} < 3.5s$	3 级（快速剧烈燃烧）
	绒面纺织品	仅有 1 个		1 级（正常可燃性）
		2 个及以上	$\bar{t} < 4s$，≤2 块基布点燃； $4s \leqslant \bar{t} \leqslant 7s$，≤2 块基布点燃； $\bar{t} > 7s$	1 级（正常可燃性）
			$4s \leqslant \bar{t} \leqslant 7s$，≥3 块基布点燃	2 级（中等可燃性）
			$\bar{t} < 4s$，≥3 块基布点燃	3 级（快速剧烈燃烧）

注 （1）"无"是指试样未点燃或标志线未烧断。

（2）非绒面纺织品燃烧评级时需考虑两个因素：1 是所有试样火焰蔓延时间的个数；2 是火焰蔓延时间值或平均值。绒面纺织品燃烧分级时需考虑三个因素：1 是所有试样火焰蔓延时间的个数；2 是所有试样基布点燃的个数；3 是火焰蔓延时间值或平均值。

（3）当需增加 5 块试样时，再按表中试样数量为 10 块时进行评级。

最后，值得说明的是，对于试样燃烧等级为 1 级或 2 级的样品，按照 GB/T 8629 中规定，宜采用 A 型洗衣机，40℃正常搅拌程序对试样进行一次洗涤，其中标准洗涤剂的加入量为（20±1）g，洗涤完成后摊平晾干，并使试样表面平整无褶皱。再按上述试验步骤对洗涤后的试样进行测试和分级。原试样测试结果为 3 级的样品则无须测试洗涤后燃烧性能。如果需要，按照 GB/T 19981.2—2014 要求进行干洗，其中干洗程序选用 GB/T 19981.2—2014 中表 1 的正常材料干洗程序。

8.2.3.2 纺织品燃烧性能的要求

不同产品对纺织品的燃烧性能要求并不相同，如婴幼儿及儿童纺织产品，在 GB 31701—2015 标准中要求其燃烧性能达到 1 级，尤其是婴幼儿纺织品不建议进行阻燃处理。如果婴幼儿纺织品要进行阻燃处理，应该要符合国家相关法规和强制性标准的要求。再比如生态纺织品，在 GB/T 18885—2020 标准中虽没有明确生态纺织品燃烧性能的技术要求，但明确了只有能提供安全认证证书或通过毒理性试验的报告作为证明文件的阻燃剂可以在生态纺织品上被检出，其他的阻燃剂均禁用，检出的限量值为 10mg/kg。

➤**思考与练习题**

一、思考题

1. 何为功能性纺织品？

2. 功能性纺织品的作用和意义有哪些？

码 8-18　参考答案 8.2 节

二、练习题

1. 纺织品的燃烧性能可以分为 ＿＿＿＿＿＿＿ 级，分别表示 ＿＿＿＿＿＿＿、＿＿＿＿＿＿＿ 和 ＿＿＿＿＿＿＿。

2. 当样品的 UPF ＿＿＿＿＿＿＿，且 T（UVA）$_{AV}$ ＿＿＿＿＿＿＿ 时，可将其称为"防紫外线产品"。

3. 在进行纺织品抗紫外线性能检测时，如果是匀质材料的样品，应在样品上至少取 ＿＿＿＿＿＿＿ 个具有代表性的位置进行测试；如果是具有不同色泽或结构的非匀质材料的样品，则每种颜色和每种结构都至少要测试 ＿＿＿＿＿＿＿ 个不同位置的 UPF。

4. 抗静电性能检测的样品一般在温度为 ＿＿＿＿＿＿＿，相对湿度 ＿＿＿＿＿＿＿ 的大气条件下进行调湿和试验。

三、拓展题

除了上述介绍的防护性功能，你还列举出哪些纺织品的防护性功能？

➤本章小结

本章介绍了纺织品几种常见的舒适性和防护性功能及其性能的检测方法。随着消费者需求的提升，企业在满足服用安全的基础上，各种功能性的纺织品推出、迭代速度极快，市场上的功能性纺织品鱼龙混杂。但我国功能性纺织品的产品标准不够完善，目前主要还是限于方法标准。为了不使消费者对功能性纺织品的信心下降，保证功能性纺织品的品质，保障消费者的权益，不断开发、发展相应的功能性纺织品检验检测是当务之急。对于功能性纺织品的定位，仍需出台相应的产品标准进行认证，才能更好地保护消费者权益。

【知识拓展】

1. coolmax 是最具代表性的凉感纤维，但其实 coolmax 并不能算是真正的凉感纤维，因其只是利用吸湿快干性能，使人体产生的汗液快速导出而带走一些热量，从而给人干爽的感觉。如要使人产生凉爽之感，应该是皮肤与低于其温度的织物接触时，引起皮肤表面热量快速流失，温度瞬间下降，再经过皮肤中感温神经末梢反应到大脑，而形成的凉爽感觉。故凉感纤维或凉感纺织品应具有吸热慢而散热快的特点。

2. 热湿舒适性指的是服装在人体与环境之间热湿传递过程中，具有维持和调节人体体温稳定、微环境湿度适宜的性能。这种性能的实现，取决于服装材料对热能和湿气的传输能力，以及材料自身微气候的调节能力。

【思维导图】

```
                                                           ┌──────────┐   ┌──────────┐
                                              ┌─ 检测项目 ─┤ 检测内容 ├───┤外观质量缺陷│
                                              │           └──────────┘   └──────────┘
                              ┌ 服装成衣外观质量检测 ┼─ 缺陷分类 ─┤ 检测流程 │
                              │               │
                              │               └─ 检测实例
                              │
                              │                           ┌─ 规格尺寸允差范围
                              │               ┌─ 主要项目  │
服装质量检测 ──┼ 服装尺寸规格质量检测 ┼─ 测量方法  ├─ 水洗尺寸变化率
                              │               └─ 检测标准 ─┤ 尺寸检测评级
                              │                           └─ 检测实例
                              │
                              │               ┌─ 检测项目
                              └ 服装缝纫质量检测 ┼─ 缺陷分类
                                              └─ 检测实例
```

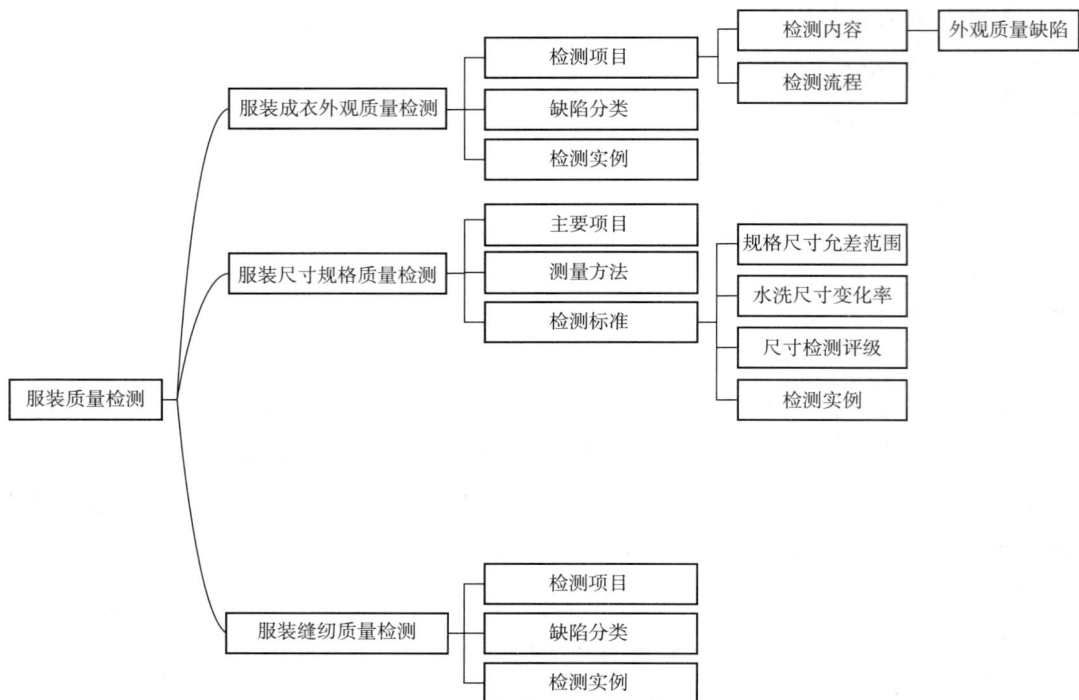

9.1　服装成衣外观质量检测

码 9-2　实训单 9.1 节

☞ **知识目标**

1. 了解服装成衣外观质量的基本概念和重要性
2. 掌握服装成衣外观质量缺陷的主要内容及检测方法
3. 掌握服装成衣表面疵点和色差检测的内容、识别方法及影响
4. 掌握服装成衣对称检测和对条对格检测的测量部位、方法及允差范围

☞ **能力目标**

1. 具备识别和分析服装成品外观质量问题的能力
2. 掌握服装外观质量检测的标准和流程
3. 能够运用所学知识解决服装外观质量中的实际问题

4. 具备持续学习和适应新技术、新方法的能力

☞ **素养目标**

1. 培养细致入微的观察能力

2. 强化质量意识和责任心

3. 提升团队协作和沟通能力

☞ **思政目标**

1. 弘扬工匠精神，追求卓越品质

2. 培养职业道德和社会责任感

3. 增强文化自信和民族自豪感

【信息导入】

新闻链接：https://news.cctv.com/

信息来源：央视网　发布日期：2022 年 3 月

根据 2022 年国家市场监督管理总局的抽检报告，某知名品牌羽绒服被检出不符合国家标准，主要问题为填充物不达标和纤维含量标识错误。此次抽检覆盖多个省市的服装样品，问题还涉及耐摩擦色牢度不合格、甲醛含量超标等。抽检结果表明，部分企业在生产过程中未严格执行标准，导致产品质量问题频发。本次事件再次强调了服装检测标准的重要性，以及企业在质量管理中的关键责任。消费者在购买服装时，应注重查看产品标签信息，并选择信誉良好的品牌。

【新知讲授】

服装成品的外观质量检测包括面辅料表面疵点、对称部位差异、规格尺寸偏差、缝制规定等项目。本章节中的外观检测主要是狭义上的外观，主要包括表面疵点、对称部位差异等。

9.1.1　服装成衣外观质量检测项目

9.1.1.1　服装成衣外观质量检测内容

①疵点检测。疵点检测包括粗纱、走纱、飞纱、暗横、白迹、破损、色差、污渍等。将样品平摊在台面上，使用时也可穿在人体模型或胸架上，距离 60cm 目测。必要时采用钢卷尺或直尺进行测量。成衣各部位疵点要与相关服装产品外观疵点样照中相同疵点或相似疵点对照，记录各部位疵点名称、大小、数量以及程度。轻微疵点指该疵点直观上不明显，通过仔细辨认才可看出。明显疵点指该疵点不影响总体效果，但能明显感觉到疵点的存在。这部分疵点来源主要是面辅料自身的疵点，如图 9-1（封 2 彩图 4）所示。

②色差检测。测试同一件服装不同部位的色差、套装中上装和下装的色差、同一批中不同样品的色差。机织服装测量部位应纱向一致。入射光与织物表面约呈 45°，观察方向应垂直于织物表面，距离 60cm 目测，并与样卡进行对比。色差如图 9-2（封 3 彩图 5）所示。

223

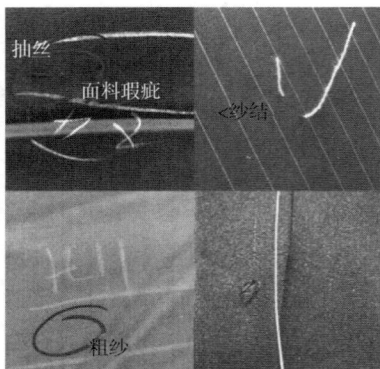

图 9-1　疵点

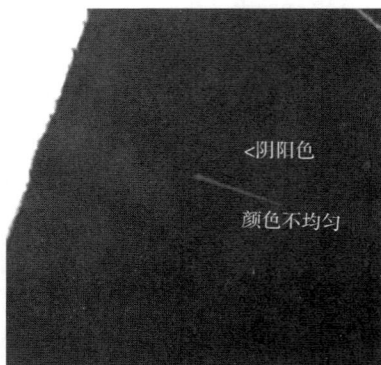

图 9-2　色差

③对称检测。上装检测需要核对对称部位大小是否相对；两肩后背的宽度是否对称；两袖长短、袖口宽窄、袖褶距离、袖衩长短是否一致；肩端两边高度是否相同；口袋大小、高低是否对称；门里襟长短，左右条格是否对称。裤装检测包括裤的长短及左右袋位、裤腰头等是否对称。

④对条对格。对有明显条格，且条格在 1.0cm 以上的服装，测量对条对格的对齐程度（图 9-3，封 3 彩图 6），特殊设计除外。具体检测方法见表 9-1。

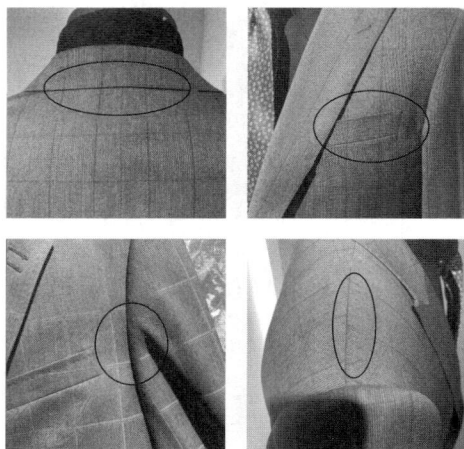

图 9-3　西服各部位对条对格

表 9-1　对条对格的检测方法

检测部位	检测方法	备注
左右前身	以前身中心为基准，测量条的左右对称、格的横条对齐程度以及条格的完整程度	格子大小不一致，以前身上部三分之一以上为准
手巾袋与前身	测量手巾袋上部、前部条与前身条对齐程度	—
大袋与前身	明袋测量袋前部与前身条格的对齐程度；暗袋测量袋盖前部与前身条格的对齐程度	—

检测部位	检测方法	备注
口袋	测量左右口袋条格的对称程度	斜料双袋以明显条为主
袖与前身	在前身肩端下 5~7cm 处测量袖子与前身横条格的对齐程度	样品穿在人体模型或胸架上测量
袖缝	测量外袖缝横条格的对齐程度	—
背缝	以背缝为基线，从上至下测量横条的对齐程度； 从后片横背宽线以上测量条格对齐程度； 以背缝为准，测量左右衣片条格的对称程度	—
背缝与后领面	测量领子后中心与背缝的纵条对齐程度	—
后过肩	测量过肩两头条的平行度（条的顺直程度）	—

⑤倒顺毛。目测整件服装的倒顺毛，用手自上而下抚摸，毛头撑起的为倒毛，毛头顺服的为顺毛（图9-4，封3彩图7），检查各衣片倒顺毛是否一致，并记录测试结果。

⑥拼接。将样品平摊或悬挂于人体模型或胸架上，目测并记录拼接的部位和数量，特殊设计除外。

⑦成品的经纬纱向。领面、后身、袖子允许的纱线歪斜程度不大于3%，前身底边不倒翘；色织格料纬斜不大于3%；经、纬向纱线歪斜程度测定按 GB/T 14801 规定，并按式（9-1）计算：

顺毛

倒毛

图9-4　倒顺毛

$$S = 100d/W \qquad (9-1)$$

式中：S——经向或纬向纱线歪斜程度，%；

d——经纱或纬纱与直尺间最大垂直距离，mm；

W——测量部位宽度，mm。

⑧整烫检测。要求整烫平服，无烫黄、极光、水渍、脏污等现象；整烫重要部位，如领袖、门襟等需保持平服；线头要彻底清除；注意黏合衬不可出现渗透胶现象。

⑨物料检测。检查主标位置及车缝效果；查看挂牌是否正确，有无遗漏；检查胶袋质地、黏合效果。所有物料必须依照物料单指示要求进行检查。

除①涉及的问题是面辅料本身的质量决定的，其他②~⑨都是在服装生产中产生的问题。

9.1.1.2　服装成衣外观质量检测流程

①检测一般按"从上到下、从左到右、从前到后、从外到内"的顺序，逐个部位依次进行。

②检测时需准备好相关资料（工艺单、封样报告、封样样品、检测标准等）。

③确保工艺无错漏、原材料无错用/缺失。

④针距严格按照工艺单要求，线路松紧适宜。

⑤尺寸误差要求控制在允许范围之内。

⑥检查骨位时用适当的力度从水平方向向骨位两边拉伸，查看是否有爆缝、针孔断线、面料纰裂等问题。

⑦正反面线头要剪净（特殊情况下，不可剪净线头的只可留 0.5cm）。

⑧拉链需试拉几次，查看开合是否顺畅、是否卡齿、外露宽窄是否一致、隐形拉链是否平服。

⑨检查拉链唇宽窄是否一致，有无重叠、豁口现象。

⑩检查纽扣开合是否顺畅、无松动，上下松紧是否一致，四周面料是否烂纱。

⑪查看纽扣、装饰标、魔术贴等配件图案的倒顺情况。

⑫撞色线、网状线不允许接线。

⑬熨烫要平服、整洁，无烫黄、水渍、亮光、死痕等现象。

9.1.2 服装成衣外观质量缺陷分类

产品标准如《女西服、大衣》（GB/T 2665—2017）、《羽绒服装》（GB/T 14272—2021）等对服装外观缺陷分类做出规定的，按其规定；没有产品标准规定的，可参照《服装外观检测方法》（T/CNGA—2021）和《消费品使用说明　第 4 部分：纺织品和服装》（GB/T 5296.4—2012）中的服装外观缺陷分类。

根据产品不符合标准要求和对产品性能、外观的影响程度，缺陷分成三类。

①严重缺陷。严重降低产品的使用性能、严重影响产品外观的缺陷，称为严重缺陷。

②重缺陷。不严重降低产品的使用性能、不严重影响产品外观，但较严重不符合标准要求的缺陷，称为重缺陷。

③轻缺陷。不符合标准要求，但对产品的使用性能和外观只有较小影响的缺陷称为轻缺陷。

不同类型服装的缺陷位置标注略有不同，表 9-2 参考 GB/T 2664—2017《男西服、大衣》进行服装外观缺陷分类，具体如图 9-5 所示。

表 9-2　男西服、大衣外观缺陷分类及判定

项目	轻缺陷	重缺陷	严重缺陷
使用说明	内容不规范	—	—
辅料及附件	辅料的色泽、色调与面料不相适应	里料、辅料的性能与面料不适应、拉链不顺滑	纽扣、附件脱落；纽扣、装饰扣及其他附件表面不光洁、有毛刺、有缺损、有残疵、有可触及锐利尖端和锐利边缘；拉链啮合不良
经纬纱向	纱向歪斜超过标准规定 50% 及以内	纱向歪斜超过标准规定 50%	—

项目	轻缺陷	重缺陷	严重缺陷
对条对格	对条、对格超过本标准规定50%及以内	对条、对格超过本标准规定50%	面料倒顺毛，全身顺向不一致
拼接	—	拼接不符合3.6规定	—
色差	表面部位（包括套装）色差不符合标准规定半级；衬布影响色差3-4级	表面部位（包括套装）色差超过标准规定半级；衬布影响色差低于3-4级	
外观疵点	2号部位、3号部位超过标准规定	1号部位超过标准规定	破损等严重影响使用和美观的疵点
规格尺寸允许偏差	规格尺寸允许偏差超过标准规定50%及以内	规格尺寸允许偏差超过标准规定50%	规格尺寸允许偏差超过本标准规定100%
整烫	—	—	使用黏合衬部位有严重脱胶、渗胶、起皱及起泡。表面部位沾胶
	轻度污渍；熨烫不平服；有明显水渍、亮光；表面有大于1.0cm的连根线头3根及以上	有明显污渍，污渍大于2.0cm^2；水渍大于4.0cm^2	有严重污渍，污渍大于3.0cm^2；烫黄等严重影响使用和美观

注 （1）本表未涉及的缺陷可根据缺陷划分规则，参照相似缺陷酌情判定。
　　（2）凡属丢工、少序、错序，均为重缺陷。缺件为严重缺陷。

西服缺陷部位划分如图 9-5 所示，1 号部位为领子、驳头、腰线以上的前后衣身部位，以及袖子自然下垂时的外露部位；2 号部位为腰线以下的前后衣身部位；3 号部位为驳头内侧，以及袖子自然下垂时的内侧部位。

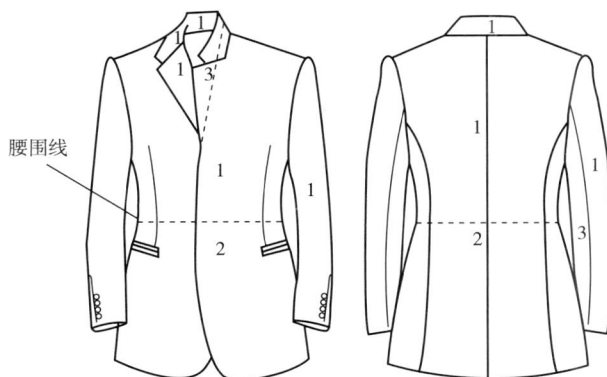

图 9-5　西服缺陷部位划分

9.1.3　服装成衣外观质量检测实例

本教材在理论的基础上，结合企业实践选取部分实操案例进行演示。检测人员应保持公正公平的原则，恪守职责；生产人员也应努力向标准看齐，精益求精。各个环节的生产和检测人员应该通力合作，加强团队协作能力，实现服装的高质量要求。

9.1.3.1 上衣类外观检测

（1）领子

领缺嘴要保证两端整齐，大小一致；领窝要松紧适宜且圆顺；领面、驳头要平服；底领要不外露且顺直，外口不起翘；圆领和 V 领领型要左右对称、领口平服居中且不外翻、吃势均匀、领肩处不可顶尖；翻领类产品领子要服帖，左右领子及领座要对称、粘衬不可有渗胶或透底现象。

（2）门襟

门襟要保证长短一致、平服顺直；拉链唇确保不起皱、平服。拉链无起浪、起拱现象；纽扣门襟的扣眼和纽扣位置要一致，不可有错位现象；纽扣要钉牢固，不可有脱落现象，间距相等且均匀顺直；外套类产品钉纽扣时，纽扣底要绕出底座。

（3）肩缝

肩缝要顺直、平服，两肩宽窄一致，拼缝对称，不起皱、不起拱；拼肩缝拷边时要放锦纶、棉防伸带或直丝绺面料布条以防止肩缝拉伸；为防止透明防伸带对皮肤摩擦而影响到穿着的舒适度，除肩缝表面压止口能把透明带包在面料止口内时可以使用，其他情况下不允许使用。

（4）袖窿袖子

袖窿要圆顺，吃势要均匀，左右袖窿要对称；除保暖内衣外所有针织上衣的袖窿倒缝都要倒向大身；袖子袖口大小、长短、宽窄均要保证一致，袖襻的高低、长短、宽窄也要一致。

（5）拼缝

所有拼缝要均匀顺直、平服、吃势均匀且不可有爆线现象；所有止口压线要顺直，止口宽窄一致，不反吐、不爆线、左右要对称；所有缝线的密度要达到 15 针/3.0cm 以上，不可太稀；所有四线拷边在表面不压止口的情况下，刀门宽度不可超过 0.6cm（特殊工艺要求除外）；所有十字拼缝要对齐，缝头倒向一致。背部有拼缝时要保证缝位顺直、平服；后腰带要保证松紧适宜、水平对称。

（6）袖口和下摆

袖口和下摆采用双针或三针卷边时，不可起柳、爆线、包空或不均匀毛出，双针或三针及所有链条线迹接缝处均要平车加固；面料起卷或太软不便卷边的，可先进行三线光边，再进行卷边处理；罗纹、橡筋要宽窄一致；底边要保证平服、圆顺。

（7）零部件、装饰

口袋要平服、方正，袋口不能有豁口；袋盖、贴袋、里袋均要方正平服，高低、前后、大小要一致；有织带、花边、爬条、装饰线等装饰的，左右两边的花纹、形状均要对称；

有开衩设计的，开衩要顺直、平服、自然且左右长短一致。

（8）里料和填充物

有里料时，要保证里料的长短、大小均与面料相适宜，不允许有吐里、吊里现象；有填充物的加棉或加绒产品，要保证不钻绒、平服、线路整齐、压线均匀，前后片的接缝要对齐。

（9）其他

对于起绒或磨毛面料，要分清方向，整套服装的绒或毛的倒向要一致；对于袖里封口的款式，封口及止口均要整齐牢固且宽窄一致，封口长度要≤10.0cm；当彩条宽窄条纹宽度都小于0.2cm时，拼缝不用对条，反之则全部要对条，条纹要对得准确且自然。

产品不可有油渍、污渍、水渍、线头（长度在0.3cm以上的）等，不可有影响穿着、使用、销售、消费者不易自行修复或者非专业人士也可以辨别的缺陷。具体的操作见码9-3、码9-4。

码9-3　衬衫外观质检

码9-4　西服外观质检

9.1.3.2　下装类外观检测

（1）接缝及压线

腰头拼缝及压线止口宽窄要一致，包橡筋处的吃势要均匀；腰头翻折包橡筋正面压止口时不可有下炕现象，止口务必车在橡筋上，反面缝头外漏要小且宽窄一致；双针或三针及所有链条线迹接缝处均要平车加固。

（2）门襟

门襟及拉链唇要求同上衣；拉链不起浪、不起拱；纽扣门襟的扣眼和纽扣位置要一致，不可有错位现象；纽扣要钉牢固，不可有脱落现象，顺直均匀、间距相等；门襟要粘衬，防止扣眼变形、门襟起皱或门襟使用后被拉伸变形等。

（3）拼缝

拼缝要求同上衣。

（4）脚口和底边

脚口和腰头采用双针或三针卷边时，不可起柳、爆线、包空、下炕或不均匀毛出等，双针或三针及所有链条线迹接缝处均要平车加固；面料起卷或太软不便卷边的可三线光边后再进行卷边；底边、橡筋、罗纹要求同上衣。

（5）零部件、装饰

裤子及裙子的斜插袋袋口上线均要打套结固定，防止袋口撕裂或爆线；左右裤腿、口袋、装饰线迹、贴边等均要对称。

（6）其他

产品不可有油渍、污渍、水渍、线头（长度在0.3cm以上的）等污垢；产品不可有影

响穿着、使用、销售、消费者不易自行修复或者非专业人士也可以辨别的缺陷。具体的操作见码9-5。

码9-5　西裤外观质检

➢**思考与练习题**

一、思考题

服装成衣外观质量检测主要包括哪些内容？

二、练习题

1. 服装成衣外观质量检测时，标准检测台的高度应为多少？
（　　）

码9-6　参考答案9.1节

A. 60cm　　　　　B. 80cm　　　　　C. 100cm　　　　D. 120cm

2. 以下哪些项目属于服装成衣外观质量检测的主要检测要点？（　　　）

A. 检测顺序　　　B. 针距与线路松紧 C. 物料检测　　　D. 生产成本控制

3. 在对条对格的检测中，需要测量哪些部位的条格对齐程度？（　　　）

A. 左右前身　　　B. 口袋　　　　C. 袖缝　　　　D. 后过肩

9.2　服装尺寸规格质量检测

码9-7　实训单9.2节

☞ **知识目标**

1. 掌握人体测量的主要项目

2. 认识服装尺寸规格的测量方法

3. 理解服装尺寸规格检测的评估标准

4. 熟悉常见服装部位尺寸规格的检测

☞ **能力目标**

1. 培养学生对成衣尺寸检测的能力

2. 使学生具备能够进行部分款式服装尺寸检测操作的能力

☞ **素养目标**

1. 提高学生质量意识，养成严谨的工作态度

2. 培养学生创新能力，提高工作效率，拥有良好的职业素养

☞ **思政目标**

1. 培养学生精益求精的大国工匠精神，锻造其过硬的岗位能力，使其具备良好的职业素养

2. 使学生树立正确的世界观、人生观、价值观，确立实现中国制造强国的理想信念

3. 通过质量意识、创新能力的培养，提升学生的民族自豪感以及爱国主义情怀

【信息导入】

新闻链接：浙江抽查：5 批次学生服水洗尺寸变化率不合格

信息来源：中国质量新闻网　发布日期：2016 年 10 月 11 日 12 时 59 分

近期，浙江省质量技术监督局组织开展了全省学生服装（夏装）产品专项监督抽查。抽查了杭州、宁波、温州等 11 个地区 90 家企业生产的 90 批次学生服装（夏装）产品，有 13 批次不合格，批次不合格率为 14.4%。其中 5 批次产品水洗尺寸变化率不合格。水洗尺寸变化率是服装产品的一项重要指标，反映服装经洗涤后尺寸的变化程度，水洗尺寸变化率过大，不仅会影响正常的穿着和美观，甚至还会造成产品无法穿着使用。

【新知讲授】

服装成品质量检测的核心内容包括服装外观质量检测、规格尺寸检测以及缝制质量检测。其中，规格尺寸的检测是最为关键的一部分，因为它直接关系到服装的合体性和穿着舒适度。

9.2.1　人体测量的主要项目

（1）测量前的准备工作

测量工具有软尺、腰带（用斜纹织布或腰衬）、尺寸记录单、笔等。

人体测量的姿态要求被测者挺胸站立，姿态自然，平视前方，肩部放松，双臂自然下垂，平贴于身体两侧，双腿并拢，脚后跟靠紧，脚尖自然分开呈 45°；测量者应位于被测者的斜右前方。

（2）人体测量的计测点

为了对人体进行准确测量，可以在人体体表明显的部位确定一些测量基准点。如前颈点、颈侧点、后颈椎点、肩端点、胸高点、腋窝点、肘点、腰围前后中心点、臀凸点、膝关节点等（图 9-6）。

（3）服装人体测量的主要部位

服装人体测量的主要部位包括身高、背长、前腰节长、颈椎点高、坐姿颈椎点高、腰围高、臀高等，如图 9-7 所示。

身高：人体立姿时从头顶点垂直向下量至地面的距离。

背长：从颈椎点垂直向下量至腰围中央的长度。

前腰节长：由侧颈点通过胸高点量至腰围线的距离。

颈椎点高：从颈椎点到地面的距离。

坐姿颈椎点高：坐在椅子上，颈椎点垂直量到椅面的距离。

腰围高：从腰围线中央垂直到地面的距离，是裤长设计的依据。

臀高：从腰围线向下量至臀部最丰满处的距离。

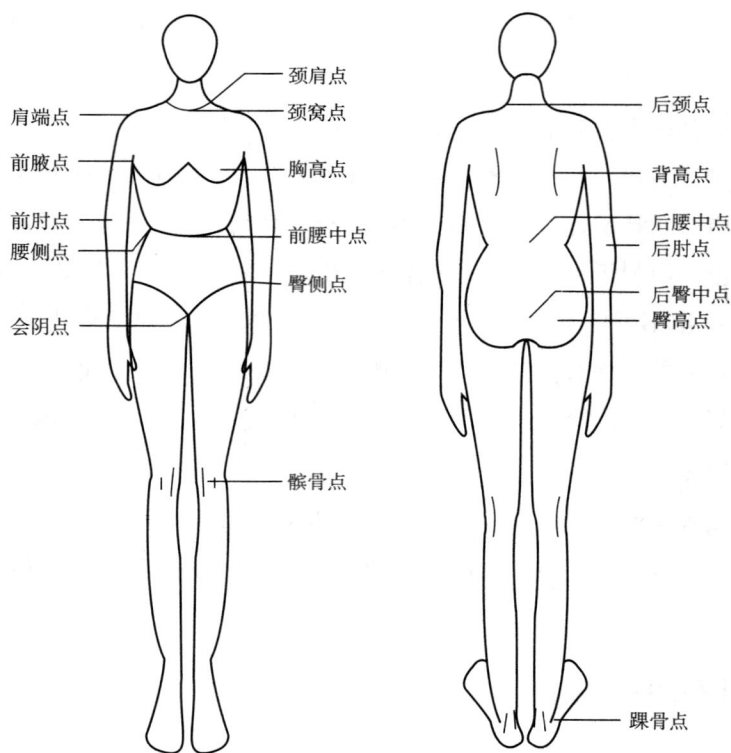

图 9-6　人体测量的计测点

肩端点　颈肩点
　　　　颈窝点
前腋点　胸高点
前肘点　前腰中点
腰侧点　臀侧点
会阴点
　　　　髌骨点

后颈点
背高点
后腰中点
后肘点
后臀中点
臀高点
踝骨点

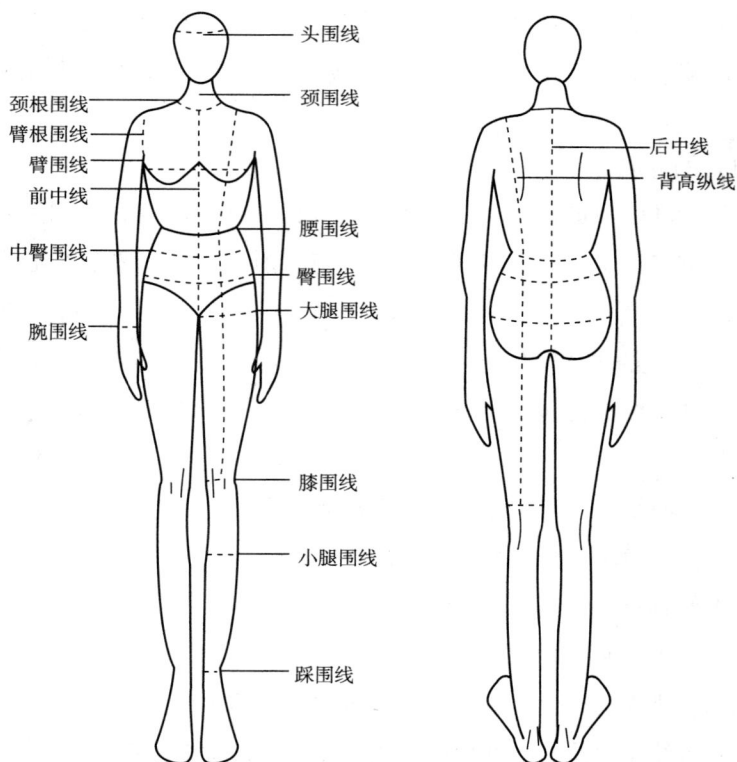

图 9-7　人体测量的主要部位

头围线
颈根围线　颈围线
臂根围线
臂围线
前中线
中臀围线　腰围线
　　　　　臀围线
腕围线　　大腿围线
膝围线
小腿围线
踝围线

后中线
背高纵线

上裆长：从体后腰围线量至臀高的长度。

下裆长：从臀沟向下量至地面的距离。

臂长：从肩端点向下量至茎突点的距离。

膝长：从腰围线量至膝盖中点的长度。

胸围：过胸高点沿胸廓水平量一周的长度。

腰围：经过腰部最细处水平围量一周的长度。

臀围：在臀部最丰满处水平围量一周的长度。

颈根围：通过侧颈点、颈椎点、颈窝点，在人体颈部围量一周的长度。

肩宽：从左肩端点通过颈椎点，量至右肩端点的距离。

前胸宽：从前胸左腋窝水平量至右腋窝点间的距离。

后背宽：从后背左腋窝点水平量至右腋窝点间的距离。

9.2.2　服装尺寸规格的测量方法

服装尺寸的测量是质量检测和品质控制的重要环节，也是衡量服装合身度的重要指标之一。通过准确的测量和合理的选择，可以保障消费者购买的衣物既舒适又美观。成衣尺寸的测量涉及多个关键部位，以确保服装的合身舒适。

结合企业实践行业标准，根据《服装测量方法》（GB/T 31907—2015），常见服装的测量项目及方法（表9-3）。

表 9-3　常见服装的测量项目及方法

序号	测量项目	测量方法	图例
1	衣长	前衣长：由前衣身肩缝的最高点垂直量至底边；后衣长：由后领窝中点垂直量至底摆	

序号	测量项目	测量方法	图例
2	裙长	半身裙：由左腰上口沿侧缝垂直量至裙子的底摆； 连衣裙：由前身肩缝最高点垂直量至裙子的底摆，或由后领窝中点垂直量至裙子底摆	
3	胸围	前后身摊平，扣上纽扣或闭合拉链，沿袖窿底缝水平衡量，如背心款，也可采用袖窿下 2cm 处水平横量	

序号	测量项目	测量方法	图例
4	腰围	前后身摊平，扣上纽扣或闭合拉链、裤钩、裙钩，沿腰节处水平横量	
5	臀围	前后身摊平，扣上纽扣或闭合拉链、裤钩、裙钩，沿臀宽中间横量。（企业实践中，通常根据服装工艺单要求，从腰头向下 Xcm 量取）	
6	裤长	由腰头上口沿侧缝垂直量至裤口处	

序号	测量项目	测量方法	图例
7	直裆深	由腰头上口垂直量至裆底	
8	下裆长（裤内长）	由裆底量至裤脚口	
9	裤口宽	沿裤脚口横量	
10	前裆弧长（前浪）	由前腰头上口量至裆底	
11	后裆弧长（后浪）	由后腰头上口量至裆底	
12	横裆宽	沿挺缝线左右裤片重叠摊平，以裆底为基准点，从前中缝量至后中缝	

序号	测量项目	测量方法	图例
13	肩宽	前后身摊平，扣上纽扣或闭合拉链，由肩袖缝的交点横量	
14	肩长	由前身左襟肩缝最高点摊平量至肩袖缝交点	
15	背宽	衣身摊平，由背部最窄处横量至袖缝	
16	领大	摊平领子，立领（含罗纹领）横量领上口，其他领型横量领下口，有拉链的含拉链进行量取	

序号	测量项目	测量方法	图例
17	领高	翻领、企领（衬衫领）量取后领座高度，立领量取前领口的高度	
18	领宽	沿后领窝中点量至领外口	
19	前领深	沿肩缝最高点作水平线中点量至前领窝	
20	袖长	圆袖由袖山高点量至袖口，连肩袖由后领窝中点量至袖口处	
21	袖肥	由袖窿深点，垂直量取袖中线的距离	

序号	测量项目	测量方法	图例
22	袖窿深	由后领窝中点垂直量至袖窿最低水平位置	
23	袖口宽	闭合拉链或扣上纽扣，沿袖口线横量	
24	袖口高	沿袖口骨位量至袖口边	
25	侧缝长	前后身摊平，沿侧缝，从袖窿深点量至底摆	

序号	测量项目	测量方法	图例
26	下摆围	前后身摊平,扣上纽扣或闭合拉链、裙钩、裤钩,沿底边横量	下摆围　下摆围
27	下摆开衩高	由开衩顶端量至下摆	下摆开衩高　下摆开衩高
28	袖口开衩长	由袖衩条顶端量至袖口边	袖口开衩
29	门襟宽	从门襟最左边量至最右边	门襟宽

序号	测量 项目	测量方法	图例
30	袋口宽	由袋口宽边至边进行度量（不含压线宽度）	
31	袋高 袋盖高	袋高：由袋高顶端量至袋底； 袋盖高：由袋盖上端量至袋盖底边	

9.2.3　服装尺寸规格检测的检测标准

服装尺寸规格检测的检测标准主要内容包括规格尺寸允差范围、水洗尺寸变化率和尺寸检测评级。

（1）规格尺寸允差范围

对于服装各部位规格尺寸偏差的标准，不同面料和款式有不同的标准。针织类和梭织类面料的尺寸长度公差都有详细规定，例如，针织类面料在长度小于10cm时公差为0，而在11~25cm时公差为±0.5cm。这些规定确保了服装的尺寸和形状符合设计和穿着的需求。此外，服装的尺寸允许公差还考虑到不同类型的服装，如贴身类、外套类、婴童类等，其尺寸长度公差根据服装的类型和尺寸范围有所不同。例如，贴身类服装在尺寸小于10cm时的长度公差为0，而在尺寸11~25cm时的公差为±0.5cm。这些规定确保了不同类型和尺寸的服装都能满足基本的穿着要求和标准。

综上所述，服装各部位的规格尺寸偏差标准是根据服装的类型、面料以及设计要求来确定的，以确保服装的质量，提升穿着者的舒适度。

根据设计尺寸计算各部位规格尺寸偏差，式（9-2）如下：

$$P = L_1 - L_0 \tag{9-2}$$

式中：P——规格尺寸偏差，cm；

L_0——各部位规格尺寸设计，cm；

L_1——各部位规格尺寸实测值，cm。

下面以 5.4 号型为例，结合企业实践，总结常见的成衣各部位规格允差范围（表9-4、表9-5），具体检测数据以实际要求为准。

表9-4 常见机织服装各部位公差范围　　　　单位：cm

上装			下装		
部位	公差范围		部位	公差范围	
	单衣	棉服		单裤	棉裤
衣长 CL	±1	+1.5/−1	裤长 TL	+1.5/−1	±1.5
肩宽 SW	±0.5	±1	裙长 L	±0.5	—
胸围 B	±2	±2	无松紧腰围 W	±1	+1.5/−1
下摆围 BW	±2	±2	松紧腰围 W	+2/−1	±2
袖肥 AW	±1	±1	臀围 H	±2	±2
袖口宽 CW	±1	±1	前裆弧长 FR	+1/−0.5	+1/−0.5
袖长 SL	±0.8	±1	后裆弧长 BR	+1/−0.5	+1/−0.5
领围 N	±0.6	±0.8	横裆宽 C	±1	±1
领大 NL	±0.6	±0.7	脚口宽 SB	±1	±1
领宽 NW	±0.5	±0.5	袋口长 PWK	±0.5	—
领高 NR	±0.5	±0.5			
帽宽 HW	+1/−0.5	+1/−0.5			
帽高 HH	+1/−0.5	+1/−0.5			

表9-5 常见针织服装各部位公差范围　　　　单位：cm

上装			下装		
部位	公差范围		部位	公差范围	
	上差	下差		上差	下差
衣长 CL	+2	−1.5	裤长 TL	+1.5	−1
肩宽 S	+1	−0.5	裙长 L	+1.5	−1
胸围 B	+1.5	−1	腰围 W	+2	−1
腰围 W	+1.5	−1.5	臀围 H	+2	−1

上装			下装		
部位	公差范围		部位	公差范围	
	上差	下差		上差	下差
长袖长 SL	+1.5	−1	前裆弧长 FR	+1	−0.5
短袖长 SL	+1	−0.8	后裆弧长 BR	+1	−0.5
袖肥 AW	+1.5	−1	横裆宽 C	+2	−1
袖口宽（半围）CW	+0.5	−0.3	脚口宽 SB	+1	−0.5
领围 N	+1	−0.5			
领高 NR	+0.5	−0.5			
前领深 ND	+0.5	−0.5			
帽宽 HW	+1	−0.5			
帽高 HH	+1	−0.5			

（2）水洗尺寸变化率

水洗尺寸变化率反映了服装织物经洗涤和干燥后，沿长度方向和宽度方向上的尺寸变化情况。该变化率是纺织服装品质考核的重要指标，其稳定性不仅关系到服装生产的裁剪尺寸，还对服装成品的外观效果和服用舒适性有重要影响。几乎所有的服装检测标准均考核水洗尺寸变化率，可见其重要性。

服装面料产品水洗变化率测试主要参照 GB/T 8628—2013《纺织品　测定尺寸变化的试验中织物试样和服装的准备、标记及测量》及 GB/T 8630—2013《纺织品　洗涤和干燥后尺寸变化的测定》等国家推荐标准，此外还有纺织行业标准等。各标准体系对服装产品尺寸变化率的要求也各不同。常用针织服装产品、棉机织服装产品水洗尺寸变化率标准参数表分别见表 9-6 和表 9-7。

表 9-6　常用针织服装产品水洗尺寸变化率标准参数表

标准	考核位置		优等品/%	一等品/%	合格品/%
GB/T 8878—2023《针织内衣》	纤维素纤维含量50%及以上	直向	≥−5.0	≥−6.0	≥−8.0
		横向	−5.0~0.0	−6.0~+2.0	−8.0~+2.0
	纤维素纤维含量50%以下	直向	≥−3.0	≥−5.0	≥−7.0
		横向	−3.0~0.0	−5.0~+2.0	−7.0~+2.0
GB/T 22849—2024针织 T 恤衫	直向、横向		−3.0~+1.5	−4.0~+2.0	−5.0~+2.0
GB/T 31888—2015中小学生校服	针织类（长度、宽度）		—	−4.0~+2.0	—
	毛针织类（长度、宽度）		—	−5.0~+3.0	—
FZ/T 73032—2017针织牛仔服装	直向		−3.0~+1.0	−4.0~+1.5	−5.0~+1.5
	横向		−3.5~+1.0	−4.5~+1.5	−5.5~+1.5

标准	考核位置		优等品/%	一等品/%	合格品/%
FZ/T 73058—2017 针织大衣	直向、横向（含毛30%以下）		−2.5~+2.0		−3.5~+3.0
	直向、横向（含毛30%以上）		−4.0~+2.0		−5.0~+2.0
FZ/T 73056—2016 针织西服	直向		—	−2.5~+2.5	—
	横向		—	−3.0~+1.5	—
GB/T 39508—2020 《针织婴幼儿及儿童服装》	婴幼儿	直向、横向	−4.0~+2.0		−5.0~+3.0
	儿童	直向、横向	−4.0~+1.0	−5.0~+2.0	−6.0~+3.0

表 9-7　常用棉机织服装产品水洗尺寸变化率标准参数表

标准	考核项目	优等品/%	一等品/%	合格品/%
GB/T 22796—2021 《床上用品》	机织织物	+2.0~−3.0	+2.0~−4.0	+2.0~−5.0
	针织织物	+2.0~−5.0	+2.0~−6.0	+2.0~−7.0
FZ/T 13007—2016 色织棉布	非起绒织物	−2.5~+1.0	−3.0~+1.5	−4.0~+1.5
	起绒织物	−3.0~+1.0	−4.5~+1.5	−5.0~+1.5
GB/T 411—2017 棉印染布	经纬向	−3.0~+1.0	−4.0~+1.5	−5.0~+2.0
GB/T 5326—2009 精梳涤棉混纺印染布	纱织物	−1.5~+1.0	−2.0~+1.0	
	线织物	−2.0~+1.0	−2.5~+1.0	

由此可知，针织服装的水洗尺寸变化率通常分别考核直向和横向，棉机织产品无此项规定。将常用针织服装水洗等级要求分为三部分，部分标准对产品的横向和直向分别有不同的要求，例如 GB/T 8878—2023、FZ/T 73032—2017；部分标准对产品的优等品、一等品、合格品要求不同；还有一部分标准对针织产品的水洗尺寸变化率的要求完全一致，例如 GB/T 31888—2015。棉机织产品标准对产品的优等品、一等品、合格品要求由高到低。不同标准，其优等品、一等品及合格品的要求不完全一致，所以企业一定要根据产品的用途，选择合适的产品标准，避免产品质量存在不达标的风险。

（3）尺寸检测评级

以《针织婴幼儿及儿童服装》（GB/T 39508—2020）为例，其规格尺寸偏差评级及对称部位尺寸差异分别见表 9-8、表 9-9。

表 9-8　规格尺寸偏差评级　　　　　　　　　　　　　单位：cm

类别		优等品	一等品	合格品
直向（衣长、袖长、裤长、裙长）	60cm 及以上	±1.0	±1.5	±2.0
	60cm 以下	±1.0	±1.5	±1.5
横向（1/2胸围，1/2腰围，横裆①）		±1.0	±1.5	−1.5~+2.0

①横裆仅考核婴幼儿连裆裤。

表 9-9 对称部位尺寸差异
单位：cm

项目	优等品 ≤	一等品 ≤	合格品 ≤
<15	0.5	0.8	0.8
15~70	0.6	1.0	1.0
>70	0.8	1.0	1.0

9.2.4 服装尺寸规格检测实例

结合《户外运动服装、冲锋衣》（GB/T 32614—2023）和企业实践，对其主要部位进行尺寸测量和检验（表 9-10 和图 9-8）。

表 9-10 主要部位的测量方法

部位名称	测量方法
前衣长	由前身左襟肩缝最高点垂直量至底边
后中衣长	由后领中垂直量至底边
1/2 胸围	扣上纽扣（或合上拉链）前后身摊平，沿袖底缝下 2cm 水平横量
袖长	圆袖由袖山最高点量至袖口边中间。连肩袖由后领中沿袖山最高点量至袖口边中间
总肩宽	由肩袖缝的交叉点摊平横量（连肩袖不量）
裤长	由腰上口沿侧缝摊平垂直量至裤脚口
1/2 腰围	扣上裤钩（纽扣），沿腰宽中间横量

注 特殊款式的尺寸测量按企业约定。

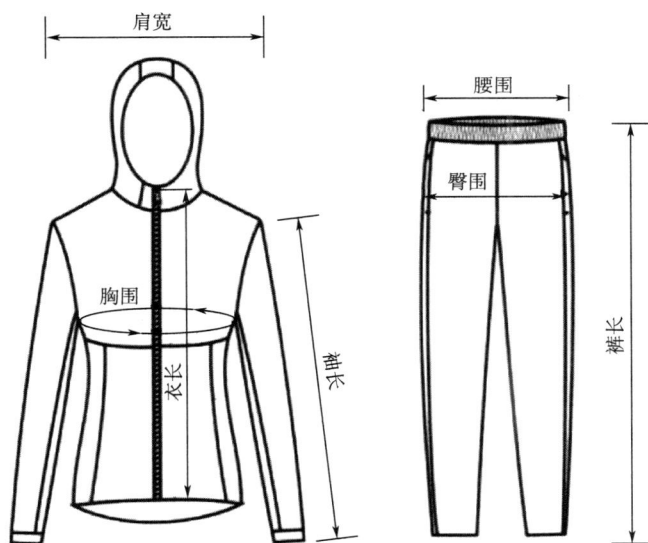

图 9-8 户外运动服装主要测量部位

➤思考与练习题

一、思考题

尺寸不合格可能导致的后果有哪些？请分析这些后果对消费者满意度及品牌信誉的具体影响。

码9-8　参考答案9.2节

二、练习题

1. 下列哪项不属于服装规格尺寸检测工具？（　　　）

A. 软尺（精度1mm）　　　B. 直尺（精度1mm）　　　C. 人体模型　　　D. 天平

2. 检测服装尺寸时，需将衣物平铺于平整台面，保持自然松弛状态，避免_____。

3. 测量裤长时，需从_____垂直测量至裤脚口，或从_____测量至裤脚口（根据款式不同选择）。

9.3　服装缝纫质量检测

码9-9　实训单9.3节

☞ **知识目标**

1. 了解缝纫质量管理的内容

2. 认识服装缝纫质量的检测项目

3. 熟悉缝纫质量要求和缺陷分类依据

☞ **能力目标**

1. 掌握常见成衣的缝纫质量要求和判定标准

2. 能够对不同的成衣进行缝纫质量进行检测

☞ **素养目标**

1. 提高学生对服装质量检测操作的综合岗位能力

2. 培养学生用实践检验真理的能力，灵活应变不同款式检测的拓展能力

☞ **思政目标**

1. 通过服装缝纫质量检测项目，培养学生严谨的工作态度和千锤百炼的工匠精神

2. 服装企业质检案例，体现了我国产品质量的领先与创新，表明了中国制造已经有了"质"的飞跃，"质量强国"目标进一步推进，增强了学生的民族自信和实现"中国制造强国"的理想信念

【信息导入】

新闻链接：https://m.cqn.com.cn/ms/content/2025-02/12/content_9091397.htm

信息来源：中国质量新闻网

发布日期：2025 年 2 月 12 日

近日，福建省市场监督管理局公布 2024 年服装产品质量省级监督抽查结果（2025 年第 014 期）。本次抽查皮革（人造革）服装、休闲服装、学生服装、夹克衫等服装产品。其中，共抽查 47 家生产企业 49 批次休闲服装产品，6 批次不合格。福建省市场监督管理局已责成属地市场监管局对本次抽查不合格产品及其生产企业依法予以处理。

【新知讲授】

9.3.1　服装缝纫质量检测项目

成衣缝纫质量直接关系到服装的品质和耐用性，是服装质量中的重要内容。通过缝纫质量检测以确保成衣的外观和耐用性。成衣缝纫质量包括外观平整度、接缝牢度、接缝纰裂度、缝纫线的选择、缝迹、线头、回针、锁眼与钉扣质量等内容。

（1）外观平整度

缝纫的外观平整度，可通过观察衣片之间的接缝是否发生缝纫皱缩来判断，这是考察缝纫质量的重要指标。缝纫的平整度除了受织物的性能影响外，还与缝纫的条件有关（如缝线张力、压脚压力、线迹密度等）。针对织物洗涤后接缝外观平整度的评价，国内外制定了相关的测试方法标准，包括 GB/T 13771—2009《纺织品　评定织物经洗涤后接缝外观平整度的试验方法》、ISO 7770—2009《纺织品　清洗后织物接缝外观平整度的评定方法》。标准中采用的标准样照或立体标准样板分为单针迹和双针迹两种形式。即在规定的照明条件下，参照标准样照，对经约定洗涤方式处理后的试样进行目测比对，评定试样的接缝外观平整度级数，分为 1-5 级，1 级最差，5 级最佳，如图 9-9 所示。

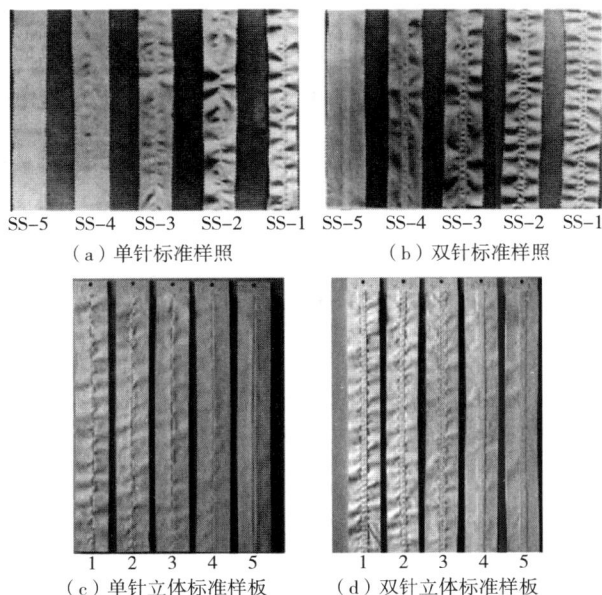

SS-5　SS-4　SS-3　SS-2　SS-1　　　SS-5　SS-4　SS-3　SS-2　SS-1
（a）单针标准样照　　　　　　　　（b）双针标准样照

1　　2　　3　　4　　5　　　　1　　2　　3　　4　　5
（c）单针立体标准样板　　　　　　（d）双针立体标准样板

图 9-9　标准样照和立体标准样板

（2）接缝牢度

接缝牢度，也称接缝强力，一般是指肩缝、背缝、后裆接缝、袖缝、侧缝等服装接缝部位的牢度，服装接缝强力是影响服装耐用性的重要因素之一。接缝强力主要受面料、缝型、缝线等因素的影响。面料自身的性能，如经纬向断裂强力，显著影响织物的接缝强力。此外，面料的纬密和厚度也对接缝强力产生影响。缝型和缝线的选择也是影响接缝强力的关键因素，不同的缝型和缝线组合会导致接缝强力的变化。例如，某些缝型和缝线的组合可能会提供更强的接缝，从而提高服装的耐用性。

在测试服装接缝强力时，有多种标准和方法可供选择，包括 FZ/T 01031—2016《针织物和弹性机织物接缝强力及扩张度的测定》和 GB/T 13773.1—2008《纺织品　织物及其制品的接缝拉伸性能》等，这些标准规定了测定纺织品直线接缝型式的接缝强力和伸长率的测试方法。测试过程包括在特定条件下对接缝施加力量，直至接缝断裂，以此来评估接缝的强度。

以运动装为例，按照条样法和抓样法进行测试。图 9-10 为裤后裆接缝强力试验取样部位示意图，该部位是对接缝强力要求比较高的部位，根据标准，其接缝强力应大于14N。图 9-11 是上衣腋下取样部位示意图，接缝处取样应加宽，避免脱线影响取样结果。

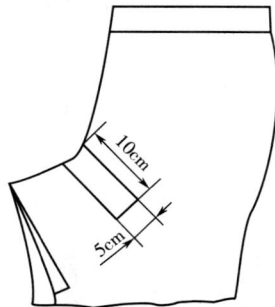

图 9-10　裤后裆接缝强力试验取样部位示意图

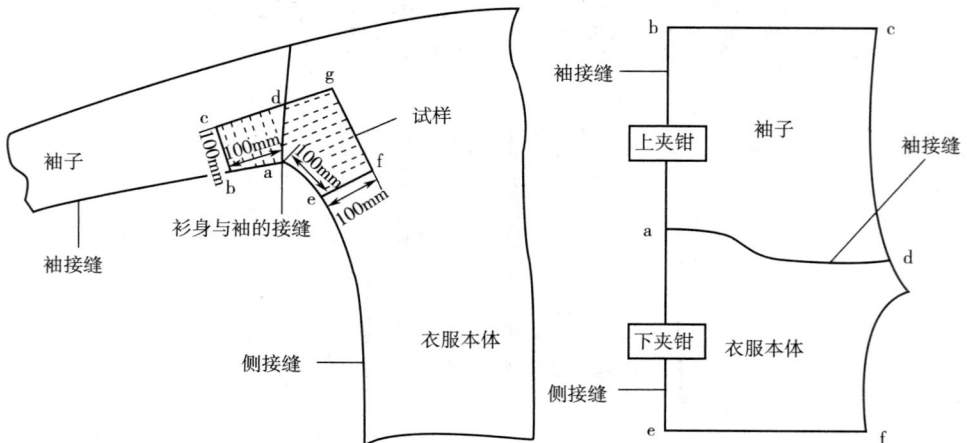

图 9-11　上衣腋下取样部位示意图

（3）接缝纰裂度

纰裂指的是经缝合的织物受到垂直于缝口的拉力作用时，使得横向纱线在纵向纱线上产生了滑移，从而形成稀缝或裂口。服装的纰裂主要发生在衣服的背缝、袖缝、袖窿缝、摆缝等受力较大和较集中的区域，如图 9-12（封 3 彩图 8）所示。工业上也主要对这些部位进行接缝纰裂测试。上衣的后背缝在后领中向下 25cm 处取样；袖窿缝在后袖窿弯处取样；摆缝在袖窿底处向下 10cm 处取样。裤后缝在后裆弧线 1/2 中心处取样，裤侧缝一般在裤侧缝上 1/3 为中心取样，下裆缝在下裆缝上 1/3 为中心取样。参照 GB/T 21294—2024《服装理化性能的检验方法》进行接缝纰裂的测试，如织物断裂、缝线断裂、滑脱或撕破，其纰裂的最宽距离一般不超过 0.6cm，如图 9-13 所示。

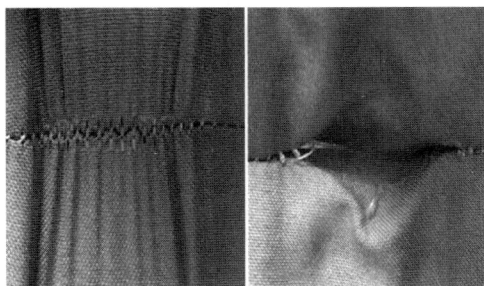

图 9-12　衣片纰裂状态

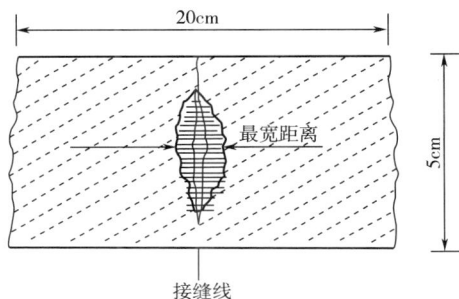

图 9-13　接缝纰裂程度示意图

（4）缝纫线的选择

缝纫线的选择是关乎缝纫品质的直接因素。缝纫线的拉伸强度和色牢度必须合格，缝纫线的颜色须严格按照工艺文件要求。不同厚度、种类的面料应选择不同材质、粗细和不同张力的缝纫线，如棉线、涤棉线、弹力线等。

（5）缝迹

缝迹应严格按照文件工艺要求选择相应的密度、线迹和缝型，缝边要平整、顺直，上下线松紧适宜，避免出现针脚起皱、针距不均、跳针、漏针、断线等情况。

（6）回针（打结）

缝纫始末须回针加固，尤其是两个衣片缝合的始末、口袋两端、拉链上下等受力点。

（7）锁眼、钉扣

锁眼和钉扣的封结要牢固，钉扣绕脚线高度与止口高度要相匹配。

（8）线头

缝制好的成衣里外都不得有过长的线尾和多余的线头。

9.3.2　服装缝纫质量的缺陷分类

若有服装产品标准，如《女西服、大衣》（GB/T 2665—2017）、《衬衫》（GB/T 2660—

2017）等对服装缝制质量缺陷分类做出规定的，需按其规定对服装进行检测，没有对应产品标准规定的，参照《服装外观质量》（T/CNGA—2021）检测要求进行检测。以《女西服、大衣》（GB/T 2665—2017）为例，对相应的产品缝纫质量缺陷进行分类（表9-11）。

表 9-11　女西服、大衣缝纫质量缺陷分类依据

序号	轻缺陷	重缺陷	严重缺陷
1	针距密度低于本标准规定两针及以内	针距密度低于本标准规定两针及以上	—
2	领子、驳头面、衬、里松紧不适宜；表面不平挺	领子、驳头面、衬、里松紧明显不适宜；表面不平挺	—
3	领口、驳口、串口不顺直；领子、驳头止口反吐	—	—
4	领尖、领嘴、驳头左右不一致，尖圆对比互差大于0.3cm；领豁口左右明显不一致	—	—
5	领窝不平服、起皱；绱领（领肩缝对比）偏斜大于0.5cm	领窝严重不平服、起皱；绱领（领肩缝对比）偏斜大于0.7cm	—
6	领翘不适宜；领外口松紧不适宜；底领外露	领翘严重不适宜；底领外露大于0.2cm	—
7	肩缝不顺直；不平服；后省位左右不一致	肩缝严重不顺直；不平服	—
8	两肩宽窄不一致，互差大于0.5cm	两肩宽窄不一致，互差大于0.8cm	—
9	胸部不挺括，左右不一致腰部不平服	胸部严重不挺括，腰部严重不平服	—
10	袋位高低互差大于0.3cm；前后互差大于0.5cm	袋位高低互差大于0.8cm；前后互差大于1.0cm	—
11	袋盖长短，宽窄互差大于0.3cm；口袋不平服、不顺直，嵌线不顺直、宽窄不一致；袋角不整齐	袋盖小于袋口（贴袋）0.5cm（一侧）或小于嵌线；袋布垫料毛边无包缝	—
12	门襟、里襟不顺直、不平服；止口反吐	止口明显反吐	—
13	门襟长于里襟，西服大于0.5cm，大衣大于0.8cm；里襟长于门襟，里襟明显搅豁	—	—
14	眼位距离偏差大于04cm；锁眼间距互差大于0.3cm；眼位偏斜大于0.2cm	—	—
15	扣眼歪斜、扣眼大小互差大于0.2cm；扣眼纱线绽出	扣眼跳线、开线、毛漏；漏开眼	—
16	扣与眼位互差大于0.2cm（包括附件等）；钉扣不牢	扣与眼位互差大于0.5cm（包括附件等）	—
17	底边明显宽不一致；不圆顺；里子底边宽窄明显不一致	里子短，面明显不平服；里子长，明显外露	—

序号	轻缺陷	重缺陷	严重缺陷
18	绱袖不圆顺，吃势不适宜；两袖前后不一致大于 1.5cm；袖子起吊、不顺	绱袖明显不圆顺；两袖前后明显不一致大于 2.5cm；袖子明显起吊、不顺	—
19	袖长左右对比互差大于 0.7cm；两袖口对比互差大于 0.5cm	袖长左右对比互差大于 1.0cm；两袖口对比互差大于 0.8cm	—
20	后背不平、起吊；开衩不平服、不顺直；开衩止口明显搅豁；开衩长短互差大于 0.3cm	后背明显不平服、起吊	—
21	衣片缝合明显松紧不平；不顺直；连续跳针（30cm 内出现两个单跳针按连续跳针计算）	表面部位有毛、脱、满；缝份小于 0.8cm；起落针处缺少回针；链式缝迹跳针有一处	表面部位毛、脱、漏，严重影响使用和美观
22	有叠线部位漏叠两处及以下；衣里有毛、脱、漏	有叠线部位漏叠超过 2 处	—
23	明线宽窄不顺直或不圆顺	明线接线	—
24	滚条不平服、宽窄不一致；腰节以下活里没包缝	—	—
25	商标和耐久性标签不端正、不平服，明显歪斜	—	—

9.3.3　服装缝纫质量检测实例

（1）针织婴幼儿及儿童服装

根据《针织婴幼儿及儿童服装》（GB/T 39508—2020）的缝制标准，婴幼儿及儿童服装如图 9-14 所示。

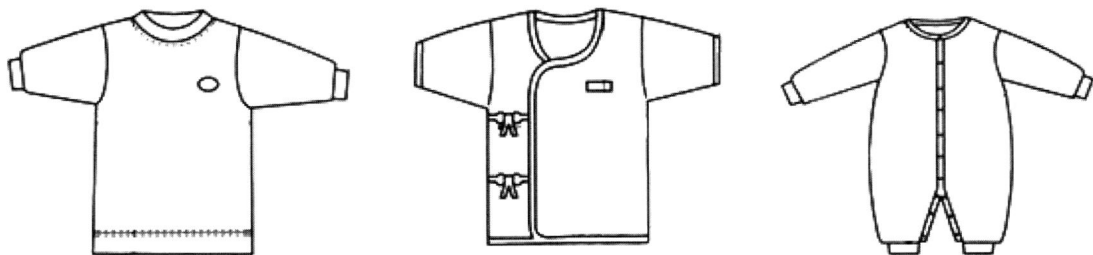

图 9-14　婴幼儿及儿童服装

具体缝制要求有以下几点。

①针织婴幼儿及儿童服装合肩处、裤裆叉子合缝处、缝迹边缘处应加固。

②针织婴幼儿及儿童服装线头修清，服装与皮肤直接接触的面不应有易损伤皮肤的线头和接缝。

③婴幼儿下装（含连体装）正中门襟部位不应使用拉链（装饰性拉链除外）。

④针织婴幼儿服装不应使用链式线迹缝纫。注：链式线迹指 GB/T 24118—2009 中的"系列 100——链式线迹"。

⑤针织婴幼儿服装耐久性标签宜为柔软材料。对于缝制在可贴身穿着的针织。

⑥婴幼儿服装上的耐久性标签，应置于不与皮肤直接接触的位置。

（2）羽绒服

根据《羽绒服装》（GB/T 14272—2021）的缝制标准，羽绒服装正背面图如图 9-15 所示。

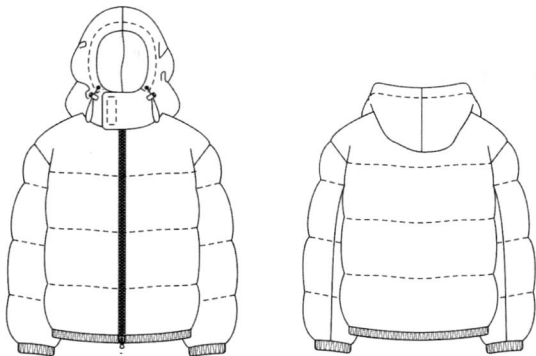

图 9-15　羽绒服装正背面图

具体缝制要求有以下几点。

①羽绒服的针距密度通常按照明暗线的针距不少于 12 针/3cm；绗缝线的针距不少于 9 针/3cm；锁眼的针距不少于 14 针/1cm；包缝线的针距不少于 9 针/3cm，特殊设计除外。

②上下线松紧适宜，无断线。起止针处应有回针。

③各部位缝制线路应顺直、整齐、牢固。主要表面部位缝制皱缩按《羽绒服装外观疵点及缝制起皱五级样照》规定，应不低于 3 级。

④领子应平服，领面松紧适宜。

⑤绱袖圆顺，两袖前后应基本一致。

⑥对称部位应基本一致。

⑦扣与扣眼上下应对位。四合扣牢固，上下应对位，吻合适度，无变形或过紧现象。

⑧商标和耐久性标签位置应端正、平服。

⑨各部位缝纫线迹 30cm 内不应有连续跳针或一处上单跳针链式迹不可跳线。

> **思考与练习题**

一、思考题

请讨论缝纫质量与服装耐用性之间的关系。如何通过缝制工艺　码 9-10　参考答案 9.3 节

和质检环节来提升服装的整体质量？

二、练习题

1. 下列哪项是缝纫质量检测的核心项目？（　　）

A. 面料色牢度　　　B. 纽扣材质　　　C. 线迹类型　　　D. 服装克重

2. 缝口出现"皱缩"缺陷的主要原因可能是（　　）。

A. 面线张力过大　　　　　　　　　B. 送布牙高度过低

C. 机针型号过细　　　　　　　　　D. 以上都是

3. 常见缝纫缺陷中，"跳针"指的是_____，"浮线"指的是_____。

4. 国家标准规定，衬衫的平缝线迹密度应不少于_____针/3cm，包缝线迹应不少于_____针/3cm。

➢本章小结

本章主要介绍服装成品的外观质量、尺寸规格、缝纫质量的检测内容、检测方法、等级判定和相关案例。重点可分为以下几点：

①综合检验能力。强调在检测过程中如何综合考虑外观、尺寸及缝纫质量，以形成全面的评估报告。

②检验标准的掌握。要深入理解各项检测标准和等级判定依据，以便在实际工作中准确应用。

本章难点在于：

①细节识别与判断。外观质量检测中需注意细微的瑕疵，这对检测人员的观察力和经验提出了较高的要求。

②多维度评价。如何平衡外观、尺寸和缝纫质量之间的关系，制定出合理的综合评价方法。

③标准化与灵活性。在遵循行业标准的同时，能够灵活应对不同品牌或类型服装的特定需求。

综上所述，本章旨在为学员提供全面的服装质检知识，使其能够在实际操作中游刃有余。本章将为后续的服装质检工作提供理论基础和实用指导。

【知识拓展】

服装商品检测是确保产品质量的重要环节，涉及多个方面的知识。以下是对服装商品检验的进一步拓展，包括相关标准和技术手段，前文已介绍相关标准，故此不再赘述。

技术手段主要分两种。

（1）仪器检测

拉力测试机：用于测量缝合线的强度。

色差仪：用于评估面料颜色的一致性与匹配度。

温湿度计：监控生产环境，以确保材料在最佳状态下加工。

（2）图像识别技术

利用机器视觉和人工智能进行外观缺陷的自动检测，提高检验效率和准确性。

通过这些知识的拓展，能够帮助服装商品检测从业者更有效率地掌握服装商品的检测标准与检测技术，提升行业整体的质量水平。

参考文献

［1］ 中国共产党中央委员会. 国家标准化发展纲要. ［2021-10-11］. https://www.sac.gov.cn/zt/gjbzhfzgyzt/zxdt/art/2021/art_f56610f32ff440918525f524a9d056b8.html.

［2］ 中华人民共和国司法部. 行业标准管理办法. ［2023-11-28］. https://www.moj.gov.cn/pub/sfbgw/flfggz/flfggzbmgz/202409/t20240909_505625.html.

［3］ 国家市场监督管理总局. 企业标准化促进办法. ［2023-08-31］. https://www.samr.gov.cn/zw/zfxxgk/fdzdgknr/fgs/art/2023/art_cd0ac0e159904c65b60c67edf9719c10.html.

［4］ 国家市场监督管理总局. 中华人民共和国标准化法. ［2017-11-08］. https://www.samr.gov.cn/zw/zfxxgk/fdzdgknr/bzcxs/art/2023/art_31bb6057c05a40338876f385c1f47f1f.html.

［5］ 国家质量监督检验检疫总局. 采用国际标准管理办法. ［2001-12-04］. https://www.gov.cn/zhengce/2021-06/25/content_5723647.htm.

［6］ 中华人民共和国中央人民政. 深化标准化工作改革方案. ［2015-03-11］. https://www.gov.cn/zhengce/content/2015-03/26/content_9557.html.

［7］ 全国团体标准信息平台. 团体标准管理规定（试行）. ［2017-12-26］. https://www.ttbz.org.cn/Home/Show/3332/.

［8］ 国家市场监督管理总局、中国国家标准化管理委员会. 标准化工作导则第1部分：标准化文件的结构和起草规则：GB/T 1.1—2020 ［S］. 北京：中国标准出版社. 2020.

［9］ 国家质量监督局. 标准样品工作导则（1）在技术标准中陈述标准样品的一般规定：GB/T 15000.1—1994 ［S］. 北京：中国标准出版社，1994.

［10］ 瞿才新. 纺织检测技术 ［M］. 北京：中国纺织出版社，2011.

［11］ 吴惠英. 纺织品检测技术 ［M］. 北京：中国纺织出版社有限公司，2023.

［12］ 许兰杰，等. 纺织服装材料学试验与检测方法 ［M］. 北京：中国纺织出版社有限公司，2022.

［13］ 国家质量监督检验检疫总局，中国国家标准化管理委员会. 纺织品 织物长度和幅宽的测定：GB/T 4666—2009 ［S］. 北京：中国标准出版社，2009.

［14］ 国家技术监督局. 机织物密度的测定：GB/T 4668—1995 ［S］. 北京：中国标准出版社，1996.

［15］ 全国纺织品标准化技术委员会. 针织布（四分制）外观检验：GB/T 22846—2009 ［S］. 北京：中国标准出版社，2009.

［16］ 国家质量监督检验检疫总局，中国国家标准化管理委员会. 纺织品 织物起毛起球性

能的测定　第 1 部分：圆轨迹法：GB/T 4802.1—2008 ［S］. 北京：中国标准出版社，2009.

［17］国家质量监督检验检疫总局，中国国家标准化管理委员会. 纺织品　织物起毛起球性能的测定　第 2 部分：改型马丁代尔法：GB/T 4802.2—2008 ［S］. 北京：中国标准出版社，2009.

［18］国家质量监督检验检疫总局，中国国家标准化管理委员会. 纺织品　织物起毛起球性能的测定　第 3 部分：起球箱法：GB/T 4802.3—2008 ［S］. 北京：中国标准出版社，2009.

［19］国家市场监督管理总局，国家标准化管理委员会. 纺织品　织物起毛起球性能的测定　第 4 部分：随机翻滚法：GB/T 4802.4—2020 ［S］. 北京：中国标准出版社，2020.

［20］国家质量监督检验检疫总局，中国国家标准化管理委员会. 纺织品　织物勾丝性能评定　钉锤法：GB/T 11047—2008 ［S］. 北京：中国标准出版社，2009.

［21］全国纺织品标准化技术委员会. 纺织品　织物勾丝性能的检测和评价　第 2 部分：滚箱法：GB/T 11047.2—2022 ［S］. 北京：中国标准出版社，2008.

［22］国家质量监督检验检疫总局，中国国家标准化管理委员会. 纺织品　测定尺寸变化的试验中织物试样和服装的准备、标记及测量：GB/T 8628—2013 ［S］. 北京：中国标准出版社，2014.

［23］国家质量监督检验检疫总局，中国国家标准化管理委员会. 纺织品　试验用家庭洗涤和干燥程序：GB/T 8629—2017 ［S］. 北京：中国标准出版社，2017.

［24］国家质量监督检验检疫总局，中国国家标准化管理委员会. 纺织品　洗涤和干燥后尺寸变化的测定：GB/T 8630—2013 ［S］. 北京：中国标准出版社，2014.

［25］国家质量监督检验检疫总局，中国国家标准化管理委员会. 纺织品　织物拉伸性能　第 1 部分：断裂强力和断裂伸长率的测定：GB/T 3923.1—2013 ［S］. 北京：中国标准出版社，2014.

［26］国家质量监督检验检疫总局，中国家标准化管理委员会. 纺织品　顶破强力的测定　钢球法：GB/T 19976—2005 ［S］. 北京：中国标准出版社，2006.

［27］国家质量监督检验检疫总局、中国国家标准化管理委员会. 纺织品织物胀破性能胀破强力和胀破扩张都的测定液压法：GB/T 7742.1—2005 ［S］. 北京：中国标准出版社 .2005.

［28］国家质量监督检验检疫总局、中国国家标准化管理委员会. 纺织品织物胀破性能胀破强力和胀破扩张度的测定气压法：GB/T 7742.2—2015 ［S］. 北京：中国标准出版社 .2015.

［29］国家质量监督检验检疫总局，中国国家标准化管理委员会. 纺织品　织物撕破性能

第 1 部分：冲击摆锤法撕破强力的测定：GB/T 3917.1—2009［S］. 北京：中国标准出版社，2010.

［30］国家质量监督检验检疫总局，中国国家标准化管理委员会. 纺织品　织物撕破性能第 2 部分：裤形试样：GB/T 3917.2—2009［S］. 北京：中国标准出版社，2010.

［31］国家市场监督管理总局，国家标准化管理委员会. 纺织品　织物撕破性能　第 3 部分：梯形试样撕破强力的测定：GB/T 3917.3—2025［S］. 北京：中国标准出版社，2025.

［32］国家质量监督检验检疫总局，中国国家标准化管理委员会. 纺织品　织物撕破性能第 4 部分：舌形试样：GB/T 3917.4—2009［S］. 北京：中国标准出版社，2010.

［33］国家质量监督检验检疫总局，中国国家标准化管理委员会. 纺织品　织物撕破性能第 5 部分：翼形试样（单缝）撕破强力的测定：GB/T 3917.5—2009［S］. 北京：中国标准出版社，2010.

［34］国家市场监督管理总局，国家标准化管理委员会. 纺织品　马丁代尔法织物耐磨性的测定　第 2 部分：试样破损的测定：GB/T 21196.2—2025［S］. 北京：中国标准出版社，2025.

［35］国家质量监督检验检疫总局，中国国家标准化管理委员会. 纺织品马丁代尔法织物耐磨性的测定第 2 部分：试样破损的测定：GB/T 21196.2—2007［S］. 北京：中国标准出版社，2008.

［36］国家质量监督检验检疫总局，中国国家标准化管理委员会. 纺织品马丁代尔法织物耐磨性的测定第 3 部分：质量损失的测定：GB/T 21196.3—2007［S］. 北京：中国标准出版社，2008.

［37］国家质量监督检验检疫总局，中国国家标准化管理委员会. 纺织品马丁代尔法织物耐磨性的测定第 4 部分：外观变化的评定：GB/T 21196.4—2007［S］. 北京：中国标准出版社，2008.

［38］国家质量监督检验检疫总局，中国国家标准化管理委员会. 纺织品马丁代尔法织物耐磨性的测定第 1 部分：马丁代尔耐磨试验仪：GB/T 21196.1—2007［S］. 北京：中国标准出版社，2008.

［39］中华人民共和国国家发展和改革委员会. 纺织纤维鉴别试验方法　第 2 部分：燃烧法：FZ/T 01057.2—2007［S］. 北京：中国标准出版社，2007.

［40］中华人民共和国国家发展和改革委员会. 纺织纤维鉴别试验方法　第 3 部分：显微镜法：FZ/T 01057.3—2007［S］. 北京：中国标准出版社，2007.

［41］中华人民共和国国家发展和改革委员会. 纺织纤维鉴别试验方法　第 4 部分：溶解法：FZ/T 01057.4—2007［S］. 北京：中国标准出版社，2007.

［42］中华人民共和国国家发展和改革委员会. 纺织纤维鉴别试验方法　第 5 部分：含氯含

氨呈色反应法：FZ/T 01057.5—2007 ［S］. 北京：中国标准出版社，2007.

［43］中华人民共和国国家发展和改革委员会. 纺织纤维鉴别试验方法 第 6 部分：熔点法：FZ/T 01057.6—2007 ［S］. 北京：中国标准出版社，2007.

［44］中华人民共和国国家发展和改革委员会. 纺织纤维鉴别试验方法 第 7 部分：密度梯度法：FZ/T 01057.7—2007 ［S］. 北京：中国标准出版社，2007.

［45］中华人民共和国工业和信息化部. 纺织纤维鉴别试验方法 第 8 部分：红外光谱法：FZ/T 01057.8—2012 ［S］. 北京：中国标准出版社，2013.

［46］中华人民共和国工业和信息化部. 纺织纤维鉴别试验方法 第 11 部分：裂解气相色谱—质谱法：FZ/T 01057.11—2023 ［S］. 北京：中国纺织出版社，2023.

［47］中国纺织工业协会. 纺织品 定量化学分析 第 1 部分：试验通则：GB/T 2910.1—2009 ［S］. 北京：中国标准出版社，2010.

［48］国家质量监督管理总局，国家标准化管理委员会. 纺织品 定量化学分析 第 11 部分：某些纤维素纤维与某些其他纤维的混合物（硫酸法）：GB/T 2910.11—2024 ［S］. 北京：中国标准出版社，2024.

［49］国家市场监督管理总局，国家标准化管理委员会. 生态纺织品技术要求：GB/T 18885—2020 ［S］. 北京：中国标准出版社，2020.

［50］国家质量监督检验检疫总局，中国国家标准化管理委员会. 纺织品 致敏性分散染料的测定：GB/T 20383—2006 ［S］. 北京：中国标准出版社，2006.

［51］国家质量监督检验检疫总局，中国国家标准化管理委员会. 纺织品 分散黄 23 和分散橙 149 染料的测定：GB/T 23345—2009 ［S］. 北京：中国标准出版社，2010.

［52］全国纺织品标准化技术委员会. 纺织品 色牢度试验试验通则：GB/T 6151—2016 ［S］. 北京：中国标准出版社，2016.

［53］国家质量监督检验检疫总局，中国国家标准化管理委员会. 纺织品 色牢度试验 评定变色用灰色样卡：GB/T 250—2008 ［S］. 北京：中国标准出版社，2009.

［54］国家质量监督检验检疫总局，中国国家标准化管理委员会. 纺织品 色牢度试验 评定沾色用灰色样卡：GB/T 251—2008 ［S］. 北京：中国标准出版社，2009.

［55］国家质量监督检验检疫总局，中国国家标准化管理委员会. 纺织品 色牢度试验 贴衬织物沾色的仪器评级：GB/T 32598—2016 ［S］. 北京：中国标准出版社，2016.

［56］全国纺织品标准化技术委员会. 纺织品 色牢度试验变色的仪器评级方法：GB/T 32616—2016 ［S］. 北京：中国标准出版社，2016.

［57］国家质量监督检验检疫总局，中国国家标准化管理委员会. 纺织品 色牢度试验 耐汗渍色牢度：GB/T 3922—2013 ［S］. 北京：中国标准出版社，2014.

［58］国家市场监督管理总局，国家标准化管理委员会. 纺织品 色牢度试验 耐唾液色牢度：GB/T 18886—2019 ［S］. 北京：中国标准出版社，2019.

［59］国家质量监督检验检疫总局，中国国家标准化管理委员会．纺织品　色牢度试验　耐水色牢度：GB/T 5713—2013［S］．北京：中国标准出版社，2014.

［60］国家市场监督管理总局，国家标准化管理委员会．纺织品　色牢度试验　耐摩擦色牢度：GB/T 3920—2024［S］．北京：中国标准出版社，2024.

［61］国家质量监督检验检疫总局，中国国家标准化管理委员会．纺织品　色牢度试验　棉摩擦布：GB/T 33729—2017［S］．北京：中国标准出版社，2017.

［62］国家质量监督检验检疫总局，中国国家标准化管理委员会．纺织品　色牢度试验　标准贴衬织物　第2部分：棉和黏胶纤维：GB/T 7568.2—2008［S］．北京：中国标准出版社，2009.

［63］国家市场监督管理总局，国家标准化管理委员会．纺织品　色牢度试验　耐摩擦色牢度　小面积法：GB/T 29865—2024［S］．北京：中国标准出版社，2024.

［64］全国纺织品标准化技术委员会．GB/T 3921—2008　纺织品　色牢度试验耐皂洗色牢度［S］．北京：中国标准出版社，2008.

［65］全国纺织品标准化技术委员会．GB/T 730—2008　纺织品　色牢度试验蓝色羊毛标样（1~7）级的品质控制［S］．北京：中国标准出版社，2008

［66］全国纺织品标准化技术委员会．GB/T 8426—1998　纺织品色牢度试验　耐光色牢度：日光［S］．北京：中国标准出版社，1998

［67］国家质量监督检验检疫总局，中国国家标准化管理委员会．纺织品　色牢度试验　潜在酚黄变的评估：GB/T 29778—2013［S］．北京：中国标准出版社，2014.

［68］国家质量监督检验检疫总局，中国国家标准化管理委员会．纺织品　色牢度试验　耐光黄变色牢度：GB/T 30669—2014［S］．北京：中国标准出版社，2015.

［69］国家技术监督局．纺织品　色牢度试验　耐热压色牢度：GB/T 6152—1997［S］．北京：中国标准出版社，1997.

［70］国家技术监督局．纺织品　色牢度试验　耐干热（热压除外）色牢度：GB/T 5718—1997［S］．北京：中国标准出版社，1997.

［71］杨慧彤，林丽霞．纺织品检测实务［M］．上海：东华大学出版社，2016.

［72］翁毅．纺织品检测实务（第3版）［M］．北京：中国纺织出版社有限公司，2022.

［73］国家技术监督局．纺织品　织物透气性的测定：GB/T 5453—1997［S］．北京：中国标准出版社，1997.

［74］国家质量监督检验检疫总局、中国国家标准化管理委员会．纺织品　透湿性试验方法　第1部分：吸湿法：GB/T 12704.1—2009［S］．北京：中国标准出版社．2009.

［75］国家质量监督检验检疫总局、中国国家标准化管理委员会．纺织品　透湿性试验方法　第2部分：蒸发法：GB/T 12704.2—2009［S］．北京：中国标准出版社．2009.

［76］国家市场监督管理总局，国家标准化管理委员会．纺织品　防水透湿性能的评定：

GB/T 40910—2021 [S]. 北京：中国标准出版社，2021.

[77] 国家质量监督检验检疫总局，中国国家标准化管理委员会. 纺织品　防水性能的检测和评价　静水压法：GB/T 4744—2013 [S]. 北京：中国标准出版社，2014.

[78] 国家质量监督检验检疫总局，中国国家标准化管理委员会. 纺织品　防水性能的检测和评价　沾水法：GB/T 4745—2012 [S]. 北京：中国标准出版社，2013.

[79] 国家市场监督管理总局，国家标准化管理委员会. 纺织品　吸湿速干性的评定　第1部分：单项组合试验法：GB/T 21655.1—2023 [S]. 北京：中国标准出版社，2023.

[80] 国家市场监督管理总局，国家标准化管理委员会. 纺织品　吸湿速干性的评定　第2部分：动态水分传递法：GB/T 21655.2—2019 [S]. 北京：中国标准出版社，2019.

[81] 中华人民共和国国家发展和改革委员会. 纺织品　毛细效应试验方法：FZ/T 01071—2008 [S]. 北京：中国标准出版社，2008.

[82] 国家市场监督管理总局，国家标准化管理委员会. 纺织品　静电性能试验方法　第1部分：电晕充电法：GB/T 12703.1—2021 [S]. 北京：中国标准出版社，2021.

[83] 国家市场监督管理总局，国家标准化管理委员会. 纺织品　静电性能试验方法　第2部分：手动摩擦法：GB/T 12703.2—2021 [S]. 北京：中国标准出版社，2021.

[84] 国家质量监督检验检疫总局，中国国家标准化管理委员会. 纺织品　防紫外线性能的评定：GB/T 18830—2009 [S]. 北京：中国标准出版社，2010.

[85] 国家质量监督检验检疫总局，中国国家标准化管理委员会. 婴幼儿及儿童纺织产品安全技术规范：GB 31701—2015 [S]. 北京：中国标准出版社，2016.

[86] 国家质量监督检验检疫总局、中国国家标准化管理委员会. 纺织品燃烧性能　45°方向燃烧速率的测定：GB/T 14644—2014 [S]. 北京：中国标准出版社. 2014.

[87] 蒋晓文. 服装品质控制与检验 [M]. 上海：东华大学出版社，2011.

[88] 陈亮. 服装检验 [M]. 上海：东华大学出版社，2017.

[89] 徐海燕，邓万财. 服装质量检验 [M]. 北京：中国纺织出版社有限公司，2023.

[90] 国家质量监督检验检疫总局，中国国家标准化管理委员会. 机织物与针织物纬斜和弓纬试验方法：GB/T 14801—2009 [S]. 北京：中国标准出版社，2010.

[91] 国家质量监督检验检疫总局，中国国家标准化管理委员会. 女西服、大衣：GB/T 2665—2017 [S]. 北京：中国标准出版社，2018.

[92] 国家市场监督管理总局，国家标准化管理委员会. 羽绒服装：GB/T 14272—2021 [S]. 北京：中国标准出版社，2021.

[93] 国家质量监督检验检疫总局，中国国家标准化管理委员会. 消费品使用说明　第4部分：纺织品和服装：GB/T 5296.4—2012 [S]. 北京：中国标准出版社，2014.

[94] 国家质量监督检验检疫总局，中国国家标准化管理委员会. 男西服、大衣：GB/T 2664—2017 [S]. 北京：中国标准出版社，2017.

［95］国家质量监督检验检疫总局，中国国家标准化管理委员会．服装测量方法：GB/T 31907—2015［S］．北京：中国标准出版社，2016.

［96］国家市场监督管理总局，国家标准化管理委员会．针织婴幼儿及儿童服装：GB/T 39508—2020［S］．北京：中国标准出版社，2020.

［97］国家质量监督检验检疫总局，中国国家标准化管理委员会．纺织品　评定织物经洗涤后接缝外观平整度的试验方法：GB/T 13771—2009［S］．北京：中国标准出版社，2010.

［98］中华人民共和国工业和信息化部．针织物和弹性机织物　接缝强力及伸长率的测定　抓样法：FZ/T 01031—2016［S］．北京：中国标准出版社，2016.

［99］国家质量监督检验检疫总局，中国国家标准化管理委员会．纺织品　织物及其制品的接缝拉伸性能　第1部分：条样法接缝强力的测定：GB/T 13773.1—2008［S］．北京：中国标准出版社，2009.

［100］国家质量监督检验检疫总局，中国国家标准化管理委员会．衬衫：GB/T 2660—2017［S］．北京：中国标准出版社，2017.